高等学校教材

常微分方程

第三版

东北师范大学微分方程教研室

U0312430

高等教育出版社·北京

内容提要

本书是东北师范大学微分方程教研室所编写的《常微分方程》(1982年第一版、2005年第二版)的修订版。全书共分六章，主要内容有：初等积分法、基本定理、一阶线性微分方程组、n 阶线性微分方程、定性和稳定性理论简介、一阶偏微分方程初步等。各章节之后都配备一定数量的习题。

本书可作为高等学校数学类各专业常微分方程课程的教学用书或参考书，对理工科学生学习常微分方程理论亦具有参考价值。

图书在版编目(CIP)数据

常微分方程/东北师范大学微分方程教研室编.--3版.--北京:高等教育出版社,2022.1(2023.5重印)

ISBN 978-7-04-057230-8

Ⅰ.①常… Ⅱ.①东… Ⅲ.①常微分方程-高等学校-教材 Ⅳ.①O175.1

中国版本图书馆 CIP 数据核字(2021)第216028号

常微分方程

Changweifen Fangcheng

策划编辑 李 蕊 张晓丽 责任编辑 张晓丽 封面设计 王凌波 版式设计 杜微言

插图绘制 黄云燕 责任校对 王 雨 责任印制 高 峰

出版发行	高等教育出版社	网 址	http://www.hep.edu.cn
社 址	北京市西城区德外大街4号		http://www.hep.com.cn
邮政编码	100120	网上订购	http://www.hepmall.com.cn
印 刷	河北新华第一印刷有限责任公司		http://www.hepmall.com
开 本	787mm×1092mm 1/16		http://www.hepmall.cn
印 张	14.5	版 次	1982年10月第1版
字 数	310千字		2022年1月第3版
购书热线	010-58581118	印 次	2023年5月第2次印刷
咨询电话	400-810-0598	定 价	32.60元

本书如有缺页、倒页、脱页等质量问题，请到所购图书销售部门联系调换

版权所有 侵权必究

物 料 号 57230-00

常微分方程

第三版

东北师范大学微分方程教研室

1. 计算机访问http://abook.hep.com.cn/1255251，或手机扫描二维码、下载并安装Abook应用。
2. 注册并登录，进入“我的课程”。
3. 输入封底数字课程账号（20位密码，刮开涂层可见），或通过Abook应用扫描封底数字课程账号二维码，完成课程绑定。
4. 单击“进入课程”按钮，开始本数字课程的学习。

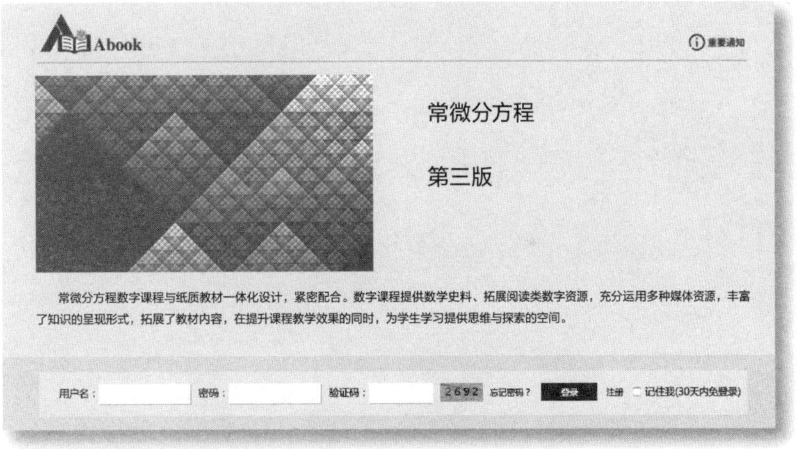

课程绑定后一年为数字课程使用有效期。受硬件限制，部分内容无法在手机端显示，请按提示通过计算机访问学习。

如有使用问题，请发邮件至abook@hep.com.cn。

扫描二维码
下载Abook应用

常微分方程简史

http://abook.hep.com.cn/1255251

第三版前言

本教材第一版于1982年问世，至今已近四十载，一直受到广大师生的欢迎。在第一版作者黄启昌教授的倡导下，王克教授和潘家齐教授于2005年对本教材进行了修订，至今亦已逾十六载。第二版作者潘家齐教授于2008年因病去世。2013年王克教授与笔者商定启动第三版的修订工作，但王克教授不幸于2014年突发疾病去世。为了更好地满足当前人才培养和常微分方程课程教学的需要，现对教材进行再次修订。

本次修订在保持教材前两版的知识结构和风格风貌的前提下，基于近年来的教学实践，并参考国内外其他优秀常微分方程教材，主要做了如下修改：

1. 增加了“1.10 里卡蒂方程”。
2. 2.4 节增加了“奇解的 p-判别法”。
3. 更正了第二版中的一些错误。
4. 更新充实了教材的配套习题。
5. 修改完善了教材的行文表述。

由于笔者的知识和水平有限，本版难免有需要提高、待完善之处，诚挚希望有关专家和使用本教材的广大师生批评指正，以便进一步完善。

在本教材的编写过程中，编辑张晓丽女士给予了细心的指导和帮助，东北师范大学数学与统计学院的李晓月教授、王静副教授、曾志军副教授、张伟鹏副教授提出了宝贵的建议，谨致谢意！本教材的出版得到了东北师范大学“双一流”建设专项经费的资助！衷心感谢高等教育出版社和东北师范大学的大力支持！

东北师范大学数学与统计学院

范猛

二〇二一年六月于长春市

第二版前言

原东北师范大学数学系微分方程教研室于1982年所编的《常微分方程》教材，自出版以来，一直受到全国许多高等院校师生的欢迎，至今已20多年了。在东北师范大学数学系已故黄启昌教授的倡导下，我们对这本教材进行了必要的修订工作。在基本保持原教材风貌的基础上，更正了原教材的个别错误，补充了少数新内容，充实了教材的配套习题，调整了某些内容的教学顺序。希望能够更好地符合新形势下高等院校"常微分方程"课程的教学需要。

本教材基本上符合高等院校"常微分方程"教学大纲，个别超出大纲的内容已加星号标出，供教师和学生参考。

新版教材对原教材比较大的修改如下：

1. 把原来第一章中"线素场，欧拉折线"以及有关奇解的内容放到了第二章。因为这些内容与基本理论的关系比与初等积分法的关系更为密切。这样做可以使相关内容结合得更为自然。

2. 把原教材第三章"线性微分方程"和第四章"线性微分方程组"的顺序作了对调。我们认为这样做更加符合认知规律，方便教学，并且可以节省一些教学时间。

3. 把变分法简介，由原书的附录变为教材的正式内容(可选讲)。

4. 增加了一些联系实际的应用方面的内容。

5. 对第五章平面定性理论简介中有关极限环的内容作了适当的增加。

6. 新版教材有配套的教学指导书和习题解答，希望能使本教材更加易学易用。

因水平所限，本版难免还有不足和疏漏之处，热切希望使用本教材的广大师生和有关专家批评指正。

本书在编写的过程中，得到了高等教育出版社和东北师范大学有关部门的大力支持，谨致谢意。

东北师范大学数学与统计学院
王克　潘家齐
二〇〇五年一月于长春市

第一版前言

这本书是在我系《常微分方程》讲义的基础上写成的。先后参加编写工作的有史希福、杨思讱、任永泰、陈秀东等同志以及我本人。最后由我进行了修订与编纂的工作。本书的习题则主要是由陈秀东、马淑媛与潘家齐等同志选配的。

本书内容除个别地方外,基本上是符合高等师范院校常微分方程教学大纲的。由于考虑到变分思想在近代数学中的重要性,而高师院校又一般不开设变分法课程,因此我们编了变分法大意作为附录。我们觉得,这对于学习泛函分析也是有一定益处的。

我们感谢参加1981年4月高等师范院校常微分方程评选会的专家们对我们所提出的宝贵意见,感谢北京大学丁同仁同志对我们教材所进行的详细分析与热情的帮助。我们根据他们的意见对某些内容进行了较大的修改。值得特别提到的是,浙江大学蔡燧林同志及山东师范大学庄万同志对我们的修改稿又再次进行了认真详细的审查,对此,我们也深表谢意。

但是,由于我们水平有限,这本书难免会有缺点与疏漏,请使用的老师及同学们提出批评意见。我们一定虚心接受,以便今后修改,提高质量。

东北师范大学数学系

黄启昌

一九八二年五月于长春市

目录

第一章 初等积分法

1.1 微分方程和解

1.1.1 微分方程

为了说明什么是微分方程,先复习一下关于方程的一些基本概念.所谓方程,是指那些含有未知量的等式,它表达了未知量所必须满足的某种条件.方程的类型繁多,其分类的主要依据就是未知量的类型和对未知量所施加的数学运算.

如果在一方程中的未知量是数,这样的方程就是代数方程或超越方程.如果在一个方程中的未知量是函数,这样的方程就称为函数方程.如果在一个函数方程中含有对未知函数的积分运算或者在积分号下有未知函数,这样的函数方程就称为积分方程.如果在一个函数方程中含有对未知函数的求导运算或微分运算,这样的函数方程就称为微分方程.微分方程有深刻而生动的实际背景,它从生产实践与科学技术中产生,而又成为现代科学技术中分析问题与解决问题的一个强有力的工具.在人们探求物质世界运动规律的过程中,一般很难全靠实验观测认识清楚运动规律,因为人们不太可能观察到运动的全过程.然而,运动物体(变量)与它的瞬时变化率(导数)之间,通常在运动过程中按照某种已知定律存在着联系,我们容易捕捉到这种联系,而这种联系,用数学语言表达出来,其结果往往形成一个微分方程.一旦求出这个方程的解,其运动规律将一目了然.下面的例子,将会使你看到微分方程是表达客观规律的一种自然的数学语言.

例 1 物体下落问题

设质量为 m 的物体,在时间 $t=0$ 时,在距地面高度为 H 处以初始速度 $v(0)=v_0$ 垂直地面下落,求此物体下落时距离与时间的关系.

解 如图 1-1 建立坐标系,设 $x=x(t)$ 为 t 时刻物体的位置坐标.于是物体下落的速度为

$$v=\frac{\mathrm{d}x}{\mathrm{d}t},$$

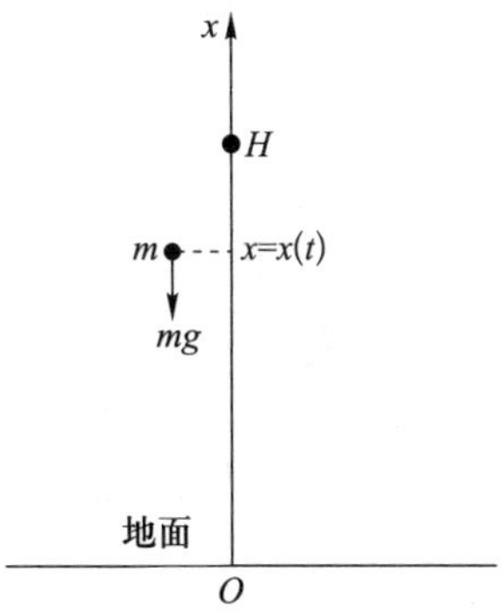

图 1-1

加速度为

$$a=\frac{d^2x}{dt^2}.$$

质量为 m 的物体,在下落的任一时刻所受到的外力有重力 mg 和空气阻力,当速度不太大时,空气阻力可取为与速度成正比.于是根据牛顿第二定律

$$F=ma,$$

可以列出方程

$$m\ddot{x}=k\dot{x}-mg, \tag{1.1}$$

其中 $k>0$ 为阻尼系数,g 是重力加速度.

(1.1)式就是一个微分方程,这里 t 是自变量,x 是未知函数,$\dot{x}$,$\ddot{x}$是未知函数对 t 的一阶和二阶导数.现在,我们还不会求解方程(1.1),但是,如果考虑 $k=0$ 的情形,即自由落体运动,此时方程(1.1)可化为

$$\frac{d^2x}{dt^2}=-g, \tag{1.2}$$

将上式对 t 积分两次得

$$x(t)=-\frac{1}{2}gt^2+C_1t+C_2, \tag{1.3}$$

其中 C_1 和 C_2 是两个独立的任意常数,(1.3)是方程(1.2)的解.

类似例子在许多实际问题中不胜枚举,我们将在以后的章节中逐步加以介绍.

一般说来,**微分方程**就是联系自变量、未知函数以及未知函数的某些导数的等式.如果其中的未知函数只与一个自变量有关,则称为**常微分方程**;如果未知函数是两个或两个以上自变量的函数,并且在方程中出现偏导数,则称为**偏微分方程**.本书所介绍的主要是常微分方程,有时就简称微分方程或方程.

例如下面的方程都是常微分方程:

$$\frac{dy}{dx}=2x, \tag{1.4}$$

$$\frac{dy}{dx}=\frac{\sqrt{1-y^2}}{\sqrt{1-x^2}}, \tag{1.5}$$

$$\ddot{x}+x=0, \tag{1.6}$$

$$yy''+y'^2=0. \tag{1.7}$$

在一个常微分方程中,未知函数最高阶导数的阶数,称为**方程的阶**.这样,一阶常微分方程的一般形式可表示为

$$F(x,y,y')=0. \tag{1.8}$$

如果在(1.8)中能将 y'解出,则得到方程

$$y'=f(x,y) \tag{1.9}$$

或

$$M(x,y)\mathrm{d}x+N(x,y)\mathrm{d}y=0. \tag{1.10}$$

(1.8)称为**一阶隐式方程**,(1.9)称为**一阶显式方程**,(1.10)称为**微分形式**的一阶方程.

n **阶隐式方程**的一般形式为

$$F(x,y,y',\cdots,y^{(n)})=0, \tag{1.11}$$

n **阶显式方程**的一般形式为

$$y^{(n)}=f(x,y,y',\cdots,y^{(n-1)}). \tag{1.12}$$

在方程(1.11)中,如果左端函数 F 对未知函数 y 和它的各阶导数 $y',y'',\cdots,y^{(n)}$ 分别都是一次的,则称为**线性常微分方程**,否则称它为**非线性常微分方程**.这样,一个以 y 为未知函数,以 x 为自变量的 n 阶线性微分方程具有如下形式:

$$y^{(n)}+p_1(x)y^{(n-1)}+\cdots+p_{n-1}(x)y'+p_n(x)y=f(x). \tag{1.13}$$

我们将在第四章详细讨论方程(1.13).

显然,方程(1.4)是一阶线性方程,方程(1.5)是一阶非线性方程,方程(1.6)是二阶线性方程,方程(1.7)是二阶非线性方程.

对于常微分方程组也有类似概念,我们将在第三章加以讨论.

1.1.2 通解与特解

微分方程的解就是满足方程的函数,定义如下:

定义 1.1 设函数 $y=\varphi(x)$ 在区间 I 上有直到 n 阶的导数.如果把 $y=\varphi(x)$ 代入方程(1.11),得到在区间 I 上关于 x 的恒等式

$$F(x,\varphi(x),\varphi'(x),\cdots,\varphi^{(n)}(x))\equiv 0,$$

则称 $y=\varphi(x)$ 为方程(1.11)在区间 I 上的一个解.

这样,从定义 1.1 可以直接验证:

1. 函数 $y=x^2+C$ 是方程(1.4)在区间 $(-\infty,+\infty)$ 内的解,其中 C 是任意常数.

2. 函数 $y=\sin(\arcsin x+C)$ 是方程(1.5)在区间 $(-1,1)$ 内的解,其中 C 是任意常数.又方程(1.5)有两个明显的常数解 $y=\pm 1$,这两个解不包含在上述解中.

3. 函数 $x=C_1\cos t+C_2\sin t$ 是方程(1.6)在区间 $(-\infty,+\infty)$ 内的解,其中 C_1 和 C_2 是独立的任意常数.

4. 函数 $y^2=C_1x+C_2$ 是方程(1.7)在区间 $(-\infty,+\infty)$ 内的解,其中 C_1 和 C_2 是独立的任意常数.

这里,我们仅验证 3,其余留给读者完成.事实上,在 $(-\infty,+\infty)$ 内有

$$\ddot{x}=-(C_1\cos t+C_2\sin t),$$

所以在 $(-\infty,+\infty)$ 内有

$$\ddot{x}+x\equiv 0,$$

从而该函数是方程(1.6)的解.

从上面的讨论中可以看到一个重要事实,那就是微分方程的解中可以包含任意常数,其中任意常数的个数可以多到与方程的阶数相等,也可以不包含任意常数.我们把 n 阶常微分方程(1.11)的含有 n 个独立的任意常数 $C_1,C_2,\cdots,C_n$ 的解 $y=\varphi(x,C_1,C_2,\cdots,C_n)$,称为该方程的**通解**,如果方程(1.11)的解 $y=\varphi(x)$ 不包含任意常数,则称它为**特解**.由隐式表示的通解称为**通积分**,而由隐式表示的特解称为**特积分**.

由上面的定义不难看出,函数 $y=x^2+C$,$y=\sin(\arcsin x+C)$ 和 $x=C_1\cos t+C_2\sin t$ 分别是方程(1.4),(1.5)和(1.6)的通解,函数 $y^2=C_1x+C_2$ 是方程(1.7)的通积分,而函数 $y=\pm 1$ 是方程(1.5)的特解.通常方程的特解可对通解中的任意常数给以定值确定,这种确定过程,需要下面介绍的**初始值条件**,或简称**初值条件**.

1.1.3　初值问题

例 1 中的函数(1.3)显然是方程(1.2)的通解,由于 C_1 和 C_2 是两个任意常数,这表明方程(1.2)有无数个解,而实际经验表明,一个特定的自由落体运动仅能有一条运动轨迹.产生这种多解性的原因是方程(1.2)所表达的是任何一个自由落体在任意瞬时 t 所满足的关系式,并未考虑运动的初始状态,因此,通过积分求得的其通解(1.3)所描述的是任何一个自由落体的运动规律.显然,在同一初始时刻,从不同的高度或以不同初速度自由下落的物体,应有不同的运动轨迹.为了求解满足初值条件的解,我们可以把例 1 中给出的两个初值条件,即初始位置 $x(0)=H$ 和初始速度 $\dot{x}(0)=v_0$ 代入到通解中,推得

$$C_1=v_0,C_2=H.$$

于是,得到满足上述初值条件的特解为

$$x=H-\frac{1}{2}gt^2+v_0t. \tag{1.14}$$

它描述了初始高度为 H,初始速度为 v_0 的自由落体运动的规律.

求微分方程满足初值条件的解的问题称为**初值问题**.

于是我们称(1.14)是初值问题

$$\begin{cases}\dfrac{\mathrm{d}^2x}{\mathrm{d}t^2}=-g,\\ x(0)=H,\ \dot{x}(0)=v_0\end{cases}$$

应用实例

碳-14 年代测定法

的解.

对于一个 n 阶方程,初值条件的一般提法是

$$y(x_0)=y_0,y'(x_0)=y_0',\cdots,y^{(n-1)}(x_0)=y_0^{(n-1)}, \tag{1.15}$$

其中 x_0 是自变量的某个取定值,而 $y_0,y_0',\cdots,y_0^{(n-1)}$ 是相应的未知函数及导数的给定值.方程(1.12)的初值问题常记为

$$\begin{cases}y^{(n)}=f(x,y,y',\cdots,y^{(n-1)}),\\ y(x_0)=y_0,y'(x_0)=y_0',\cdots,y^{(n-1)}(x_0)=y_0^{(n-1)}.\end{cases} \tag{1.16}$$

初值问题也常称为**柯西**(Cauchy)问题.

对于一阶方程,若已求出通解 $y=\varphi(x,C)$,一般只要把初值条件

$$y(x_0)=y_0$$

代入通解中,得到方程

$$y_0=\varphi(x_0,C),$$

从中解出 C,设为 C_0,代入通解,即得满足初值条件的解 $y=\varphi(x,C_0)$.

对于 n 阶方程,若已求出通解 $y=\varphi(x,C_1,\cdots,C_n)$,代入初值条件(1.15),得到 n 个方程式

$$\begin{cases} y_0=\varphi(x_0,C_1,C_2,\cdots,C_n), \\ y_0'=\varphi'(x_0,C_1,C_2,\cdots,C_n), \\ \cdots\ \cdots\ \cdots\ \cdots \\ y_0^{(n-1)}=\varphi^{(n-1)}(x_0,C_1,C_2,\cdots,C_n). \end{cases} \tag{1.17}$$

如果能从(1.17)式中确定出 $C_1^0,C_2^0,\cdots,C_n^0$,代回通解,即得所求初值问题的解 $y=\varphi(x,C_1^0,C_2^0,\cdots,C_n^0)$.

例 2 求方程

$$\ddot{x}+x=0$$

满足初值条件 $x\left(\dfrac{\pi}{4}\right)=1,\dot{x}\left(\dfrac{\pi}{4}\right)=-1$ 的解.

解 方程通解为

$$x=C_1\sin t+C_2\cos t,$$

求导数后得

$$\dot{x}=C_1\cos t-C_2\sin t.$$

将初值条件代入,得到方程组

$$\begin{cases} \dfrac{\sqrt{2}}{2}C_1+\dfrac{\sqrt{2}}{2}C_2=1, \\ \dfrac{\sqrt{2}}{2}C_1-\dfrac{\sqrt{2}}{2}C_2=-1. \end{cases}$$

解出 C_1 和 C_2 得

$$C_1=0,C_2=\sqrt{2},$$

故所求特解为

$$x=\sqrt{2}\cos t.$$

1.1.4 积分曲线

为了便于研究方程解的性质,我们常常考虑解的图像.一阶方程(1.9)的一个特解 $y=\varphi(x)$的函数图像是 xOy 平面上的一条曲线,称为方程(1.9)的**积分曲线**,而通解 $y=$

$\varphi(x,C)$的函数图像是平面上的一族曲线,称为**积分曲线族**.例如,方程(1.4)的通解 $y=x^2+C$ 是 xOy 平面上的一族抛物曲线.而 $y=x^2$ 是过点(0,0)的一条积分曲线.以后,为了叙述简便,我们对解和积分曲线这两个名词一般不加以区别.对于二阶和二阶以上的方程,也有积分曲线和积分曲线族的概念,只不过此时积分曲线所在的空间维数不同,我们将在第四章详细讨论.

1.1.5 初等积分法

常微分方程在实际问题中有着广泛的应用.为了弄清楚一个实际系统随时间变化的规律,需要讨论微分方程解的各种性态.通常有三种主要方法:求方程的解析解(包括级数形式的解),对解的性态进行定性分析,求方程的数值解.三种方法各有特点和局限性,在常微分方程的研究中,它们相互补充、相辅相成,在常微分方程研究中通常是三种方法的综合运用.

常微分方程的求解是一个技巧性很高的工作,即使是一阶方程的求解也是十分困难的.本章的其余部分将讨论一些具体类型的常微分方程的初等解法.初等解法也称为初等积分法.之所以称为初等积分法,是因为这样的解法最后都把求解的问题化成初等函数的积分问题,将方程的解用初等函数或它们的积分通过有限次运算表示出来.凡能做到这一点的常微分方程,称为可积的常微分方程.

初等积分法是求解常微分方程的最基本、最重要的方法,也是最经典、最古老的方法.虽然这种方法有一定的局限性(大多数常微分方程不能用初等积分法求解),但这些方法至今仍不失其重要性.一方面,能用初等积分法求解的方程虽属特殊类型,但它们在实际应用中却很常见和重要;另一方面,初等积分法是求解常微分方程的基本方法之一,是初学者必须接受的、学好本课程和其他数学分支的基本训练之一.

习题 1.1

1. 指出下列微分方程的阶数:

(1) $\frac{dy}{dx}=y^2+x^3$;　(2) $\frac{d^2y}{dx^2}=x+\frac{d^3}{dx^3}\arcsin x$;

(3) $y^3\frac{d^2y}{dx^2}+1=0$;　(4) $\left(\frac{dx}{dy}\right)^2=4$;

(5) $\frac{d^4y}{dx^4}-2\frac{d^3y}{dx^3}+\frac{d^2y}{dx^2}=0$;　(6) $\frac{d^2u}{dt^2}\frac{du}{dt}+\left(\frac{du}{dt}\right)^3+u^4=0$.

2. 验证给出的函数是否为相应微分方程的解:

(1) $5\frac{dy}{dx}=3x^2+5x$,　$y=\frac{x^3}{5}+\frac{x^2}{2}+C$;

(2) $\frac{dy}{dx}=p(x)y$,$p(x)$连续,　$y=Ce^{\int p(x)dx}$;

(3) $(x+y)dx+xdy=0$,　$y=\frac{C^2-x^2}{2x}$;

(4) $y''=x^2+y^2$,　$y=\frac{1}{x}$.

3. 建立具有下列性质的平面曲线所满足的微分方程;

(1) 曲线上任一点的切线介于两坐标轴之间的部分都等于定长;

(2) 曲线上任一点的切线与两坐标轴所围成三角形的面积为定值.

4. 求下列曲线族所满足的微分方程:

(1) $(x-C_1)^2+(y-C_2)^2=C_3^2$;　　(2) $y=C_1e^x+C_2xe^x$.

1.2 变量可分离方程

从本节开始到第 1.4 节,我们介绍一阶显式方程(1.9)的右端函数取某几种特殊类型时,可以用初等积分法求解的方法.

形如

$$\frac{dy}{dx}=f(x)g(y) \tag{1.18}$$

或

$$M_1(x)N_1(y)dx=M_2(x)N_2(y)dy \tag{1.19}$$

的方程,称为**变量可分离方程**.我们分别称(1.18)、(1.19)为显式变量可分离方程和微分形式变量可分离方程.

方程(1.18)的特点是,方程右端函数是两个因式的乘积,其中一个因式是只含 x 的函数,另一个因式是只含 y 的函数.而方程(1.19)是(1.18)的微分形式.例如,方程

$$\frac{dy}{dx}=xy, \qquad \frac{dy}{dx}=e^{x+y}, \qquad \frac{dy}{dx}=\frac{x}{y}, \qquad \frac{dx}{dt}=x^2+1$$

都是变量可分离方程.而方程

$$\frac{dy}{dx}=x+y, \qquad \frac{dy}{dx}=e^x+e^y, \qquad \frac{dy}{dx}=\frac{x}{x+y}, \qquad \frac{dx}{dt}=x^2+t^2$$

都不是变量可分离方程.

1.2.1 显式变量可分离方程的解法

1. 在方程(1.18)中,假设 $g(y)$ 是常数,不妨设 $g(y)=1$.此时方程(1.18)变为

$$\frac{dy}{dx}=f(x). \tag{1.20}$$

设 $f(x)$ 在区间 (a,b) 内连续,那么,求方程(1.20)的解,就成为求 $f(x)$ 的原函数(不定积分)的问题.于是由积分上限所确定的函数

$$y=\int_{x_0}^{x}f(x)dx+C \tag{1.21}$$

就是方程(1.20)的通解,其中 C 是一个任意常数,$x_0\in(a,b)$ 是一个固定数,$x\in(a,b)$ 是自变量.

2. 假设 $g(y)$ 不是常数，仍设 $f(x)$ 在区间 (a,b) 内连续，而 $g(y)$ 在区间 (α,β) 内连续.

若 $y=y(x)$ 是方程(1.18)的任意一个解，且满足 $y(x_0)=y_0$，则由解的定义，有恒等式

$$\frac{\mathrm{d}y(x)}{\mathrm{d}x}\equiv f(x)g(y(x)),x\in(a,b). \tag{1.22}$$

假设 $g(y)\neq 0$，于是可用分离变量法把方程写成

$$\frac{\mathrm{d}y(x)}{g(y(x))}\equiv f(x)\mathrm{d}x,x\in(a,b). \tag{1.23}$$

将上式两端积分，得到恒等式

$$\int_{x_0}^{x}\frac{\mathrm{d}y(x)}{g(y(x))}\equiv\int_{x_0}^{x}f(x)\mathrm{d}x,x\in(a,b). \tag{1.24}$$

上面的恒等式表明，当 $g(y)\neq 0$ 时，方程(1.18)的任意一个解 $y=y(x)$ 必定满足下面的**隐函数方程**：

$$\int_{y_0}^{y}\frac{\mathrm{d}y}{g(y)}\equiv\int_{x_0}^{x}f(x)\mathrm{d}x. \tag{1.25}$$

反之，若 $y=y(x)$ 是隐函数方程(1.25)的解，则有恒等式(1.24)成立，由(1.24)的两边对 x 求导数，就推出(1.23)成立，从而(1.22)成立，这就表明了隐函数方程(1.25)的解 $y=y(x)$ 也是微分方程(1.18)的解.

在具体求解方程时，往往把(1.25)写成不定积分形式

$$\int\frac{\mathrm{d}y}{g(y)}=\int f(x)\mathrm{d}x+C. \tag{1.26}$$

由上面的证明可知，当 $g(y)\neq 0$ 时，微分方程(1.18)与隐函数方程(1.26)是同解方程，即若由(1.26)解出 $y=y(x,C)$，则它是(1.18)的通解.由于(1.26)是通解的隐式表达式，所以(1.26)也称为方程(1.18)的**通积分**.在求解过程中，对于通积分(1.26)应该尽量把它演算到底，即用初等函数表达出来，但是，并不勉强从其中求出解的显式表达式.如果积分不能用初等函数表达出来，此时我们也认为微分方程(1.18)已经解出来了，因为从微分方程求解的意义上讲，留下的是一个积分问题，而不是一个方程问题了.

3. 若存在 y_0，使 $g(y_0)=0$，则易见 $y=y_0$ 是方程(1.18)的一个解，这样的解称为**常数解**.

例 1　求解方程

$$\frac{\mathrm{d}y}{\mathrm{d}x}=\frac{y}{x}.$$

解　当 $y\neq 0$ 时，分离变量，方程化为

$$\frac{\mathrm{d}y}{y}=\frac{\mathrm{d}x}{x}.$$

两端积分,即得通积分为

$$\ln|y| = \ln|x| + C_1$$

或

$$\ln|y| = \ln|Cx| \quad (C \neq 0).$$

解出 y,得方程通解

$$y = Cx \qquad (C \neq 0).$$

另外,$y=0$ 也是方程的解.所以在通解 $y=Cx$ 中,任意常数 C 可以取零.

例 2 求解方程

$$\frac{\mathrm{d}y}{\mathrm{d}x} = \frac{\sqrt{1-y^2}}{\sqrt{1-x^2}}.$$

解 当 $y \neq \pm 1$ 时,方程的通积分为

$$\int \frac{\mathrm{d}y}{\sqrt{1-y^2}} = \int \frac{\mathrm{d}x}{\sqrt{1-x^2}} + C,$$

即

$$\arcsin y = \arcsin x + C.$$

解出 y,得到通解

$$y = \sin(\arcsin x + C).$$

另外,方程还有常数解 $y=\pm 1$,它们不包含在上述通解中.

例 3 求方程

$$\frac{\mathrm{d}y}{\mathrm{d}x} = \frac{y^2-1}{2}$$

满足初值条件 $y(0)=0$ 及 $y(0)=1$ 的解.

解 当 $y \neq \pm 1$ 时,方程通积分为

$$\int \frac{2\mathrm{d}y}{y^2-1} = x + C_1,$$

即

$$\ln\left|\frac{y-1}{y+1}\right| = x + C_1.$$

因此

$$\frac{y-1}{y+1} = C\mathrm{e}^x \quad (C \neq 0),$$

解出通解为

$$y = \frac{1+C\mathrm{e}^x}{1-C\mathrm{e}^x}.$$

为求满足初值条件 $y(0)=0$ 的解,将 $y(0)=0$ 代入上解,应有

$$0 = \frac{1+C}{1-C},$$

可解得 $C=-1$.代入通解,即得满足 $y(0)=0$ 的解

$$y=\frac{1-e^x}{1+e^x}.$$

另外,易知 $y=\pm1$ 为方程的解.解 $y(0)=1$ 显然满足初值条件 $y(0)=1$,故它是所求的第二个解.

在通解公式中,当 C 为负数时,通解所对应的积分曲线位于带形区域 $-1<y<1$ 之中;而当 C 为正数时,它确定了两条积分曲线,其中一条定义于 $-\infty<x<-\ln C$ 上,它位于半平面 $y>1$ 上;另一条定义于 $-\ln C<x<+\infty$ 上,它位于半平面 $y<-1$ 上.图 1-2 描绘了所给方程的积分曲线的分布状况.

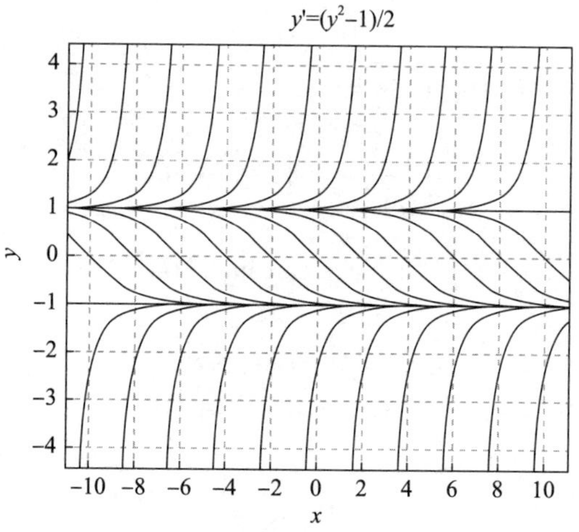

图 1-2

1.2.2 微分形式变量可分离方程的解法

方程

$$M_1(x)N_1(y)\,dx=M_2(x)N_2(y)\,dy \tag{1.19}$$

是变量可分离方程的微分形式表达式.这时,x 和 y 在方程中的地位是"平等"的,即 x 与 y 都可以被认为是自变量或函数.

在求常数解时,若 $N_1(y_0)=0$,则 $y=y_0$ 为方程(1.19)的解.同样,若 $M_2(x_0)=0$,则 $x=x_0$ 也是方程(1.19)的解.

当 $N_1(y)M_2(x)\neq0$ 时,用它除方程(1.19)两端,分离变量得

$$\frac{N_2(y)}{N_1(y)}dy=\frac{M_1(x)}{M_2(x)}dx.$$

上式两端同时积分,得到方程(1.19)的通积分

$$\int\frac{N_2(y)}{N_1(y)}dy=\int\frac{M_1(x)}{M_2(x)}dx+C.$$

例 4 求解方程

$$x(y^2-1)dx+y(x^2-1)dy=0.$$

解 首先,易见 $y=\pm1,x=\pm1$ 为方程的解.其次,当 $(x^2-1)(y^2-1)\neq0$ 时,分离变量得

$$\frac{xdx}{x^2-1}+\frac{ydy}{y^2-1}=0.$$

积分得方程的通积分为

$$\ln|x^2-1|+\ln|y^2-1|=\ln|C|\quad(C\neq0)$$

或

$$(x^2-1)(y^2-1)=C\quad(C\neq0).$$

习 题 1.2

1. 求下列变量可分离方程的通解:

(1) $ydy=xdx$; (2) $\frac{dy}{dx}=y\ln y$;

(3) $\frac{dy}{dx}=e^{x-y}$; (4) $\tan ydx-\cot xdy=0$.

2. 求下列方程满足给定初值条件的解:

(1) $\frac{dy}{dx}=y(y-1),y(0)=1$;

(2) $(x^2-1)y'+2xy^2=0,y(0)=1$;

(3) $y'=3\sqrt[3]{y^2},y(2)=0$;

(4) $(y^2+xy^2)dx-(x^2+yx^2)dy=0,y(1)=-1$.

3. 利用变量替换法把下列方程化为变量可分离方程:

(1) $\frac{dy}{dx}=f(ax+by+c)$; (2) $\frac{dy}{dx}=\frac{1}{x^2}f(xy)$;

(3) $\frac{dy}{dx}=xf\left(\frac{y}{x^2}\right)$;

(4) $f(xy)y+g(xy)xy'=0,f(u)\neq g(u),f(u),g(u)$ 连续.

4. 求解方程 $x\sqrt{1-y^2}dx+y\sqrt{1-x^2}dy=0$.

5. 求一曲线,使其上每一点的切线斜率为该点横坐标的 2 倍,且通过点 $P(3,4)$.

6. 求一曲线,使其具有如下性质:曲线上各点处的切线与切点到原点的向径及 x 轴可围成一个等腰三角形(以 x 轴为底),且通过点(1,2).

7. 人工繁殖细菌,其增长速度和当时的细菌数成正比.

(1) 如果 4 h 的细菌数即为原细菌数的 2 倍,那么经过 12 h 应有多少?

(2) 如在 3 h 的时候,有细菌数 10^4 个,在 5 h 的时候有 4×10^4 个,那么在开始时有多少个细菌?

8. 求解下列微分方程:

(1) $\frac{dy}{dx}=(x+y)^2+3$; (2) $\frac{dy}{dx}=1-\tan(x-y)$;

(3) $\dfrac{dy}{dx}=\dfrac{y(2+x^2y^2)}{x(1-x^2y^2)}$;　　(4) $\dfrac{dy}{dx}=\dfrac{y}{x(\ln x+\ln y)^2}-\dfrac{y}{x}$;

(5) $\dfrac{dy}{dx}=\dfrac{xy^2+y}{x^2y-x}$;　　(6) $\dfrac{dy}{dx}=\dfrac{2xy^3}{1-x^2y^2}$.

9. 考虑方程$\dfrac{dy}{dx}=\dfrac{M(x)}{N(y)}$,其中 $M(x)$,$N(y)$ 均为实值连续函数,$M(x)$ 以 1 为周期,$N(y)\neq 0$.证明:若 $\int_0^1 M(x)\,dx\neq 0$,则该方程没有非常数的 1-周期解.

1.3 齐次方程

变量可分离方程是最基本的方程类型之一.有些方程形式上不是变量可分离方程,但是经过适当变量变换之后,就能化成变量可分离方程.用初等积分法求解常微分方程的一个重要方法就是寻找适当的变量变换,将所给的方程化成变量可分离方程.在 18—19 世纪的 100 多年间,人们在这方面做了相当可观的工作,归纳出相当多的标准类型,它们可通过适当的变换化成变量可分离方程.本节介绍两类可化为变量可分离的方程.

1.3.1 齐次方程的解法

如果一阶显式方程

$$\frac{dy}{dx}=f(x,y) \tag{1.9}$$

的右端函数 $f(x,y)$ 可以改写为$\dfrac{y}{x}$的函数 $g\left(\dfrac{y}{x}\right)$,那么称方程(1.9)为一阶**齐次微分方程**.

例如,方程

$$\frac{dy}{dx}=\frac{x+y}{x-y},\qquad \frac{dy}{dx}=\frac{x^2+y^2\sin\dfrac{y}{x}}{x^2-y^2\cos\dfrac{y}{x}},$$

$$(x^2+y^2)dx+xydy=0,\qquad \frac{dy}{dx}=\ln x-\ln y,$$

可以分别改写成

$$\frac{dy}{dx}=\frac{1+\dfrac{y}{x}}{1-\dfrac{y}{x}},\qquad \frac{dy}{dx}=\frac{1+\left(\dfrac{y}{x}\right)^2\sin\dfrac{y}{x}}{1-\left(\dfrac{y}{x}\right)^2\cos\dfrac{y}{x}},$$

$$\frac{dy}{dx}=-\frac{y}{x}-\left(\frac{y}{x}\right)^{-1},\qquad \frac{dy}{dx}=-\ln\frac{y}{x},$$

所以它们都是一阶齐次方程.一阶齐次微分方程可以写为

$$\frac{dy}{dx}=g\left(\frac{y}{x}\right).\tag{1.27}$$

方程(1.27)的特点是它的右端是一个以$\frac{y}{x}$为中间变元的函数,经过如下的变量变换,它能化为变量可分离方程.

令

$$u=\frac{y}{x},$$

则有

$$\frac{dy}{dx}=u+x\frac{du}{dx}.$$

代入方程(1.27)得

$$\frac{du}{dx}=\frac{g(u)-u}{x}.\tag{1.28}$$

方程(1.28)是一个变量可分离方程,当 $g(u)-u\neq 0$ 时,分离变量并积分,得到它的通积分

$$\int\frac{du}{g(u)-u}=\int\frac{dx}{x}+\ln|C_1|,C_1\neq 0,\tag{1.29}$$

或

$$C_1x=e^{\int\frac{du}{g(u)-u}},$$

即

$$x=Ce^{\varphi(u)},$$

其中

$$\varphi(u)=\int\frac{du}{g(u)-u},\quad C=\frac{1}{C_1}.$$

将 $u=\frac{y}{x}$代入,得到原方程(1.27)的通积分为

$$x=Ce^{\varphi\left(\frac{y}{x}\right)}.$$

若存在常数 u_0,使 $g(u_0)-u_0=0$,则 $u=u_0$ 是(1.28)的解,由 $u=\frac{y}{x}$,得 $y=u_0x$ 是原方程(1.27)的解.

例 1 求解方程

$$x^2\frac{dy}{dx}=xy-y^2.$$

解 将方程化成

$$\frac{dy}{dx}=\frac{y}{x}-\left(\frac{y}{x}\right)^2.$$

令 $y=xu$,代入上式得

$$u+x\frac{du}{dx}=u-u^2,$$

即

$$x\frac{du}{dx}=-u^2.$$

易于看出, $u=0$ 为这方程的一个解,从而 $y=0$ 为原方程的一个解.

当 $u\neq 0$ 时, 分离变量得 $-\frac{du}{u^2}=\frac{dx}{x}$.两端积分后得

$$\frac{1}{u}=\ln|x|+C$$

或

$$u=\frac{1}{\ln|x|+C}.$$

将 u 换成 $\frac{y}{x}$,并解出 y,便得到原方程的通解

$$y=\frac{x}{\ln|x|+C}.$$

在一般情况下,如何判断方程(1.9)是齐次方程呢？这相当于考虑什么样的二元函数 $f(x,y)$ 能化成形状为 $g\left(\frac{y}{x}\right)$ 的函数.下面我们说明零次齐次函数具有此性质.

所谓 $f(x,y)$ 对于变元 x 和 y 是零次齐次式,是指对于任意 $\tau\neq 0$ 的常数,有恒等式

$$f(\tau x,\tau y)=\tau^0 f(x,y)=f(x,y).$$

令 $\tau=\frac{1}{x}$,则有

$$f(x,y)\equiv f\left(1,\frac{y}{x}\right)=g\left(\frac{y}{x}\right).$$

因此,所谓齐次方程,实际上就是方程(1.9)的右端函数 $f(x,y)$ 是一个关于变元 x, y 的零次齐次式.

如果我们把齐次方程称为第一类可化为变量可分离的方程,那么我们下面要介绍第二类这种方程.

1.3.2 第二类可化为变量可分离的方程

形如

$$\frac{dy}{dx}=f\left(\frac{a_1x+b_1y+c_1}{a_2x+b_2y+c_2}\right) \tag{1.30}$$

的方程是第二类可化为变量可分离的方程,其中 $c_1^2+c_2^2\neq0$.显然,方程(1.30)的右端函数,对于 x,y 并不是零次齐次函数,然而函数

$$f\left(\frac{a_1x+b_1y}{a_2x+b_2y}\right) \tag{1.31}$$

为零次齐次函数.事实上,我们有

$$f\left(\frac{a_1x+b_1y}{a_2x+b_2y}\right)=f\left(\frac{a_1+b_1\dfrac{y}{x}}{a_2+b_2\dfrac{y}{x}}\right)=g\left(\frac{y}{x}\right).$$

下面我们将通过变量变换把(1.30)中的 c_1 及 c_2 消去,将方程(1.30)的右端函数化成(1.31)的形式,从而把方程(1.30)化成齐次方程.

令 $x=\xi+\alpha,y=\eta+\beta(\alpha,\beta$ 为待定常数),则

$$\frac{\mathrm{d}y}{\mathrm{d}x}=\frac{\mathrm{d}y}{\mathrm{d}\eta}\cdot\frac{\mathrm{d}\eta}{\mathrm{d}\xi}\cdot\frac{\mathrm{d}\xi}{\mathrm{d}x}=\frac{\mathrm{d}\eta}{\mathrm{d}\xi},$$

代入(1.30)得

$$\frac{\mathrm{d}\eta}{\mathrm{d}\xi}=f\left(\frac{a_1\xi+b_1\eta+a_1\alpha+b_1\beta+c_1}{a_2\xi+b_2\eta+a_2\alpha+b_2\beta+c_2}\right).$$

选取 α,β 使得

$$\begin{cases}a_1\alpha+b_1\beta+c_1=0,\\a_2\alpha+b_2\beta+c_2=0.\end{cases} \tag{1.32}$$

(1.32)是一个线性非齐次方程组,它的解与系数矩阵的行列式有关.

如果

$$\Delta=\begin{vmatrix}a_1 & b_1\\a_2 & b_2\end{vmatrix}\neq0,$$

则(1.32)有唯一一组解,把 α,β 取为这组解,于是(1.30)就化成齐次方程

$$\frac{\mathrm{d}\eta}{\mathrm{d}\xi}=f\left(\frac{a_1\xi+b_1\eta}{a_2\xi+b_2\eta}\right).$$

求出这个方程的解,并用变换

$$\xi=x-\alpha,\eta=y-\beta$$

代回,即可得(1.30)的解.

如果 $\Delta=0$,则(1.32)的解不唯一,上述方法不可行,下面我们要说明,此时方程(1.30)也可化为变量可分离方程求解.

实际上,由 $\Delta=0$,有

$$a_1b_2=a_2b_1 \tag{1.33}$$

成立.下面仅以 a_2,b_2 来讨论(与 a_1,b_1 讨论相同).

（1）$a_2=b_2=0$，此时（1.30）为

$$\frac{\mathrm{d}y}{\mathrm{d}x}=f\left(\frac{a_1x+b_1y+c_1}{c_2}\right).$$

令 $z=a_1x+b_1y$，则得到关于 z 的变量可分离方程

$$\frac{\mathrm{d}z}{\mathrm{d}x}=a_1+b_1f\left(\frac{z+c_1}{c_2}\right).$$

（2）a_2,b_2 中至多有一个为零.

当 $a_2\neq0,b_2=0$ 时，由（1.33）必有 $b_1=0$，方程（1.30）成为

$$\frac{\mathrm{d}y}{\mathrm{d}x}=f\left(\frac{a_1x+c_1}{a_2x+c_2}\right),$$

这是一个变量可分离方程.

当 $a_2=0,b_2\neq0$ 时，由（1.33）必有 $a_1=0$，方程（1.30）成为

$$\frac{\mathrm{d}y}{\mathrm{d}x}=f\left(\frac{b_1y+c_1}{b_2y+c_2}\right),$$

这也是一个变量可分离方程.

当 $a_2\neq0$ 且 $b_2\neq0$ 时，由（1.33）有

$$\frac{a_1}{a_2}=\frac{b_1}{b_2}=\lambda.$$

于是 $a_1x+b_1y=\lambda(a_2x+b_2y)$，原方程（1.30）成为

$$\frac{\mathrm{d}y}{\mathrm{d}x}=f\left(\frac{\lambda(a_2x+b_2y)+c_1}{a_2x+b_2y+c_2}\right).$$

令 $z=a_2x+b_2y$，则得到一个关于 z 的方程

$$\frac{\mathrm{d}z}{\mathrm{d}x}=a_2+b_2f\left(\frac{\lambda z+c_1}{z+c_2}\right),$$

这也是一个变量可分离方程.

例 2　求解方程

$$\frac{\mathrm{d}y}{\mathrm{d}x}=\frac{x-y+1}{x+y-3}.$$

解　因为

$$\Delta=\begin{vmatrix}1&-1\\1&1\end{vmatrix}=2\neq0,$$

方程组

$$\begin{cases}\alpha-\beta+1=0,\\\alpha+\beta-3=0\end{cases}$$

有解

$$\alpha=1,\beta=2.$$

令 $x=\xi+1,y=\eta+2$,代入原方程,得到新方程

$$\frac{\mathrm{d}\eta}{\mathrm{d}\xi}=\frac{\xi-\eta}{\xi+\eta}.$$

令 $u=\frac{\eta}{\xi}$,代入上式,又得到新方程

$$u+\xi\frac{\mathrm{d}u}{\mathrm{d}\xi}=\frac{1-u}{1+u}.$$

当 $u^2+2u-1\neq0$ 时,整理得

$$\frac{(1+u)\mathrm{d}u}{u^2+2u-1}=-\frac{\mathrm{d}\xi}{\xi},$$

积分得

$$\frac{1}{2}\ln|u^2+2u-1|=-\ln|\xi|+\frac{1}{2}\ln|C_1|,C_1\neq0,$$

即 $$\xi^2(u^2+2u-1)=C,C=\pm C_1,$$

或 $$\eta^2+2\eta\xi-\xi^2=C.$$

以 $\xi=x-1,\eta=y-2$ 代回,即得原方程的通积分为

$$(y-2)^2+2(x-1)(y-2)-(x-1)^2=C.$$

当 $u^2+2u-1=0$ 时,解得 $u=-1\pm\sqrt{2}$, 还原后又得到原方程的两个解

$$y=(-1+\sqrt{2})(x-1)+2 \text{ 和 } y=(-1-\sqrt{2})(x-1)+2.$$

习题 1.3

1. 解下列方程:

(1) $(x+2y)\mathrm{d}x-x\mathrm{d}y=0$;

(2) $(y^2-2xy)\mathrm{d}x+x^2\mathrm{d}y=0$;

(3) $(x^2+y^2)\frac{\mathrm{d}y}{\mathrm{d}x}=2xy$;

(4) $xy'-y=x\tan\frac{y}{x}$;

(5) $xy'-y=(x+y)\ln\frac{x+y}{x}$;

(6) $xy'=\sqrt{x^2-y^2}+y$.

2. 解下列方程:

(1) $(2x-4y+6)\mathrm{d}x+(x+y-3)\mathrm{d}y=0$;

(2) $(2x+y+1)\mathrm{d}x-(4x+2y-3)\mathrm{d}y=0$;

(3) $(x+4y)y'=2x+3y+5$;

(4) $y'=2\left(\frac{y-2}{x+y-1}\right)^2$.

3. 解方程

$$(2x^2+3y^2-7)x\mathrm{d}x-(3x^2+2y^2-8)y\mathrm{d}y=0.$$

4. 一船从河边 A 点驶向对岸码头 O 点，设河宽 $OA=a$，水流速度为 w，船的速度为 v，如果船总是朝码头 O 点的方向前进，试求船的路线，并证明船能到达对岸 O 点的充要条件为 $v>w$.

1.4 一阶线性微分方程

本节讨论一阶线性方程的解法，以及某些可以化成线性方程的类型.

一阶线性微分方程的形式是

$$\frac{dy}{dx}+p(x)y=f(x). \tag{1.34}$$

如果 $f(x)\equiv 0$，即

$$\frac{dy}{dx}+p(x)y=0, \tag{1.35}$$

则称其为**一阶线性齐次方程**.如果 $f(x)$ 不恒为零，则称(1.34)为**一阶线性非齐次方程**.

1.4.1 一阶线性非齐次方程的通解

先考虑线性齐次方程(1.35)，注意这里"齐次"的含意与 1.3 节中的不同，这里指的是在(1.34)中不含"自由项"$f(x)$，即 $f(x)\equiv 0$.显然，(1.35)是一个变量可分离方程，由 1.2 节易知它的通解是

$$y = Ce^{-\int p(x)dx}. \tag{1.36}$$

下面使用常数变易法再求线性非齐次方程(1.34)的解.其想法是：当 C 为常数时，函数(1.36)的导数，恰等于该函数乘上 $-p(x)$，从而(1.36)为齐次方程(1.35)的解.现在要求非齐次方程(1.34)的解，则需要该函数的导数还要有一项等于 $f(x)$.为此，联系到乘积导数的公式，可将(1.36)中的常数 C 变易为函数 $C(x)$，即令

$$y = C(x)e^{-\int p(x)dx} \tag{1.37}$$

为方程(1.34)的解，其中 $C(x)$ 待定.将(1.37)代入(1.34)，有

$$C'(x)e^{-\int p(x)dx} - p(x)C(x)e^{-\int p(x)dx} + p(x)C(x)e^{-\int p(x)dx} = f(x),$$

即

$$C'(x) = f(x)e^{\int p(x)dx}.$$

积分后得

$$C(x) = \int f(x)e^{\int p(x)dx}dx + C.$$

把上式代入(1.37)，得到(1.34)的通解公式为

$$y = Ce^{-\int p(x)dx} + e^{-\int p(x)dx}\int f(x)e^{\int p(x)dx}dx. \tag{1.38}$$

在求解具体方程时，不必记忆通解公式，只要按常数变易法的步骤来求解即可.

例 1 求解方程

$$\frac{dy}{dx}=\frac{y}{x}+x^2. \tag{1.39}$$

解 显然,这是一个一阶线性非齐次方程.

先求对应的齐次方程

$$\frac{dy}{dx}=\frac{y}{x}$$

的通解为 $y=Cx$.由常数变易法,令

$$y=C(x)x$$

为方程(1.39)的解,代入(1.39)有

$$C'(x)x+C(x)=C(x)+x^2,$$

即

$$C'(x)=x.$$

积分得

$$C(x)=\frac{1}{2}x^2+C,$$

代回后得原方程(1.39)的通解为

$$y=Cx+\frac{1}{2}x^3.$$

例 2 求解方程

$$\frac{dy}{dx}-y\cot x=2x\sin x. \tag{1.40}$$

解 显然这也是一个一阶线性非齐次方程.

先解对应的齐次方程

$$\frac{dy}{dx}-y\cot x=0.$$

分离变量后再积分有

$$\int\frac{dy}{y}=\int\cot x\,dx+\ln|C_1|,C_1\neq 0,$$

即

$$\ln|y|=\ln|\sin x|+\ln|C_1|.$$

取指数后,得齐次通解

$$y=C\sin x,C=\pm C_1,$$

由常数变易法,令

$$y=C(x)\sin x$$

为非齐次方程(1.40)的解,代入后得

$$C'(x)\sin x+C(x)\cos x-C(x)\cos x=2x\sin x,$$

即

$$C'(x)=2x.$$

积分得

$$C(x)=x^2+C.$$

于是原方程(1.40)的通解为

$$y=C\sin x+x^2\sin x.$$

仔细看一下非齐次方程(1.34)的通解公式(1.38),我们可以发现它由两项组成.第一项是对应齐次方程的通解,第二项是非齐次方程的一个特解.因此有如下的结论:**线性非齐次方程(1.34)的通解,等于它所对应的齐次方程(1.35)的通解与非齐次方程(1.34)的一个特解之和.**

上述结论与我们熟知的线性代数方程组解的结论十分相似.不仅如此,以后还可以看到,对于一般线性微分方程或方程组,都有这个结论.

为了求解初值问题

$$\begin{cases}\dfrac{dy}{dx}+p(x)y=f(x),\\ y(x_0)=y_0,\end{cases}$$

常数变易法可采用定积分形式,即(1.37)可取为

$$y=C(x)e^{-\int_{x_0}^{x}p(\tau)d\tau}. \tag{1.41}$$

代入(1.34)并化简,得

$$C'(x)=f(x)e^{\int_{x_0}^{x}p(\tau)d\tau}.$$

积分得

$$C(x)=\int_{x_0}^{x}f(s)e^{\int_{x_0}^{s}p(\tau)d\tau}ds+C.$$

代入(1.41)得到

$$y=Ce^{-\int_{x_0}^{x}p(\tau)d\tau}+e^{-\int_{x_0}^{x}p(\tau)d\tau}\int_{x_0}^{x}f(s)e^{\int_{x_0}^{s}p(\tau)d\tau}ds.$$

将初值条件 $x=x_0, y=y_0$ 代入上式,有 $C=y_0$,于是所求初值问题解为

$$y=y_0e^{-\int_{x_0}^{x}p(\tau)d\tau}+e^{-\int_{x_0}^{x}p(\tau)d\tau}\int_{x_0}^{x}f(s)e^{\int_{x_0}^{s}p(\tau)d\tau}ds, \tag{1.42}$$

或

$$y=y_0e^{-\int_{x_0}^{x}p(\tau)d\tau}+\int_{x_0}^{x}f(s)e^{\int_{x}^{s}p(\tau)d\tau}ds. \tag{1.43}$$

例 3　设函数 $f(x)$ 在 $[0,+\infty)$.连续且有界,试证明:方程

$$\frac{dy}{dx}+y=f(x)$$

的所有解均在 $[0,+\infty)$ 上有界.

证明　设 $y=y(x)$ 为方程的任一解,它满足初值条件 $y(x_0)=y_0, x_0\in[0,+\infty)$. 于是,由公式(1.43),它可以表示为

$$y(x)=y_0\mathrm{e}^{-(x-x_0)}+\int_{x_0}^{x}f(s)\mathrm{e}^{s-x}\mathrm{d}s.$$

我们只要证 $y(x)$ 在 $[x_0,+\infty)$ 上有界即可.设

$$|f(x)|\leqslant M, x\in[0,+\infty),$$

于是对 $x\geqslant x_0$ 有

$$\begin{aligned}|y(x)|&\leqslant|y_0|\mathrm{e}^{-(x-x_0)}+\int_{x_0}^{x}|f(s)|\mathrm{e}^{s-x}\mathrm{d}s\\&\leqslant|y_0|+M\mathrm{e}^{-x}\int_{x_0}^{x}\mathrm{e}^{s}\mathrm{d}s\\&=|y_0|+M[1-\mathrm{e}^{-(x-x_0)}]\\&\leqslant|y_0|+M.\end{aligned}$$

原题得证.

1.4.2 伯努利方程

形如

$$\frac{\mathrm{d}y}{\mathrm{d}x}+p(x)y=f(x)y^n\quad(n\neq0,1)\tag{1.44}$$

的方程称为**伯努利(Bernoulli)方程**.

当 $f(x)\neq0$ 时,伯努利方程(1.44)是一种非线性的一阶微分方程,但是经过适当的变量变换之后,它可以化成一阶线性方程.

在(1.44)两端除以 y^n,得

$$y^{-n}\frac{\mathrm{d}y}{\mathrm{d}x}+p(x)y^{1-n}=f(x).\tag{1.45}$$

为了化成线性方程,令

$$z=y^{1-n},$$

则 $\frac{\mathrm{d}z}{\mathrm{d}x}=(1-n)y^{-n}\frac{\mathrm{d}y}{\mathrm{d}x}$,代入(1.45)得

$$\frac{1}{1-n}\frac{\mathrm{d}z}{\mathrm{d}x}+p(x)z=f(x).$$

这样,就把(1.44)化成以 z 为未知函数的线性方程了.

例 4 求解方程

$$\frac{\mathrm{d}y}{\mathrm{d}x}=\frac{y}{2x}+\frac{x^2}{2y}.$$

解 这是一个伯努利方程.两端同乘 $2y$,得

$$2y\frac{\mathrm{d}y}{\mathrm{d}x}=\frac{y^2}{x}+x^2.$$

令 $y^2=z$,代入有

$$\frac{dz}{dx}=\frac{z}{x}+x^2,$$

这已经是线性方程,它的解为 $z=Cx+\frac{1}{2}x^3$.于是,原方程的解为 $y=\pm\sqrt{Cx+\frac{1}{2}x^3}$.

习 题 1.4

1. 解下列方程:

(1) $\frac{dy}{dx}+2xy=4x$;

(2) $y'-\frac{1}{x-2}y=2(x-2)^2$;

(3) $\frac{d\rho}{d\theta}+3\rho=2$;

(4) $\frac{di}{dt}-6i=10\sin 2t$;

(5) $xy'-2y=2x^4$;

(6) $x(y'-y)=e^x$;

(7) $y'+y\tan x=\sec x$;

(8) $xy'+(x+1)y=3x^2e^{-x}$.

2. 求曲线,使其切线在纵轴上的截距等于切点的横坐标.

3. 解下列伯努利方程:

(1) $\frac{dy}{dx}-y=xy^5$;

(2) $y'+2xy+xy^4=0$;

(3) $y'+\frac{y}{3}=\frac{1}{3}(1-2x)y^4$;

(4) $\frac{dy}{dx}+y=y^2(\cos x-\sin x)$;

(5) $x dy-\{y+xy^3(1+\ln|x|)\}dx=0$.

4. 设函数 $p(x)$,$f(x)$ 在$[0,+\infty)$上连续,且 $\lim\limits_{x\to+\infty}p(x)=a>0$,$|f(x)|\leqslant b$($a,b$ 为常数).求证:方程 $\frac{dy}{dx}+p(x)y=f(x)$ 的一切解在$[0,+\infty)$上有界.

5. 设 $f(x)$ 在$[0,+\infty)$上连续,且 $\lim\limits_{x\to+\infty}f(x)=b$,又 $a>0$.求证:方程

$$\frac{dy}{dx}+ay=f(x)$$

的一切解 $y(x)$,均有 $\lim\limits_{x\to+\infty}y(x)=\frac{b}{a}$.

6. 设 $y(x)$ 在$[0,+\infty)$上连续可微,且有

$$\lim_{x\to+\infty}[y'(x)+y(x)]=0,$$

试证 $\lim\limits_{x\to+\infty}y(x)=0$.

7. 设 $y_1(x)$,$y_2(x)$ 是一阶线性非齐次方程(1.34)的两个互不相同的解,证明:(1.34)的任一解 $y(x)$ 恒满足

$$\frac{y(x)-y_1(x)}{y_2(x)-y_1(x)}=C,\quad C\text{ 为常数}.$$

8. 考虑一阶线性非齐次方程(1.34),其中 $p(x)$,$f(x)$ 都是 $\omega>0$ 周期的连续函数.证明:

(1) 若 $f(x)\equiv 0$,则此方程的任一非零解是 ω 周期解当且仅当

$$\bar{p}=\frac{1}{\omega}\int_0^{\omega}p(x)\,dx=0;$$

(2) 若$f(x)\neq 0$,则此方程有唯一的ω周期解当且仅当$p\neq 0$,并求出此解.

1.5 全微分方程及积分因子

本节研究全微分方程的解法,以及某些特殊方程的积分因子的求法.

1.5.1 全微分方程

如果微分形式的一阶方程

$$M(x,y)\mathrm{d}x+N(x,y)\mathrm{d}y=0 \tag{1.10}$$

的左端恰好是一个二元函数$U(x,y)$的全微分,即

$$\mathrm{d}U(x,y)=M(x,y)\mathrm{d}x+N(x,y)\mathrm{d}y, \tag{1.46}$$

则称(1.10)是**全微分方程**或**恰当微分方程**,而函数$U(x,y)$称为微分式(1.46)的原函数.

例如方程

$$x\mathrm{d}x+y\mathrm{d}y=0 \tag{1.47}$$

就是一个全微分方程.因为它的左端恰是二元函数$U(x,y)=\dfrac{1}{2}(x^2+y^2)$的全微分.

全微分方程如何求解呢?先看一下方程(1.47),由于它的左端是二元函数$\dfrac{x^2+y^2}{2}$的全微分,从而方程可写成

$$\mathrm{d}\left(\frac{x^2+y^2}{2}\right)=0.$$

若$y=y(x)$是(1.47)的解,应有恒等式

$$\mathrm{d}\left(\frac{x^2+y^2(x)}{2}\right)\equiv 0,$$

从而

$$x^2+y^2(x)\equiv C. \tag{1.48}$$

由此解出

$$y=\pm\sqrt{C-x^2}.$$

这说明,全微分方程(1.47)的任一解包含在表达式(1.48)中.一般地,有如下定理.

定理 1.1 假如$U(x,y)$是微分(1.46)的一个原函数,则全微分方程(1.10)的通积分为

$$U(x,y)=C, \tag{1.49}$$

其中 C 为任意常数.

证明 先证(1.10)的任一解 $y=y(x)$ 均满足方程(1.49).因为 $y=y(x)$ 为(1.10)的解,故有恒等式

$$M(x,y(x))\mathrm{d}x+N(x,y(x))\mathrm{d}y(x)\equiv 0.$$

因为 $U(x,y)$ 为(1.46)的原函数,所以有

$$\mathrm{d}U(x,y(x))\equiv 0,$$

从而

$$U(x,y(x))\equiv C(C\text{ 为一常数}).$$

于是 $y=y(x)$ 满足(1.49).

再证明(1.49)所确定的任意隐函数 $y=y(x)$ 均为(1.10)的解.因为 $y=y(x)$ 是由(1.49)所确定的隐函数,所以存在常数 C,使

$$U(x,y(x))\equiv C.$$

将上式微分并应用 $U(x,y)$ 是(1.46)的原函数的性质,即有

$$\mathrm{d}U(x,y(x))\equiv M(x,y(x))\mathrm{d}x+N(x,y(x))\mathrm{d}y(x)\equiv 0,$$

从而 $y(x)$ 是方程(1.10)的解.定理证毕.

根据上述定理,为了求解全微分方程(1.10),只需求出它的一个原函数 $U(x,y)$,就可以得到它的通积分 $U(x,y)=C$.

下面介绍两种求原函数的方法.

1. 求原函数的直接观察法

在某些简单情形下,可以由观察方程(1.10)直接求出它的一个原函数,从而得到它的通积分.这要求熟记一些常见的二元函数的全微分公式.

例如

$$\mathrm{d}(xy)=y\mathrm{d}x+x\mathrm{d}y,\quad \mathrm{d}\left(\frac{y}{x}\right)=\frac{x\mathrm{d}y-y\mathrm{d}x}{x^2},$$

$$\mathrm{d}\left(\frac{x}{y}\right)=\frac{y\mathrm{d}x-x\mathrm{d}y}{y^2},\quad \mathrm{d}\left(\ln\frac{x}{y}\right)=\frac{y\mathrm{d}x-x\mathrm{d}y}{xy},$$

$$\mathrm{d}\left(\arctan\frac{x}{y}\right)=\frac{y\mathrm{d}x-x\mathrm{d}y}{x^2+y^2},$$

$$\mathrm{d}(\ln(x^2+y^2))=2\,\frac{x\mathrm{d}x+y\mathrm{d}y}{x^2+y^2}.$$

例 1 求解方程

$$x\mathrm{d}x+\frac{(x+y)\mathrm{d}x-(x-y)\mathrm{d}y}{x^2+y^2}=0.$$

解 直接观察方程的左端,有

$$
\begin{aligned}
&x\mathrm{d}x+\frac{(x+y)\,\mathrm{d}x-(x-y)\,\mathrm{d}y}{x^2+y^2}\\
&=x\mathrm{d}x+\frac{x\mathrm{d}x+y\mathrm{d}y}{x^2+y^2}+\frac{y\mathrm{d}x-x\mathrm{d}y}{x^2+y^2}\\
&=\mathrm{d}\left(\frac{x^2}{2}\right)+\mathrm{d}\left(\frac{1}{2}\ln(x^2+y^2)\right)+\mathrm{d}\left(\arctan\frac{x}{y}\right)\\
&=\mathrm{d}\left[\left(\frac{x^2}{2}\right)+\frac{1}{2}\ln(x^2+y^2)+\arctan\frac{x}{y}\right],
\end{aligned}
$$

从而方程的左端是一个全微分,它的一个原函数为

$$U(x,y)=\frac{x^2}{2}+\frac{1}{2}\ln(x^2+y^2)+\arctan\frac{x}{y}.$$

于是原方程的通积分为

$$\frac{1}{2}x^2+\frac{1}{2}\ln(x^2+y^2)+\arctan\frac{x}{y}=C_1.$$

2. 求原函数的一般方法

定理 1.2 如果方程(1.10)中的 $M(x,y)$,$N(x,y)$ 在矩形区域

$$R:|x-x_0|\leqslant a,|y-y_0|\leqslant b$$

上连续可微,则方程(1.10)是全微分方程的充要条件是:在 R 上有

$$\frac{\partial M}{\partial y}\equiv\frac{\partial N}{\partial x}. \tag{1.50}$$

证明 必要性.设(1.10)是全微分方程,则存在原函数 $U(x,y)$,使得

$$\mathrm{d}U(x,y)=M(x,y)\,\mathrm{d}x+N(x,y)\,\mathrm{d}y=\frac{\partial U}{\partial x}\mathrm{d}x+\frac{\partial U}{\partial y}\mathrm{d}y,$$

所以

$$\frac{\partial U}{\partial x}=M(x,y),\frac{\partial U}{\partial y}=N(x,y).$$

将以上二式分别对 y 和 x 求偏导数,得到

$$\frac{\partial^2 U}{\partial x\partial y}=\frac{\partial M(x,y)}{\partial y},\frac{\partial^2 U}{\partial y\partial x}=\frac{\partial N(x,y)}{\partial x}.$$

因为 M,N 连续可微,所以

$$\frac{\partial^2 U}{\partial x\partial y}=\frac{\partial^2 U}{\partial y\partial x}$$

成立,即(1.50)成立.

充分性.设(1.50)在区域 R 内成立,现在求一个二元函数 $U(x,y)$,使它满足

$$\mathrm{d}U(x,y)=M(x,y)\,\mathrm{d}x+N(x,y)\,\mathrm{d}y,$$

即

$$\frac{\partial U}{\partial x}=M(x,y),\frac{\partial U}{\partial y}=N(x,y).$$

由第一个等式,应有

$$U(x,y)=\int_{x_0}^{x}M(x,y)\mathrm{d}x+\varphi(y),$$

其中 $\varphi(y)$ 为 y 的任意可微函数.为了使 $U(x,y)$ 再满足

$$\frac{\partial U}{\partial y}=N(x,y),$$

必须适当选取 $\varphi(y)$,满足

$$\frac{\partial U}{\partial y}=\frac{\partial}{\partial y}\int_{x_0}^{x}M(x,y)\mathrm{d}x+\varphi'(y)=N(x,y).$$

由参变量积分的性质和条件(1.50),上式即为

$$\int_{x_0}^{x}\frac{\partial N(x,y)}{\partial x}\mathrm{d}x+\varphi'(y)=N(x,y),$$

或

$$N(x,y)-N(x_0,y)+\varphi'(y)=N(x,y),$$

从而应取

$$\varphi'(y)=N(x_0,y).$$

积分后得到

$$\varphi(y)=\int_{y_0}^{y}N(x_0,s)\mathrm{d}s+C_1.$$

因为只要一个 $\varphi(y)$ 就够了,故取 $C_1=0$.于是,函数

$$U(x,y)=\int_{x_0}^{x}M(t,y)\mathrm{d}t+\int_{y_0}^{y}N(x_0,s)\mathrm{d}s \tag{1.51}$$

就是所求的原函数,而全微分方程(1.10)的通积分是

$$\int_{x_0}^{x}M(t,y)\mathrm{d}t+\int_{y_0}^{y}N(x_0,s)\mathrm{d}s=C. \tag{1.52}$$

定理 1.2 不但给出了判断方程(1.10)为全微分方程的充要条件,而且给出了当判别式(1.50)成立时,(1.51)式就是(1.10)左端的原函数,而(1.52)就是(1.10)的通积分.

例 2 求解方程

$$(3x^2+6xy^2)\mathrm{d}x+(6x^2y+4y^3)\mathrm{d}y=0.$$

解 因为

$$\frac{\partial M}{\partial y}=12xy=\frac{\partial N}{\partial x},$$

所以此方程是全微分方程.$M(x,y)$ 及 $N(x,y)$ 在整个 xOy 平面都连续可微.不妨选取

$x_0=0,y_0=0$(注意:不一定非要选取 $x_0=0,y_0=0$,这么选只是为了计算简单,也可以选取别的值.选取不同值的差别,反映在所求出的通解中的任意常数上.所以作为通解,不同初值的选取在本质上是一样的.但有的时候,不能这样选取,就必须要选别的值.如习题1.5,第1题第4小题),故方程通积分为

$$\int_0^x (3x^2+6xy^2)\,dx+\int_0^y 4y^3\,dy=C,$$

即

$$x^3+3x^2y^2+y^4=C.$$

为了求全微分方程(1.10)满足初值条件 $y(x_0)=y_0$ 的解,将 $x=x_0,y=y_0$ 代入(1.52),可得出 $C=0$.因此方程(1.10)满足初值条件 $y(x_0)=y_0$ 的初值问题的积分为

$$\int_{x_0}^x M(x,y)\,dx+\int_{y_0}^y N(x_0,y)\,dy=0. \tag{1.53}$$

例 3 求解初值问题

$$\begin{cases} xy\,dx+\dfrac{1}{2}(x^2+y)\,dy=0, \\ y(0)=2. \end{cases}$$

解 因为

$$\frac{\partial M}{\partial y}=x=\frac{\partial N}{\partial x},$$

所以方程为全微分方程,由公式(1.53),所求初值问题的积分为

$$\int_0^x xy\,dx+\frac{1}{2}\int_2^y y\,dy=0,$$

即

$$\frac{1}{2}x^2y+\frac{1}{4}(y^2-4)=0.$$

解出 y,得到所求解为

$$y=-x^2+\sqrt{x^4+4}.$$

1.5.2 积分因子

以上我们给出了全微分方程的求解公式,但是,方程(1.10)未必都是全微分方程,例如,下面这个简单方程

$$-y\,dx+x\,dy=0 \tag{1.54}$$

就不是全微分方程,因为

$$\frac{\partial M}{\partial y}=-1,\quad \frac{\partial N}{\partial x}=1.$$

如果,将上面这个方程两端同乘 $\frac{1}{x^2}$,得到方程

$$-\frac{y}{x^2}\mathrm{d}x+\frac{1}{x}\mathrm{d}y=0, \tag{1.55}$$

这是一个全微分方程,因为此时有

$$\frac{\partial M}{\partial y}=-\frac{1}{x^2}=\frac{\partial N}{\partial x}.$$

通常我们称$\frac{1}{x^2}$为方程(1.54)的积分因子,因为它可使方程(1.54)变成全微分方程(1.55).一般地,我们有下面的定义.

假如存在这样的连续可微函数$\mu(x,y)\neq 0$,使方程

$$\mu(x,y)M(x,y)\mathrm{d}x+\mu(x,y)N(x,y)\mathrm{d}y=0 \tag{1.56}$$

成为全微分方程,我们就把$\mu(x,y)$称为方程(1.10)的一个**积分因子**.

易见,当$\mu(x,y)\neq 0$时,方程(1.10)与(1.56)是同解的.于是,为了求解(1.10),只需求解(1.56)就可以了,但是如何求得积分因子$\mu(x,y)$呢? 下面就来研究求积分因子$\mu(x,y)$的方法.

方程(1.56)是全微分方程的充要条件为

$$\frac{\partial(\mu M)}{\partial y}=\frac{\partial(\mu N)}{\partial x},$$

展开并整理后,上式化成

$$N\frac{\partial \mu}{\partial x}-M\frac{\partial \mu}{\partial y}=\left(\frac{\partial M}{\partial y}-\frac{\partial N}{\partial x}\right)\mu. \tag{1.57}$$

一般地说,偏微分方程(1.57)是不易求解的.不过,对于某些特殊情况,(1.57)的求解问题还是比较容易的.下面我们给出两种特殊的积分因子的求法.

1. 方程(1.10)存在只与x有关的积分因子的充要条件是

$$\frac{1}{N}\left(\frac{\partial M}{\partial y}-\frac{\partial N}{\partial x}\right)$$

只与x有关,且此时有

$$\mu(x)=\mathrm{e}^{\int \frac{1}{N}\left(\frac{\partial M}{\partial y}-\frac{\partial N}{\partial x}\right)\mathrm{d}x}. \tag{1.58}$$

证明 必要性.若方程(1.10)存在只与x有关的积分因子$\mu(x)$,则有$\frac{\partial \mu}{\partial y}=0$,这样(1.57)成为

$$N\frac{\mathrm{d}\mu}{\mathrm{d}x}=\left(\frac{\partial M}{\partial y}-\frac{\partial N}{\partial x}\right)\mu,$$

即

$$\frac{1}{\mu}\frac{\mathrm{d}\mu}{\mathrm{d}x}=\frac{1}{N}\left(\frac{\partial M}{\partial y}-\frac{\partial N}{\partial x}\right). \tag{1.59}$$

因为(1.59)左端只与 x 有关,所以它的右端也只与 x 有关.

充分性.如果$\frac{1}{N}\left(\frac{\partial M}{\partial y}-\frac{\partial N}{\partial x}\right)$只与 x 有关,且 $\mu(x)$ 是方程(1.59)的解,即

$$\mu(x)=\mathrm{e}^{\int\frac{1}{N}\left(\frac{\partial M}{\partial y}-\frac{\partial N}{\partial x}\right)\mathrm{d}x},$$

不难看出, 此时 $\mu(x)$ 满足方程(1.57), 从而 $\mu(x)$ 是(1.10)的一个积分因子. 证毕.

2. 方程(1.10)存在只与 y 有关的积分因子的充要条件是

$$-\frac{1}{M}\left(\frac{\partial M}{\partial y}-\frac{\partial N}{\partial x}\right)$$

只与 y 有关,且此时有

$$\mu(y)=\mathrm{e}^{-\int\frac{1}{M}\left(\frac{\partial M}{\partial y}-\frac{\partial N}{\partial x}\right)\mathrm{d}y}. \tag{1.60}$$

证明与 1 相似.

例 4 求解方程

$$-y\mathrm{d}x+x\mathrm{d}y=0.$$

解 因为

$$\frac{1}{N}\left(\frac{\partial M}{\partial y}-\frac{\partial N}{\partial x}\right)=-\frac{2}{x}$$

与 y 无关,故原方程存在只与 x 有关的积分因子.由公式(1.58)有

$$\mu(x)=\mathrm{e}^{-\int\frac{2}{x}\mathrm{d}x}=\mathrm{e}^{-2\ln|x|}=\frac{1}{x^2}.$$

将积分因子 $\mu(x)=\frac{1}{x^2}$乘原方程两端,即得全微分方程(1.55).现取 $x_0=1, y_0=0$,则通积分为

$$\int_1^x\left(-\frac{y}{x^2}\right)\mathrm{d}x+\int_0^y\mathrm{d}y=C,$$

即

$$\frac{y}{x}=C.$$

例 5 求解方程

$$(3x+6xy+3y^2)\mathrm{d}x+(2x^2+3xy)\mathrm{d}y=0.$$

解 因为

$$\frac{\partial M}{\partial y}=6x+6y,\quad \frac{\partial N}{\partial x}=4x+3y,$$

$\frac{\partial M}{\partial y}\neq\frac{\partial N}{\partial x}$,所以此方程不是全微分方程.又因为

$$\frac{1}{N}\left(\frac{\partial M}{\partial y}-\frac{\partial N}{\partial x}\right)=\frac{2x+3y}{2x^2+3xy}=\frac{1}{x}$$

只与 x 有关，故由公式(1.58)有

$$\mu(x)=e^{\int\frac{1}{x}dx}=e^{\ln|x|}=x.$$

将积分因子 $\mu(x)=x$ 乘原方程两端，则得全微分方程

$$(3x^2+6x^2y+3xy^2)dx+(2x^3+3x^2y)dy=0.$$

现取 $x_0=0,y_0=0$，则通积分为

$$\int_0^x(3x^2+6x^2y+3xy^2)dx=C,$$

即 $x^3+2x^3y+\frac{3}{2}x^2y^2=C.$

习题 1.5

1. 解下列方程：

(1) $2xydx+(x^2-y^2)dy=0$；

(2) $e^{-y}dx-(2y+xe^{-y})dy=0$；

(3) $2x(1+\sqrt{x^2-y})dx-\sqrt{x^2-y}dy=0$；

(4) $\frac{y}{x}dx+(y^3+\ln x)dy=0$；

(5) $\frac{3x^2+y^2}{y^2}dx-\frac{2x^3+5y}{y^3}dy=0$；

(6) $(1+y^2\sin 2x)dx-y\cos 2xdy=0$.

2. 求下列方程的积分因子和通积分：

(1) $(x^2+y^2+x)dx+xydy=0$；

(2) $(2xy^4e^y+2xy^3+y)dx+(x^2y^4e^y-x^2y^2-3x)dy=0$；

(3) $(x^4+y^4)dx-xy^3dy=0$；

(4) $(2x^3y^2+4x^2y+2xy^2+xy^4+2y)dx+2(y^3+x^2y+x)dy=0$.

3. 求下列方程的积分因子：

(1) 变量可分离方程 $M(x)N(y)dx+P(x)Q(y)dy=0$；

(2) 线性方程 $dy=[p(x)y+f(x)]dx$；

(3) 伯努利方程 $dy=[p(x)y+q(x)y^n]dx(n\neq 0,1)$.

4. 设 $f_1(z)$，$f_2(z)$ 连续可微，

$$\varphi(x,y)=[f_1(xy)-f_2(xy)]xy\neq 0,$$

求证 $\frac{1}{\varphi(x,y)}$ 是方程

$$f_1(xy)ydx+f_2(xy)xdy=0$$

的一个积分因子.

5. 设 $f(x,y)$ 及 $\frac{\partial f}{\partial y}$ 连续，试证方程

$$dy-f(x,y)dx=0$$

为线性方程的充要条件是它有仅依赖于 x 的积分因子.

6. 已知方程 $y^2\sin x\mathrm{d}x+yf(x)\mathrm{d}y=0$ 为全微分方程,求函数 $f(x)$,并根据所求得的 $f(x)$ 求该方程的解.

7. 已知方程 $(x^2+y)\mathrm{d}x+f(x)\mathrm{d}y=0$ 有积分因子 $\mu(x,y)=x$,求函数 $f(x)$.

1.6 一阶隐式微分方程

前面几节介绍的是求解显式方程

$$\frac{\mathrm{d}y}{\mathrm{d}x}=f(x,y) \tag{1.9}$$

的一些初等积分法.本节要讨论如何求解隐式方程

$$F(x,y,y')=0. \tag{1.8}$$

方程(1.8)也称为导数未解出的一阶方程.

求解方程(1.8)的问题分两种情况考虑:

1. 假如能从(1.8)中把 y' 解出,就得到一个或几个显式方程

$$y'=f_i(x,y) \quad (i=1,2,\cdots,n).$$

如果能用初等积分法求出这些显式方程的解,那么就得到方程(1.8)的解.

例 1 求解方程

$$y'^2-(x+y)y'+xy=0.$$

解 方程左端可以分解因式,得

$$(y'-x)(y'-y)=0,$$

从而得到两个方程 $y'=x$ 及 $y'=y$.这两个方程都可以求积,得到 $y=\frac{1}{2}x^2+C$ 及 $y=Ce^x$,它们都是原方程的解.

2. 如果在(1.8)中不能解出 y',则可用下面介绍的“参数法”求解,本节主要介绍其中两类可积类型.

类型 Ⅰ $F(x,y')=0 \quad (F(y,y')=0)$,

类型 Ⅱ $y=f(x,y') \quad (x=f(y,y'))$.

类型 Ⅰ 的特点是方程中不含 y 或 x,类型 Ⅱ 的特点是 y 可以解出或 x 可以解出.

首先,考虑类型 Ⅰ 中的方程

$$F(x,y')=0. \tag{1.61}$$

我们已经知道,方程(1.61)的一个解 $y=y(x)$ 在 xOy 平面上的图像是一条曲线,而曲线是可以用参数表示的,称为参数形式解,即定义在区间 $\alpha\leqslant t\leqslant\beta$ 上的可微函数 $x=\varphi_1(t)$,$y=\varphi_2(t)$ 使得

$$F\left(\varphi_1(t),\frac{\varphi_2'(t)}{\varphi_1'(t)}\right)=0$$

在$[\alpha,\beta]$上恒成立.

显然,如果能从方程(1.61)中求出解 $y=y(x)$,再把它参数化,就可以得到(1.61)的参数形式解,但这是没有什么意义的.下面介绍的参数法,是在方程(1.61)中当 y'解不出来时,先把方程(1.61)化成等价的参数形式,然后根据某种恒等式,可以求出原方程(1.61)的参数形式解.这种求解过程就称为**参数法**.具体作法如下:

(1) 方程(1.61)化成参数形式

从几何上看,$F(x,y')=0$ 表示 xOy'平面上的曲线,可以把这曲线表示为适当的参数形式

$$\begin{cases}x=\varphi(t),\\ y'=\psi(t),\end{cases}\tag{1.62}$$

这里 t 是参数,当然有

$$F(\varphi(t),\psi(t))=0\tag{1.63}$$

成立.

(2) 求(1.61)的参数形式解

由于(1.62)和沿着(1.61)的任何一条积分曲线恒满足基本关系式

$$\mathrm{d}y=y'\mathrm{d}x,$$

这样,把(1.62)代入上式,得

$$\mathrm{d}y=\psi(t)\varphi'(t)\mathrm{d}t.$$

上式两端积分,得到

$$y=\int\psi(t)\varphi'(t)\mathrm{d}t+C.$$

于是,得到方程(1.61)的参数形式通解

$$\begin{cases}x=\varphi(t),\\ y=\displaystyle\int\psi(t)\varphi'(t)\mathrm{d}t+C.\end{cases}\tag{1.64}$$

不难验证:将(1.64)代入(1.61)得到(1.63),这说明(1.64)确实是(1.61)的参数形式通解.

同理,可以讨论类型Ⅰ的方程

$$F(y,y')=0.\tag{1.65}$$

设其可以表示为参数形式$\begin{cases}y=\varphi(t),\\ y'=\psi(t),\end{cases}$由于 $\mathrm{d}x=\dfrac{1}{y'}\mathrm{d}y$,有

$$\mathrm{d}x=\frac{1}{\psi(t)}\varphi'(t)\mathrm{d}t.$$

积分,得

$$x=\int\frac{\varphi'(t)}{\psi(t)}\mathrm{d}t+C,$$

从而(1.65)的参数形式通解为

$$\begin{cases} x = \int \dfrac{\varphi'(t)}{\psi(t)}\mathrm{d}t + C, \\ y = \varphi(t). \end{cases}$$

例 2 求解方程 $x\sqrt{1+y'^2}=y'$.

解 令 $y'=\tan t$,有 $x=\sin t$,原方程的参数形式为

$$\begin{cases} x=\sin t, \\ y'=\tan t. \end{cases}$$

由基本关系式 $\mathrm{d}y=y'\mathrm{d}x$ 有 $\mathrm{d}y=\tan t\cdot\cos t\mathrm{d}t=\sin t\mathrm{d}t$.积分得到 $y=-\cos t+C$.从而原方程的参数形式通解为

$$\begin{cases} x=\sin t, \\ y=-\cos t+C. \end{cases}$$

也可以消去参数 t,得到原方程的通积分为

$$x^2+(y-C)^2=1,$$

通解为

$$y=C\pm\sqrt{1-x^2}.$$

例 3 求解方程

$$y-y'^5-y'^3-y'-5=0.$$

解 令 $y'=t, t\neq 0$,有 $y=t^5+t^3+t+5$,得到原方程的参数形式为

$$\begin{cases} y=t^5+t^3+t+5, \\ y'=t. \end{cases}$$

由基本关系式得

$$\mathrm{d}x=\frac{1}{y'}\mathrm{d}y=\frac{1}{t}(5t^4+3t^2+1)\mathrm{d}t.$$

积分,得

$$x=\frac{5}{4}t^4+\frac{3}{2}t^2+\ln|t|+C.$$

于是,原方程的参数形式通解为

$$\begin{cases} x=\dfrac{5}{4}t^4+\dfrac{3}{2}t^2+\ln|t|+C, \\ y=t^5+t^3+t+5. \end{cases}$$

现在,考虑类型Ⅱ中的方程

$$y=f(x,y'). \tag{1.66}$$

从几何上看,方程(1.66)表示(x,y,y')空间中的曲面,令 $x=x, y'=p$,有 $y=f(x,p)$,这样

(1.66)的参数形式是

$$\begin{cases}x=x,\\ y'=p,\\ y=f(x,p).\end{cases} \tag{1.67}$$

同样,由基本关系式有

$$\mathrm{d}y=y'\mathrm{d}x.$$

将(1.67)代入上式,得

$$f'_x(x,p)\,\mathrm{d}x+f'_p(x,p)\,\mathrm{d}p=p\,\mathrm{d}x,$$

或

$$f'_x(x,p)+f'_p(x,p)\frac{\mathrm{d}p}{\mathrm{d}x}=p. \tag{1.68}$$

这是一个关于自变量为 x,未知函数为 p 的方程.如果能求得通解

$$p=p(x,C),$$

代入到(1.67)的第三个方程中,即得(1.66)的通解

$$y=f(x,p(x,C)).$$

如果只能求得(1.68)的通积分

$$G(x,p,C)=0,$$

则它与(1.67)的第三个方程联立,

$$\begin{cases}G(x,p,C)=0,\\ y=f(x,p)\end{cases}$$

为(1.66)的参数形式解,若能消去参数 p,可得(1.66)的通解或通积分.

在上述求解过程中,当从方程(1.68)中解出 $p=p(x,C)$ 时,只要将其代入(1.67)的第三式,就得到(1.66)的通解了,而不要再将 p 认为 y',再积分来求 y.这是为什么呢?因为用参数法求解方程(1.66)的实质意义在于:当从(1.66)中不能解出 $y=y(x)$ 时,通过参数法,把求解(1.66)化为一个以 x 为自变量,以 $p=y'$ 为未知函数的方程(1.68),一旦从(1.68)中解得 $p=p(x,C)$,那么它当然满足(1.67)中的第三式,即有 $y=f(x,p(x,C))$,而这相当于在(1.66)中先把 y' 解出,又由于方程(1.66)形式的特殊性,使得 $y=f(x,p(x,C))$ 成为了原方程(1.66)的通解.

同理,可以考虑类型Ⅱ的方程

$$x=f(y,y'). \tag{1.69}$$

设其参数形式为

$$\begin{cases}y=y,\\ y'=p,\\ x=f(y,p).\end{cases} \tag{1.70}$$

由基本关系式,有

$$\mathrm{d}x=\frac{1}{y'}\mathrm{d}y.$$

将(1.70)代入上式,得

$$f_y'(y,p)\,\mathrm{d}y+f_p'(y,p)\,\mathrm{d}p=\frac{1}{p}\mathrm{d}y,$$

或

$$f_y'(y,p)+f_p'(y,p)\frac{\mathrm{d}p}{\mathrm{d}y}=\frac{1}{p}. \tag{1.71}$$

如果能从(1.71)解出通解 $p=p(y,C)$,代入到(1.70)第三式,即得(1.69)的通积分

$$x=f(y,p(y,C)).$$

如果从(1.71)中解出通积分

$$\Phi(y,p,C)=0,$$

将它与(1.70)第三式联立,并消去 p,可得(1.69)的通积分.

例 4 求解方程

$$y=y'^2-xy'+\frac{1}{2}x^2.$$

解 令 $x=x,y'=p$,原方程的参数形式为

$$\begin{cases}x=x,\\ y'=p,\\ y=p^2-xp+\dfrac{1}{2}x^2.\end{cases} \tag{1.72}$$

由基本关系式 $\mathrm{d}y=y'\mathrm{d}x$,有

$$(-p+x)\,\mathrm{d}x+(2p-x)\,\mathrm{d}p=p\,\mathrm{d}x,$$

或

$$(2p-x)\frac{\mathrm{d}p}{\mathrm{d}x}-(2p-x)=0.$$

上式又可化为

$$(2p-x)\left(\frac{\mathrm{d}p}{\mathrm{d}x}-1\right)=0.$$

由 $2p-x=0$,得 $p=\dfrac{x}{2}$,代入(1.72)的第三式,得原方程的一个特解 $y=\dfrac{x^2}{4}$.

再由$\dfrac{\mathrm{d}p}{\mathrm{d}x}-1=0$,解得 $p=x+C$,代入(1.72)的第三式,得原方程的通解 $y=\dfrac{1}{2}x^2+Cx+C^2$.

例 5 求解方程

$$y=xy'+\varphi(y'), \tag{1.73}$$

这里,假定 φ 是二次可微函数,且 $\varphi''\neq 0$.

解 (1.73)的参数形式为

$$\begin{cases}x=x,\\ y'=p,\\ y=xp+\varphi(p).\end{cases} \tag{1.74}$$

由基本关系式 $dy=y'dx$,有

$$p dx+[x+\varphi'(p)]dp=p dx.$$

整理得

$$[x+\varphi'(p)]\frac{dp}{dx}=0.$$

由$\frac{dp}{dx}=0$,得 $p=C$,代入(1.74)的第三式,得到原方程通解为

$$y=Cx+\varphi(C). \tag{1.75}$$

由于 $\varphi''(p)\neq 0$,由 $x+\varphi'(p)=0$ 解得隐函数 $p=p(x)$,代入(1.74)第三式,得到原方程的一个特解

$$y=xp(x)+\varphi(p(x)). \tag{1.76}$$

方程(1.73)称为**克莱罗(Clairaut)方程**.由(1.75)式可知,它的通解恰好是在方程(1.73)中用 C 取代 y'而成.

习　题　1.6

1. 求解下列方程:

(1) $y'^2-y^2=0$;

(2) $8y'^2=27y$;

(3) $y^2(y'^2+1)=1$;

(4) $y'^2=4y^3(1-y)$;

(5) $4(1-y)=(3y-2)^2y'^2$;

(6) $y'(2y-y')=y^2\sin^2x$;

(7) $y'(x-\ln y')=1$;

(8) $y'^2-2yy'=y^2(e^x-1)$;

(9) $y=\ln(1+y'^2)$;

(10) $y=(y'-1)e^{y'}$.

2. 求拉格朗日-达朗贝尔(Lagrange-d'Alembert)方程 $y=xf(y')+g(y')$ 的通解,其中 f 和 g 均连续可微.

1.7　几种可降阶的高阶方程

本节要介绍三种高阶方程的解法,这些解法的基本思想就是把高阶方程通过某些变换降为较低阶方程加以求解,所以称为"降阶法".

1.7.1　第一种可降阶的高阶方程

方程

$$F(x,y^{(k)},y^{(k+1)},\cdots,y^{(n)})=0\quad(k\geqslant 1) \tag{1.77}$$

的特点是不显含 $y,y',\cdots,y^{(k-1)}$.这时只要令$y^{(k)}=z$,代入到(1.77)中,原方程就化成

$$F(x,z,z',\cdots,z^{(n-k)})=0. \tag{1.78}$$

如果(1.78)能求出通解

$$z=z(x,C_1,\cdots,C_{n-k}),$$

则对方程

$$y^{(k)}=z(x,C_1,\cdots,C_{n-k})$$

积分 k 次,就可以求出 y 来了.注意,每积分一次,要增加一个独立的任意常数.

例 1 求解方程

$$\frac{d^5y}{dx^5}-\frac{1}{x}\frac{d^4y}{dx^4}=0.$$

解 令 $z=\frac{d^4y}{dx^4}$,则有$\frac{dz}{dx}-\frac{z}{x}=0$,其通解为 $z=Cx$.从而$\frac{d^4y}{dx^4}=Cx$. 积分 4 次, 得到原方程的通解

$$y=C_1x^5+C_2x^3+C_3x^2+C_4x+C_5.$$

1.7.2 第二种可降阶的高阶方程

方程

$$F(y,y',\cdots,y^{(n)})=0 \tag{1.79}$$

的特点是不显含自变量 x,这时,总可以利用代换 $y'=p$,使方程降低一阶.以二阶方程 $F(y,y',y'')=0$为例.令 $y'=p$,于是有

$$y''=\frac{dp}{dx}=\frac{dp}{dy}\frac{dy}{dx}=p\frac{dp}{dy}.$$

代入原方程,就有

$$F\left(y,p,p\frac{dp}{dy}\right)=0,$$

这是一个关于未知函数 p 的一阶方程.如果由它可求得 $p=p(y,C)$,则有 $y'=p=p(y,C)$.这是一个关于 x,y 的变量可分离方程,可求得通积分.

例 2 求解方程 $y''+y=0$.

解 令 $y'=p$,则 $y''=p\frac{dp}{dy}$,代入原方程得 $p\frac{dp}{dy}+y=0$ 或 $pdp+ydy=0$.积分后得

$$p^2+y^2=a^2 \text{ 或 } p^2=a^2-y^2,$$

其中 a 为任意常数.解出 p 得

$$p=\frac{dy}{dx}=\pm\sqrt{a^2-y^2},$$

或

$$\frac{dy}{\sqrt{a^2-y^2}}=\pm dx.$$

积分后得

$$\arcsin\frac{y}{a}=b\pm x,$$

其中 b 为任意常数.于是有

$$y=a\sin(b\pm x),$$

或

$$y=C_1\sin x+C_2\cos x,$$

其中 C_1,C_2 为任意常数.

1.7.3　恰当导数方程

假如方程

$$F(x,y,y',\cdots,y^{(n)})=0 \tag{1.80}$$

的左端恰为某一函数 $\Phi(x,y,y',\cdots,y^{(n-1)})$ 对 x 的导数,即(1.80)可化为

$$\frac{\mathrm{d}}{\mathrm{d}x}\Phi(x,y,y',\cdots,y^{(n-1)})=0,$$

则(1.80)称为**恰当导数方程**.

这类方程的解法与全微分方程的解法相类似,显然可降低一阶,成为

$$\Phi(x,y,y',\cdots,y^{(n-1)})=C,$$

之后再设法求解这个方程.

例 3　求解方程 $yy''+y'^2=0$.

解　易知可将方程写成 $\frac{\mathrm{d}}{\mathrm{d}x}(yy')=0$,故有 $yy'=C$.即

$$y\mathrm{d}y=C\mathrm{d}x.$$

积分后即得通积分为

$$y^2=C_1x+C_2(C_1=2C).$$

例 4　求解方程 $yy''-y'^2=0$.

解　先将两端同乘不为 0 的因子 $\frac{1}{y^2}$,则有

$$\frac{yy''-y'^2}{y^2}=\frac{\mathrm{d}}{\mathrm{d}x}\left(\frac{y'}{y}\right)=0,$$

故 $y'=C_1y$,从而通解为

$$y=C_2\mathrm{e}^{C_1x}.$$

这一部分解法技巧较高,关键是配导数的方法.

习　题　1.7

求解下列方程:

(1) $(xy'''-y'')^2=y'''^2+1$;　　(2) $xy''+(x^2-1)(y'-1)=0$;

(3) $a^2y''^2=(1+y'^2)^3$;　　(4) $yy''-y'^2-y^2y'=0$;

(5) $yy''+y'^2+1=0$;　　(6) $3y''^2-y'y'''=0$;

(7) $yy''-y'^2-6xy^2=0$;　　(8) $x^2yy''-x^2y'^2-4xyy'+8y^2=0$;

(9) $(y-x)y''+y'^2-2y'=1-\sin x$;　　(10) $(x+y^2)y'''+6yy'y''+3y''+2y'^3=0$;

(11) $x^2yy''+(xy'-y)^2=0$;　　(12) $x(yy''+y'^2)+3yy'=2x^3$.

1.8 一阶微分方程应用举例

常微分方程的产生和发展源于实际问题的需要,同时它也成为解决实际问题的有力工具.在前几节,我们已经学了求解方程常用的 5 种初等积分法,这使我们有能力用常微分方程去解决某些实际问题.本节举几个例子,以使读者掌握这一解决问题的过程.

一般说来,这一过程分以下三个主要步骤:

1. 建立方程:对所研究问题,根据已知定律或公式以及某些等量关系列出微分方程和相应初值条件;

2. 求解方程;

3. 分析问题:通过已求得的解的性质,分析所研究的实际问题.

1.8.1 等角轨线

我们来求这样的曲线或曲线族,使得它与某已知曲线族的每一条曲线相交成给定的角度.这样的曲线称为已知曲线的**等角轨线**.当所给定的角为直角时,等角轨线就称为**正交轨线**.等角轨线在很多学科(如天文、气象等)中都有应用.下面就来介绍求等角轨线的方法.

首先把问题进一步提明确一些.

设在 (x,y) 平面上,给定一个单参数曲线族 (C): $\varphi(x,y,C)=0$. 求这样的曲线 l,使得 l 与 (C) 中每一条曲线的交角都是定角 α(图 1-3).

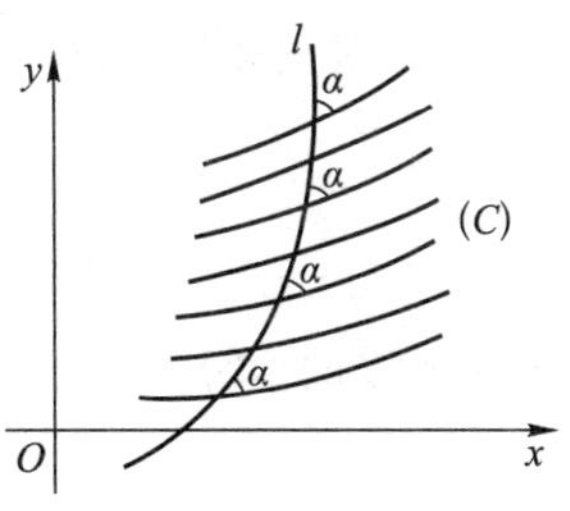

图 1-3

设 l 的方程为 $y_1=y_1(x)$.为了求 $y_1(x)$,我们先来求出 $y_1(x)$ 所应满足的微分方程,也就是要先求得 x,y_1,y_1' 的关系式.条件告诉我们 l 与 (C) 的曲线相交成定角 α,于是,可以想象,y_1 和 y_1' 必然应当与 (C) 中的曲线 $y=y(x)$ 及其切线的斜率 y' 有一个关系.事实上,当 $\alpha\neq\frac{\pi}{2}$ 时,有

$$\frac{y_1'-y'}{1+y'y_1'}=\tan\alpha=k,$$

即

$$y' = \frac{y_1' - k}{k y_1' + 1}; \tag{1.81}$$

当 $\alpha = \frac{\pi}{2}$ 时，有

$$y' = -\frac{1}{y_1'}. \tag{1.82}$$

又因为在交点处，$y(x) = y_1(x)$，于是，如果我们能求得 x, y, y' 的关系，即曲线族 (C) 所满足的微分方程(1.8)

$$F(x,y,y') = 0,$$

只要把 $y=y_1$ 和(1.81)或(1.82)代入(1.8)，就可求得 x, y_1, y_1' 的方程了.

如何求(1.8)呢？采用分析法.

设 $y=y(x)$ 为 (C) 中任一条曲线，于是存在相应的 C，使得

$$\varphi(x, y(x), C) \equiv 0. \tag{1.83}$$

为求 x, y, y' 的关系，将上式对 x 求导数，得

$$\varphi_x'(x, y(x), C) + \varphi_y'(x, y(x), C) y'(x) \equiv 0. \tag{1.84}$$

这样，将上两式联立，即由

$$\begin{cases} \varphi(x,y,C) = 0, \\ \varphi_x'(x,y,C) + \varphi_y'(x,y,C) y' = 0 \end{cases} \tag{1.85}$$

消去 C，就得到 $x, y(x), y'(x)$ 所应当满足的关系

$$F(x,y,y') = 0.$$

这个关系称为曲线族 (C) 的微分方程.

于是，等角轨线 $\left(\alpha \neq \frac{\pi}{2}\right)$ 的微分方程就是

$$F\left(x, y_1, \frac{y_1' - k}{1 + k y_1'}\right) = 0, \tag{1.86}$$

而正交轨线的微分方程为

$$F\left(x, y_1, -\frac{1}{y_1'}\right) = 0. \tag{1.87}$$

为了避免符号的烦琐，以上两个方程可以不用 y_1，而仍用 y，只要我们明确它是所求的等角轨线的方程就行了.

为了求得等角轨线或正交轨线，我们只需求解上述两个方程即可.

例 1　求直线束 $y=Cx$ 的等角轨线和正交轨线.

解　首先求直线族 $y=Cx$ 的微分方程.

将 $y=Cx$ 对 x 求导，得 $y'=C$，由

$$\begin{cases} y=Cx, \\ y'=C \end{cases}$$

消去 C，就得到 $y=Cx$ 的微分方程

$$\frac{\mathrm{d}y}{\mathrm{d}x}=\frac{y}{x}.$$

当 $\alpha\neq\frac{\pi}{2}$时，由(1.86)知，等角轨线的微分方程为

$$\frac{\frac{\mathrm{d}y}{\mathrm{d}x}-k}{1+k\frac{\mathrm{d}y}{\mathrm{d}x}}=\frac{y}{x},$$

即

$$x\mathrm{d}x+y\mathrm{d}y=\frac{x\mathrm{d}y-y\mathrm{d}x}{k},$$

$$\frac{x\mathrm{d}x+y\mathrm{d}y}{x^2+y^2}=\frac{1}{k}\cdot\frac{x\mathrm{d}y-y\mathrm{d}x}{x^2+y^2},$$

即

$$\frac{x\mathrm{d}x+y\mathrm{d}y}{x^2+y^2}=\frac{1}{k}\cdot\frac{\mathrm{d}\left(\frac{y}{x}\right)}{1+\left(\frac{y}{x}\right)^2}.$$

积分后得到

$$\frac{1}{2}\ln(x^2+y^2)=\frac{1}{k}\arctan\frac{y}{x}+\ln C,$$

或

$$\sqrt{x^2+y^2}=C\mathrm{e}^{\frac{1}{k}\arctan\frac{y}{x}}.$$

如果写成极坐标形式，不难看出等角轨线为对数螺线 $\rho=C\mathrm{e}^{\frac{\theta}{k}}$(图 1-4).

如果 $\alpha=\frac{\pi}{2}$，由(1.87)可知，正交轨线的微分方程为

$$-\frac{1}{\frac{\mathrm{d}y}{\mathrm{d}x}}=\frac{y}{x},$$

即

$$\frac{\mathrm{d}y}{\mathrm{d}x}=-\frac{x}{y},$$

$$x\mathrm{d}x+y\mathrm{d}y=0.$$

故正交轨线为同心圆族 $x^2+y^2=C^2$(图 1-5).

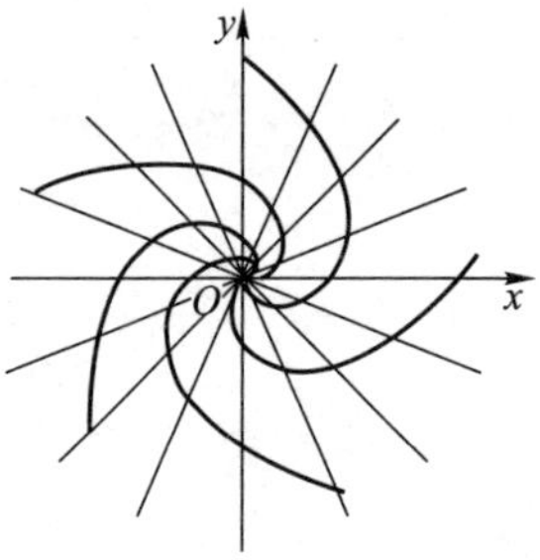

图 1-4

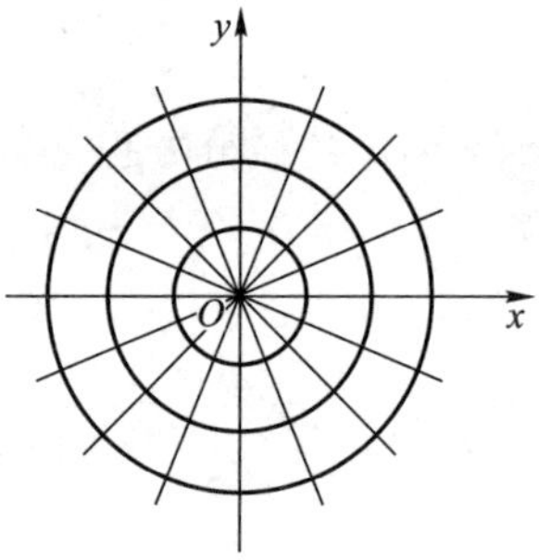

图 1-5

1.8.2 动力学问题

动力学是微分方程最早期的源泉之一.前面已经说过,动力学的基本定律是牛顿(Newton)第二定律

$$f=ma.$$

这也是用微分方程来解决动力学的基本关系式.它的右端明显地含有加速度 a,a 是位移对时间的二阶导数.列出微分方程的关键就在于找到外力 f 和位移及其对时间的导数——速度的关系.只要找到这个关系,就可以由 $f=ma$ 列出微分方程了.

在求解动力学问题时,要特别注意力学问题中的定解条件,如初值条件等.

例 2 物体由高空下落,除受重力作用外,还受到空气阻力的作用,在速度不太大的情况下$\left(\text{低于音速的}\dfrac{4}{5}\right)$,空气阻力可看作与速度的平方成正比.试证明在这种情况下,落体存在极限速度 v_1.

解 设物体质量为 m,空气阻力系数为 k,又设在时刻 t 物体的下落速度为 v,于是在时刻 t 物体所受的合外力为

$$f=mg-kv^2.$$

这里建立的坐标系,使得重力 mg 方向向下,与运动方向一致,空气阻力方向向上,与运动方向相反.从而,根据牛顿第二定律可列出微分方程

$$m\frac{\mathrm{d}v}{\mathrm{d}t}=mg-kv^2. \tag{1.88}$$

因为是自由落体,所以有

$$v(0)=0. \tag{1.89}$$

解(1.88),由(1.89)有

$$\int_0^v \frac{m\mathrm{d}v}{mg-kv^2}=\int_0^t \mathrm{d}t,$$

积分得

$$\frac{1}{2}\sqrt{\frac{m}{kg}}\ln\frac{\sqrt{mg}+\sqrt{k}\,v}{\sqrt{mg}-\sqrt{k}\,v}=t,$$

或

$$\ln\frac{\sqrt{mg}+\sqrt{k}v}{\sqrt{mg}-\sqrt{k}v}=2t\sqrt{\frac{kg}{m}}.$$

解出 v,得

$$v=\frac{\sqrt{mg}\left(e^{2t\sqrt{\frac{kg}{m}}}-1\right)}{\sqrt{k}\left(e^{2t\sqrt{\frac{kg}{m}}}+1\right)}.$$

当 $t\to+\infty$ 时,有

$$\lim_{t\to+\infty}v=\sqrt{\frac{mg}{k}}=v_1. \tag{1.90}$$

据测定,$k=\alpha\rho s$,其中 α 为与物体形状有关的常数,ρ 为介质密度,s 为物体在地面上的投影面积.

人们正是根据公式(1.90),来为跳伞者设计保证安全的降落伞的直径大小的.在落地速度 v_1,m,α 与 ρ 一定时,可求出 s.

例 3 设地球质量为 M,万有引力常数为 G,地球半径为 R.今有一质量为 m 的火箭,从地面以初速度 $v_0=\sqrt{\frac{2GM}{R}}$ 垂直向上发射,试求火箭高度 r 与时间的关系.

解 如图 1-6 建立坐标系.火箭所受的万有引力为

$$f=-\frac{GMm}{(R+r)^2}.$$

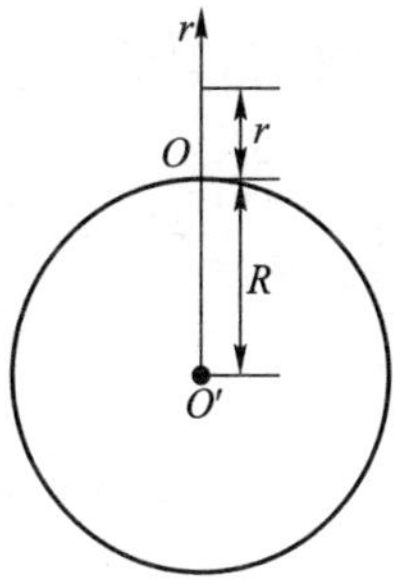

图 1-6

由牛顿第二定律,有关系

$$m\frac{d^2r}{dt^2}=-\frac{GMm}{(R+r)^2}.$$

于是,得到方程

$$\ddot{r}=\frac{d^2r}{dt^2}=-\frac{GM}{(R+r)^2}.$$

令 $\dot{r}=v$,则有 $\ddot{r}=v\frac{dv}{dr}$,原方程化为 $v\frac{dv}{dr}=-\frac{GM}{(R+r)^2}$.积分后得到 $\frac{1}{2}v^2=\frac{GM}{R+r}+C$.

以初值条件 $v(0)=\sqrt{\frac{2GM}{R}}$,$r(0)=0$ 代入,得到 $C=0$,于是

$$v^2=\left(\frac{dr}{dt}\right)^2=\frac{2GM}{R+r},$$

或

$$\frac{dr}{dt}=\sqrt{\frac{2GM}{R+r}}.$$

积分后得$\frac{2}{3}(R+r)^{\frac{3}{2}}=\sqrt{2GM}\cdot t+C_1$.以初值条件 $r(0)=0$ 代入,得 $C_1=\frac{2}{3}R^{\frac{3}{2}}$,所以高度与时间的关系为

$$\frac{2}{3}(R+r)^{\frac{3}{2}}=\sqrt{2GM}\cdot t+\frac{2}{3}R^{\frac{3}{2}}.$$

由此可解出 r 来.

1.8.3 电学问题

例 4 设有如图 1-7 的电路.其中 $\mathscr{E}=E_0\sin\omega t$ 为交流电源的电动势;R 为电阻,当电流为 i 时,它产生的电压为 Ri;L 为电感,它产生电压 $L\frac{\mathrm{d}i}{\mathrm{d}t}$,$L$ 为一常数.今设时刻 $t=0$ 时,电路的电流为 i_0,求电流 i 与时间 t 的关系.

解 根据基尔霍夫(Kirchhoff)定律,有如下的关系

$$E_0\sin\omega t=Ri+L\frac{\mathrm{d}i}{\mathrm{d}t}.$$

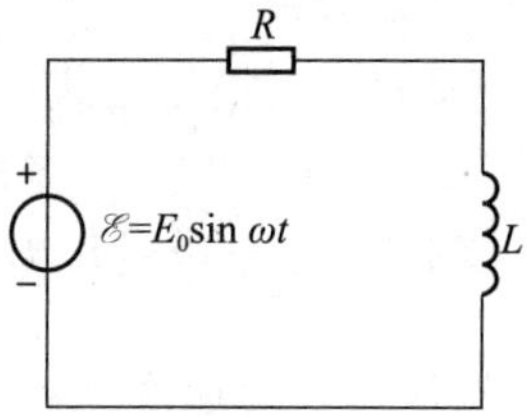

图 1-7

整理后,得到关于 i 的线性方程式

$$\frac{\mathrm{d}i}{\mathrm{d}t}=-\frac{R}{L}i+\frac{E_0}{L}\sin\omega t,$$

即要求解初值问题

$$\begin{cases}\frac{\mathrm{d}i}{\mathrm{d}t}=-\frac{R}{L}i+\frac{E_0}{L}\sin\omega t,\\ i(0)=i_0.\end{cases}$$

由线性方程求解公式有

$$i(t)=i_0\mathrm{e}^{-\frac{R}{L}t}+\frac{E_0}{L}\mathrm{e}^{-\frac{R}{L}t}\int_0^t\mathrm{e}^{\frac{R}{L}s}\sin\omega s\mathrm{d}s,$$

积分后得到

$$i(t)=\left(i_0+\frac{E_0L\omega}{R^2+L^2\omega^2}\right)\mathrm{e}^{-\frac{R}{L}t}+\frac{E_0}{R^2+L^2\omega^2}(R\sin\omega t-L\omega\cos\omega t).$$

因为 $R>0,L>0$,故当时间 t 充分大时,第一项趋于零,只剩下第二项.

第二项经化简后,成为

$$i(t)=\frac{E_0}{\sqrt{R^2+L^2\omega^2}}\sin(\omega t-\varphi),$$

其中 $\varphi=\arcsin\frac{L\omega}{\sqrt{R^2+L^2\omega^2}}$.

1.8.4 光学问题

例 5 抛物线的光学性质

在中学平面解析几何中已经指出,汽车前灯和探照灯的反射镜面都取为旋转抛物面,就是将抛物线绕对称轴旋转一周所形成的曲面.将光源安置在抛物线的焦点处,光线经镜面反射,就成为平行光线了.这个问题在平面解析几何中已经作了证明,现在来说明具有前述性质的曲线只有抛物线.

由于对称性,只考虑在过旋转轴的一个平面上的轮廓线 l.如图 1-8,以旋转轴为 Ox 轴,光源放在原点 $O(0,0)$.设 l 的方程为 $y=y(x)$.由 O 点发出的光线经镜面反射后平行于 Ox 轴.设 $M(x,y)$ 为 l 上任一点,光线$\overline{OM}$经反射后为$\overline{MR}$.$\overline{MT}$为 l 在 M 点的切线,$\overline{MN}$为 l 在 M 点的法线,根据光线的反射定律,有

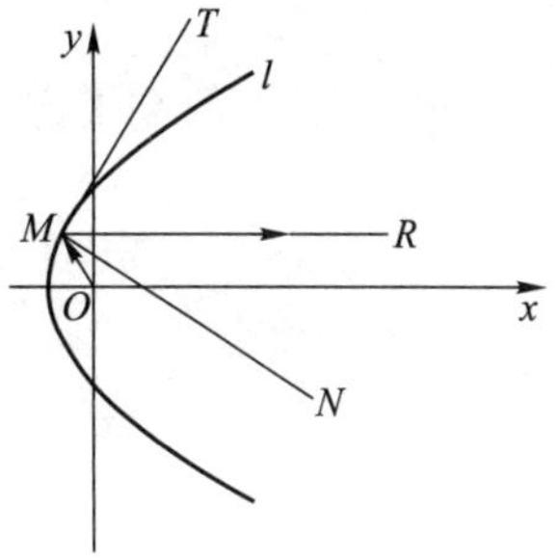

图 1-8

$$\angle OMN=\angle NMR,$$

从而

$$\tan\angle OMN=\tan\angle NMR.$$

因为$\overline{MT}$的斜率为 y',$\overline{MN}$的斜率为$-\dfrac{1}{y'}$. 所以由正切公式,有

$$\tan\angle OMN=\frac{-\dfrac{1}{y'}-\dfrac{y}{x}}{1-\dfrac{y}{xy'}},\quad \tan\angle NMR=\frac{1}{y'},$$

从而

$$\frac{1}{y'}=-\frac{x+yy'}{xy'-y},$$

即得到微分方程

$$yy'^2+2xy'-y=0.$$

由此方程解出 y',得到齐次方程

$$y'=-\frac{x}{y}\pm\sqrt{\left(\frac{x}{y}\right)^2+1}.$$

令 $\dfrac{y}{x}=u$,即 $y=xu$,有

$$\frac{\mathrm{d}y}{\mathrm{d}x}=u+x\frac{\mathrm{d}u}{\mathrm{d}x}.$$

代入上式得到

$$x\frac{\mathrm{d}u}{\mathrm{d}x}=\frac{-(1+u^2)\pm\sqrt{1+u^2}}{u},$$

分离变量后得

$$\frac{u\mathrm{d}u}{(1+u^2)\pm\sqrt{1+u^2}}=-\frac{\mathrm{d}x}{x}.$$

令 $1+u^2=t^2$，上式变为 $\frac{\mathrm{d}t}{t\pm1}=-\frac{\mathrm{d}x}{x}$.积分后得

$$\ln|t\pm1|=\ln\left|\frac{C}{x}\right|,$$

或 $\sqrt{u^2+1}=\frac{C}{x}\pm1$.两端平方得

$$u^2+1=\left(\frac{C}{x}+1\right)^2\text{（想想看，为什么±号没有了）}.$$

化简后得

$$u^2=\frac{C^2}{x^2}+\frac{2C}{x},$$

将 $u=\frac{y}{x}$ 代入，得 $y^2=2Cx+C^2$.这是一族以原点为焦点的抛物线.

1.8.5　流体混合问题

中学代数中有这样一类问题：某容器中装有浓度为 c_1 的含某种物质 A 的液体 V L，从其中取出 V_1 L 后，加入浓度为 c_2 的液体 V_2 L，要求混合后的液体的浓度以及物质 A 的含量.这类问题用初等代数就可以解决了.

但是，在实际中还经常碰到如下的问题：如图 1-9，容器内装有含物质 A 的流体.设时刻 $t=0$ 时，流体的体积为 V_0，物质 A 的质量为 x_0（浓度当然也知道了）.今以速度 v_2（单位时间的流量）放出流体，而同时又以速度 v_1 注入浓度为 c_1 的流体.试求时刻 t 时容器中物质 A 的质量及流体的浓度.

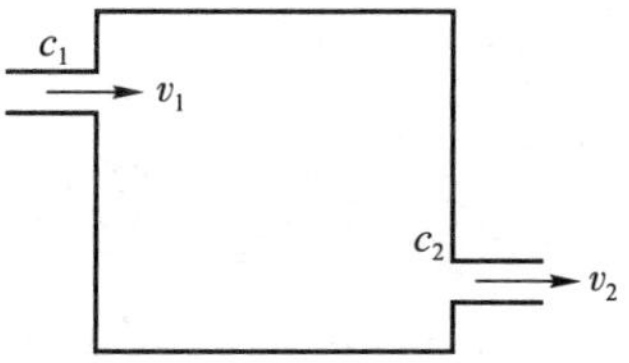

图 1-9

这类问题称为流体混合问题.它是不能用初等数学解决的，必须用微分方程来计算.

首先，我们用微元法来建立方程.设在时刻 t，容器内物质 A 的质量为 $x=x(t)$，浓度为 c_2，经过时间 $\mathrm{d}t$ 后，容器内物质 A 的质量增加了 $\mathrm{d}x$.于是，有关系式

$$\mathrm{d}x=c_1v_1\mathrm{d}t-c_2v_2\mathrm{d}t=(c_1v_1-c_2v_2)\mathrm{d}t.$$

因为

$$c_2=\frac{x}{V_0+(v_1-v_2)t},$$

代入上式有

$$\mathrm{d}x=\left[c_1v_1-\frac{xv_2}{V_0+(v_1-v_2)t}\right]\mathrm{d}t,$$

或

$$\frac{\mathrm{d}x}{\mathrm{d}t}=c_1v_1-\frac{xv_2}{V_0+(v_1-v_2)t}. \tag{1.91}$$

这是一个线性方程.求物质 A 在 t 时刻的质量的问题就归结为求方程(1.91)满足初值条件 $x(0)=x_0$ 的解的问题.

例 6 某厂房容积为 45 m×15 m×6 m,经测定,空气中含有 0.2%的 CO_2.开动通风设备,以 360 m^3/s 的速度输入含有 0.05%的 CO_2 的新鲜空气,同时又排出同等数量的室内空气.问 30 min 后室内所含 CO_2 的百分比.

解 设在时刻 t,车间内 CO_2 的百分比为 $x(t)\%$.当时间经过 $\mathrm{d}t$ 之后,室内 CO_2 的改变量为

$$45\times15\times6\times\mathrm{d}x\%=360\times0.05\%\times\mathrm{d}t-360\times x\%\times\mathrm{d}t.$$

于是有关系式

$$4\ 050\mathrm{d}x=360(0.05-x)\ \mathrm{d}t,$$

或

$$\mathrm{d}x=\frac{4}{45}(0.05-x)\,\mathrm{d}t,$$

初值条件为 $x(0)=0.2$.

将方程分离变量并积分,初值解满足

$$\int_{0.2}^{x}\frac{\mathrm{d}x}{0.05-x}=\int_{0}^{t}\frac{4}{45}\mathrm{d}t.$$

求出 x,有

$$x=0.05+0.15\mathrm{e}^{-\frac{4}{45}t}.$$

将 $t=30\text{ min}=1\ 800\text{ s}$ 代入,得 $x\approx0.05$.即开动通风设备 30 min 后,室内的 CO_2 含量接近 0.05%,基本上已是新鲜空气了.

习 题 1.8

1. 求抛物线族 $y=ax^2$ 的正交轨线.

2. 求曲线族 $\frac{x^2}{a^2}+\frac{y^2}{a^2+\lambda}=1$ 的正交轨线,其中 λ 为参数.

3. 求满足下述条件的曲线:由原点到此曲线任一点切线的距离为此点的向径长度的 k 倍.

4. 一质点沿 x 轴运动,在运动过程中只受到一个与速度成正比的反力的作用.设它从原点出发时,初速为 10 m/s,当它到达坐标为 2.5 m 的点时,其速度为 5 m/s,求质点到达坐标为 4 m 的点时的速度.

5. 质量为 1 000 kg 的物体,在水中由静止开始下沉,在下沉过程中除受重力外还受两个力.一个是浮力为 20 N, 另一为水的阻力为 $10v$ N(其中 v 为下沉速度,单位为 m/s),求 5 s 后物体下沉的距

离.并求下沉的极限速度.

6. 质量为 100 kg 的物体,在和水平面成 30° 的斜面上由静止状态下滑,如果不计算摩擦,试求:

(1) 物体运动的微分方程;

(2) 求 5 s 后物体下滑的距离,以及此时的速度和加速度.

7. 一容器盛盐水 100 L,其中含盐 50 g,现将含盐 2 g/L 的盐水,以 3 L/min 的速度注入容器内,设流入的盐水与原有的盐水因搅拌而成为均匀的混合物.同时此混合物又以流速 2 L/min 流出,试求 30 min 后,容器内所含的盐量.

8. 在凶杀案件中,死亡时间的推断对认定和排除嫌疑人有无作案时间,划定侦查范围乃至案件的侦破均具有重要的法医学意义.

警方于北京时间 20:20 接到报警有人在家中遇害,立即赶到凶杀现场,随即法医在晚上 20:30 测得死者体温为 33.4 ℃.1 h 后当死者即将被抬走时在现场再次测得死者体温为 32.2 ℃,并可确定室内温度在几个小时内始终保持在 23 ℃.警方经过初步排查,认为郑某具有较大嫌疑.但有确凿证据说明郑某在 17:30 之前的整个下午一直在办公室,而郑某到死者的遇害地点步行只需 5 min.

(1) 请你根据牛顿冷却定律(即物体在空气中冷却的速度与物体温度和空气温度之差成正比)计算死者的被害时间,确定能不能从时间上排除郑某的作案嫌疑?

(2) 警方经过深入的调查取证,发现死者在当天下午曾在家测过体温,发烧到 38.8 ℃,死者体内没有发现服用过任何退烧药的迹象,试问据此可排除郑某作案的可能性吗?

(3) 你了解法医学上根据牛顿冷却定律进行死亡时间推断的历史吗?

* 1.9 变分法简介

1.9.1 泛函和极值问题

变分法是一门研究极值的学科.在数学分析中,我们已经学习过怎样用导数来研究函数的极值.可是在许多实际问题中,除了函数的极值以外,我们往往还需要处理大量更加复杂、深刻的极值问题.

例如,在 xOy 平面上给定两点 A,B,将连接 A,B 两点的光滑曲线 l 围绕 x 轴旋转一周,可以得到一个旋转曲面.曲线 l 不同,旋转曲面的面积也不同.现在要问,当曲线 l 是什么曲线时,旋转曲面的面积最小(图 1-10).

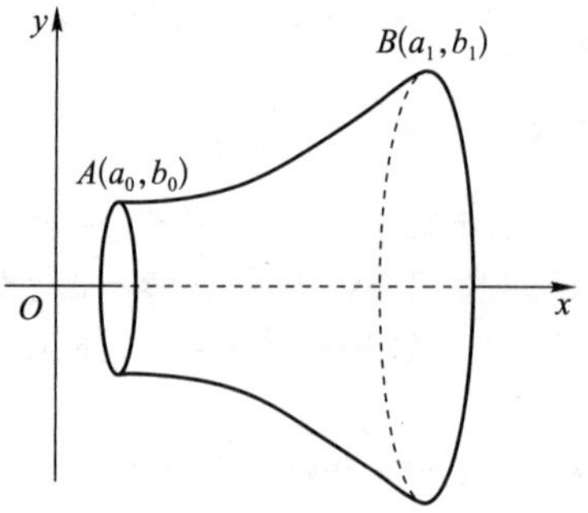

图 1-10

又如,在一铅直平面上,给定不在同一铅直直线上的两点 A,B.在重力作用下,一质点沿着过 A,B 两点的光滑曲线轨道 l 下滑.下滑的轨道 l 不同,质点由 A 点下滑到 B 点所需的时间也就不同.今问,l 是什么曲线时,所需时间最短(图 1-11).

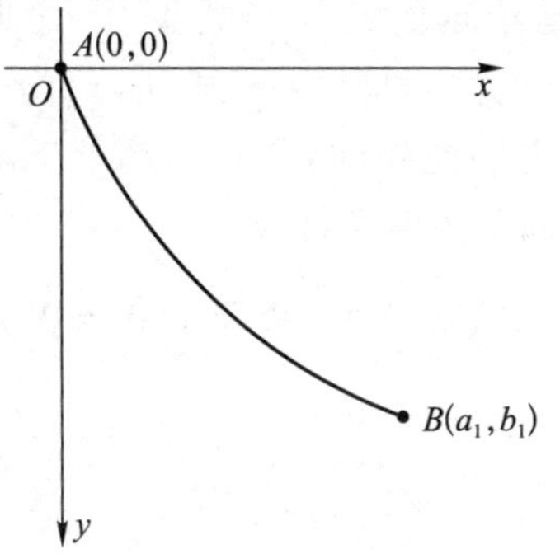

图 1-11

这是历史上两个著名的极值问题,前者叫做最小旋转曲面问题,后者叫做捷线问题,也称最速降线问题.

在这两个问题中可以看出,对于给定的一条曲线,都有一个旋转曲面面积或一个下滑时间与之对应,这样就建立了一种新的函数.它与通常函数的区别在于,通常函数的定义域是数集,或欧氏空间中的点集,而上述函数的定义域则是函数的集合.我们把这种新的函数叫做泛函.

下面以最小旋转曲面问题和捷线问题为例,来建立相应的泛函.

最小旋转曲面问题:给定两点 $A(a_0,b_0)$ 和 $B(a_1,b_1)$ $(a_0\neq a_1,b_0>0,b_1>0)$,设连接 A,B 两点的光滑曲线的表达式为 $y=y(x)$.由数学分析知道,如图 1-10,将曲线 l 围绕 x 轴旋转一周所得的曲面面积为

$$S[y(x)]=2\pi\int_{a_0}^{a_1}y(x)\sqrt{1+y'^2(x)}\,\mathrm{d}x. \tag{1.92}$$

这个式子表明,对每一条过 A,B 两点的光滑曲线 $y(x)$,都有一个旋转曲面面积 $S[y(x)]$ 与之对应.

捷线问题:如图 1-11 建立坐标系.设过 A,B 两点的光滑曲线的方程为 $y=y(x)$,重力加速度为 g,由于在曲线上的点 (x,y) 处,质点的速度 v 与纵坐标 y 有如下关系:

$$v^2=2gy \text{ 或 } \frac{\mathrm{d}s}{\mathrm{d}t}=\sqrt{2gy},$$

故质点滑过曲线的弧段微元 $\mathrm{d}s=\sqrt{1+y'^2}\,\mathrm{d}x$ 所需的时间微元为

$$\mathrm{d}t=\frac{\mathrm{d}s}{\sqrt{2gy}}=\frac{\sqrt{1+y'^2}\,\mathrm{d}x}{\sqrt{2gy}}.$$

于是质点由 A 滑到 B 所需的总时间为

$$t[y(x)]=\int_0^{a_1}\frac{\sqrt{1+y'^2}}{\sqrt{2gy}}\mathrm{d}x. \tag{1.93}$$

每一条过 A,B 点的光滑曲线 $y=y(x)$,都有一个下滑时间 $t[y(x)]$ 与之对应.

定义 1.2 设 $\{y(x)\}$ 是给定的某类函数集合,如果对这类函数中的每个函数 $y(x)$,都有一个数值 $J[y(x)]$ 与之对应,则称 $J[y(x)]$ 为这类函数的泛函.

在上述最小旋转曲面问题和捷线问题中,都是求泛函极值的问题.泛函(1.92)和(1.93)的定义域分别是所有满足边值条件

$$y(a_0)=b_0,y(a_1)=b_1,\text{以及 } y(0)=0,y(a_1)=b_1$$

的连续可微函数类.

1.9.2 欧拉方程

下面我们把最小旋转曲面问题和捷线问题,也就是(1.92)和(1.93)的求极值问题一般化.

设 D 是定义在区间 $[a,b]$ 上,满足边界条件 $y(a)=A,y(b)=B$ 的所有连续可微函数 $y(x)$ 所构成的函数类.三元函数 $F(x,y,y')$ 对于其每个变元都是二阶连续可微的.在 D 上定义泛函

$$J[y(x)]=\int_a^b F(x,y(x),y'(x))\mathrm{d}x, \tag{1.94}$$

我们的问题就是在 D 中找到函数 $y(x)$,使得泛函(1.94)取得极大值或极小值.为此,我们不加证明地给出如下引理.

变分学基本引理 设函数 $f(x)$ 在 $[a,b]$ 上连续,如果对任意在 $[a,b]$ 上连续可微且在 a,b 处为零的函数 $g(x)$,恒有

$$\int_a^b f(x)g(x)\mathrm{d}x=0,$$

则 $f(x)\equiv 0,x\in[a,b]$.

定理 1.3 如果 D 中的函数 $y=y_0(x)$ 使得泛函(1.94)取得极值,则函数 $y=y_0(x)$ 必为微分方程

$$F'_y-\frac{\mathrm{d}}{\mathrm{d}x}F'_{y'}=0 \tag{1.95}$$

的解.

证明 设 D 中的函数 $y=y_0(x)$ 使得泛函(1.94)取得极值,对任意给定的 $y(x)\in D$,令 $y(x,s)=y_0(x)+s(y(x)-y_0(x))$,其中 s 为任意实数,易证对任意 s,$y(x,s)$ 在 D 中.通常把差 $y(x)-y_0(x)$ 称为函数 $y(x)$ 的**变分**,记为

$$\delta y=y(x)-y_0(x).$$

于是 $y(x,s)$ 可写为

$$y(x,s)=y_0(x)+s\delta y, \tag{1.96}$$

把(1.96)代入(1.94)得到 s 的函数

$$G(s)=\int_a^b F(x,y_0+s\delta y,y_0'+s\delta y')\mathrm{d}x. \tag{1.97}$$

根据假定,泛函 $J[y(x)]$ 在 $y=y_0(x)$ 取得极值,函数 $G(s)$ 必在 $s=0$ 处取得极值.由数学分析知必有 $G'(0)=0$.于是,

$$\begin{aligned}G'(s)&=\int_a^b \frac{\partial}{\partial s}F(x,y_0+s\delta y,y_0'+s\delta y')\mathrm{d}x\\&=\int_a^b F_y'(x,y_0+s\delta y,y_0'+s\delta y')\delta y\mathrm{d}x+\int_a^b F_{y'}'(x,y_0+s\delta y,y_0'+s\delta y')\delta y'\mathrm{d}x.\end{aligned} \tag{1.98}$$

注意到

$$\delta y\Big|_a^b=(y(b)-y_0(b))-(y(a)-y_0(a))=0,$$

由分部积分法有

$$\begin{aligned}&\int_a^b F_{y'}'(x,y_0+s\delta y,y_0'+s\delta y')\delta y'\mathrm{d}x\\&=F_{y'}'(x,y_0+s\delta y,y_0'+s\delta y')\delta y\Big|_a^b-\int_a^b \frac{\mathrm{d}}{\mathrm{d}x}F_{y'}'(x,y_0+s\delta y,y_0'+s\delta y')\delta y\mathrm{d}x\\&=-\int_a^b \frac{\mathrm{d}}{\mathrm{d}x}F_{y'}'(x,y_0+s\delta y,y_0'+s\delta y')\delta y\mathrm{d}x.\end{aligned}$$

把上式代入到(1.98)中得到

$$G'(s)=\int_a^b\left[F_y'(x,y_0+s\delta y,y_0'+s\delta y')-\frac{\mathrm{d}}{\mathrm{d}x}F_{y'}'(x,y_0+s\delta y,y_0'+s\delta y')\right]\delta y\mathrm{d}x.$$

由 $G'(0)=0$ 得到

$$\int_a^b\left[F_y'(x,y_0,y_0')-\frac{\mathrm{d}}{\mathrm{d}x}F_{y'}'(x,y_0,y_0')\right]\delta y\mathrm{d}x=0.$$

因为 δy 是任意函数,故由变分学基本引理有

$$F_y'(x,y_0,y_0')-\frac{\mathrm{d}}{\mathrm{d}x}F_{y'}'(x,y_0,y_0')=0.$$

定理证毕.

方程(1.95)就称为欧拉方程.由定理 1.3,要求泛函(1.94)的极值,可以先求出相应欧拉方程的解.欧拉方程的解所对应的曲线,称为泛函(1.94)的稳定曲线.(请读者回忆,在求可微函数$f(x)$的极值时,使 $f'(x)=0$ 的点,称为稳定点或驻点.函数 $f(x)$ 如果有极值,一定在其稳定点上取到,但函数 $f(x)$ 是否在其稳定点上取到极值,以及取到何种极值,尚需进一步判断.)泛函(1.94)的极值一定在其稳定曲线上取到.在这些稳定曲线上,泛函(1.94)是否取得极值,以及取得何种极值,尚需进一步判断准则.这些都是变分法中研究的课题.不过对于许多具体问题来说,极值的存在性以及何种极值,可以容易地通过问题的具体意义来判断.

1.9.3　欧拉方程的降阶法

欧拉方程是二阶方程，其求解通常是困难的，只有在个别情况下，才能积成有限形式.下面介绍几种可降阶的欧拉方程.

1. 函数 F 不显含 y'，即 $F(x,y,y')=F(x,y)$.

因为 $F'_{y'}=0$，所以欧拉方程为 $F'_y(x,y)=0$.

2. 函数 F 不显含 y，即 $F(x,y,y')=F(x,y')$.

因为 $F'_y=0$，所以欧拉方程为 $\frac{\mathrm{d}}{\mathrm{d}x}F'_{y'}(x,y')=0$，也就是 $F'_{y'}(x,y')=C_1$，其中 C_1 是待定的任意常数.它是一个不显含 y 的一阶方程.

3. 函数 F 不显含 x，即 $F(x,y,y')=F(y,y')$.

因为 $F''_{xy'}=0$，注意到 $\frac{\mathrm{d}}{\mathrm{d}x}F'_{y'}=F''_{xy'}+F''_{yy'}y'+F''_{y'y'}y''$.根据定理 1.3，欧拉方程有如下形式：

$$F'_y-F''_{yy'}y'-F''_{y'y'}y''=0.$$

用 y' 乘上式两端，则不难验证，方程化为恰当导数方程

$$\frac{\mathrm{d}}{\mathrm{d}x}(F-y'F'_{y'})=0.$$

事实上，我们有

$$\begin{aligned}\frac{\mathrm{d}}{\mathrm{d}x}(F-y'F'_{y'})&=F'_yy'+F'_{y'}y''-F'_{y'}y''-F''_{yy'}y'^2-y'F''_{y'y'}y''\\&=y'(F'_y-F''_{yy'}y'-F''_{y'y'}y'')=0,\end{aligned}$$

于是欧拉方程可降阶为一阶方程 $F-y'F'_{y'}=C_1$.这是一个不显含 x 的一阶方程.

4. 函数 F 只含有 y'，即 $F(x,y,y')=F(y')$.

因为 $F'_y=F''_{xy'}=F''_{yy'}=0$，于是它的欧拉方程退化为

$$F''_{y'y'}=0 \text{ 或 } y''=0.$$

1.9.4　泛函的极值

这一节，作为例子，我们利用变分法中的欧拉方程来解决前面提出最小旋转曲面问题和捷线问题.

例 1(最小旋转曲面问题)　求泛函

$$S[y(x)]=2\pi\int_{a_0}^{a_1}y(x)\sqrt{1+y'^2(x)}\,\mathrm{d}x \tag{1.92}$$

的极值函数.

解　这里可设 $F(x,y,y')=y\sqrt{1+y'^2}$，属于不显含 x 的类型，所以其欧拉方程降阶后为

$$F-y'F'_{y'}=y\sqrt{1+y'^2}-\frac{yy'^2}{\sqrt{1+y'^2}}=C_1.$$

化简后得到$\dfrac{y}{\sqrt{1+y'^2}}=C_1$.可以用参数法求解.

令 $y'=\sinh t$,则 $y=C_1\cosh t$,因为

$$dx=\frac{dy}{y'}=\frac{C_1\sinh t dt}{\sinh t}=C_1 dt,$$

从而 $x=C_1t+C_2$,于是所求的极值曲线的参数方程为

$$\begin{cases}x=C_1t+C_2,\\ y=C_1\cosh t.\end{cases}$$

消去参数 t 得

$$y=C_1\cosh\frac{x-C_2}{C_1}.$$

这是一族悬链线,将它旋转一周就得到表面积最小的曲面——悬链面.C_1,C_2 由边界条件确定.

例 2(捷线问题) 求泛函

$$t[y(x)]=\int_0^{a_1}\frac{\sqrt{1+y'^2}}{\sqrt{2gy}}dx \tag{1.93}$$

的极值.

解 可以设 $F=\dfrac{\sqrt{1+y'^2}}{\sqrt{y}}$. 属于上一节中不显含 x 的类型.所以其欧拉方程降阶后成为

$$\frac{\sqrt{1+y'^2}}{\sqrt{y}}-\frac{y'^2}{\sqrt{y(1+y'^2)}}=C.$$

化简后,则有 $y(1+y'^2)=C_1$.令 $y'=\cot t$,则有

$$y=\frac{C_1}{1+\cot^2 t}=\frac{C_1}{2}(1-\cos 2t),$$

以及

$$dx=\frac{dy}{y'}=C_1(1-\cos 2t)dt,$$

从而,欧拉方程的积分曲线的参数方程为

$$x=\frac{C_1}{2}(2t-\sin 2t)+C_2,y=\frac{C_1}{2}(1-\cos 2t).$$

引入新变量 $\theta=2t$,并注意到问题的边界条件 $y(0)=0$,所以 $C_2=0$.这样,所求极值曲线的参数方程可以进一步写为

$$\begin{cases} x=\dfrac{C_1}{2}(\theta-\sin\theta), \\ y=\dfrac{C_1}{2}(1-\cos\theta). \end{cases}$$

这是摆线方程,参数 C_1 由边界条件确定.

习 题 1.9

1. 求泛函

$$J[y]=\int_a^b \frac{\sqrt{1+y'^2}}{x}\mathrm{d}x$$

的极值曲线.

2. 设 A,B 是平面内给定的两点,求连接 A,B 两点的曲线中,使得两点间弧长最短的曲线.

3. 求下列各泛函的极值曲线:

(1) $J[y]=\int_a^b \frac{\sqrt{1+y'^2}}{y}\mathrm{d}x$;

(2) $J[y]=\int_a^b \sqrt{y(1+y'^2)}\,\mathrm{d}x$;

(3) $J[y]=\int_a^b y'(1+x^2y')\,\mathrm{d}x$;

(4) $J[y]=\int_a^b (y'^2+2yy'-16y^2)\,\mathrm{d}x$;

(5) $J[y]=\int_a^b \frac{1+y^2}{y'^2}\mathrm{d}x$;

(6) $J[y]=\int_a^b (xy'+y'^2)\,\mathrm{d}x$.

* 1.10 里卡蒂方程

形如

$$\frac{\mathrm{d}y}{\mathrm{d}x}=p(x)y^2+q(x)y+r(x) \tag{1.99}$$

的方程(其中 $p(x)\neq 0, r(x)\neq 0$)被称为里卡蒂方程,这是形式上最简单的非线性方程.里卡蒂方程最早是由威尼斯研究声学的里卡蒂(Riccati J F)伯爵于 1723—1724 年间通过变量代换从一个二阶方程降阶得到的一个一阶方程.里卡蒂的工作之所以值得重视,不仅由于他处理了二阶微分方程,更是因为他有把二阶方程化为一阶方程的想法.降阶法也成为后来处理高阶方程的主要方法.里卡蒂方程在历史上有重要而广泛的应用.它可用来帮助求解二阶常微分方程,例如,二阶齐次线性方程 $y''+a(x)y'+b(x)y=0$

经变换 $u=-\frac{y'}{y}$ 便可化为里卡蒂方程 $u'=u^2-a(x)u+b(x)$.它还曾被用于证明贝塞尔(Bessel)方程的解不是初等函数.此外在现代控制论和向量场分支理论中都有应用.

1725 年,丹尼尔·伯努利(Bernoulli D)用初等方法求解了一类特殊的里卡蒂方程.1760 年,欧拉对一类里卡蒂方程 $y'+y^2=ax^n$ 证明了,在已知一个特解 y_1 的情况下,通过变换 $z=1/y-y_1$ 可将该方程化为线性方程;而且,若已知两个特殊积分,则求解该方程就可化为求积分的问题.达朗贝尔最先考虑了一般形式的里卡蒂方程(1.99),并对这种形式采用了"里卡蒂方程"这一名称.

定理 1.4 设 $y=\varphi(x)$ 是里卡蒂方程(1.99)的特解,则(1.99)可以用初等积分法求得其通解.

证明 令 $u=y-\varphi(x)$,则有

$$\begin{aligned}\frac{\mathrm{d}u}{\mathrm{d}x}+\frac{\mathrm{d}\varphi(x)}{\mathrm{d}x}&=p(x)[u^2+2\varphi(x)u+\varphi^2(x)]+q(x)[u+\varphi(x)]+r(x)\\&=[2p(x)\varphi(x)+q(x)]u+p(x)u^2+[p(x)\varphi^2(x)+q(x)\varphi(x)+r(x)].\end{aligned}$$

因为 $\varphi(x)$ 是(1.99)的解,从上式消去相关项后,得

$$\frac{\mathrm{d}u}{\mathrm{d}x}=[2p(x)\varphi(x)+q(x)]u+p(x)u^2,$$

这是一个伯努利方程,此方程可以用初等积分法求解.

该方法是 1760 年由欧拉提出的,对于具体的里卡蒂方程,特解 $\varphi(x)$ 通常由观察法给出.

考虑一类特殊的里卡蒂方程

$$\frac{\mathrm{d}y}{\mathrm{d}x}+ay^2=bx^m, \tag{1.100}$$

其中 $a,b,m\in\mathbf{R}$ 且 $a\neq 0$.

早在 1725 年,伯努利就证明了当

$$m=\frac{4k}{1-2k},\quad k=0,\pm1,\cdots,\pm\infty, \tag{1.101}$$

即 $\frac{m}{2m+4}$ 是整数或无穷时,可以通过有限次变换将(1.100)化成变量可分离方程,从而可以用初等积分法求解,即(1.101)是里卡蒂方程(1.100)能用初等积分法求解的充分条件.1841 年,刘维尔(Liouville)证明了,当 m 不取(1.101)这样的值,即 $\frac{m}{2m+4}$ 不是整数或无穷时,(1.100)不能用初等积分法求解,即(1.101)也是里卡蒂方程能用初等积分法求解的必要条件.

刘维尔的这一工作在微分方程的发展史上具有重要的意义,结束了用初等积分法求解一般常微分方程的想法,与代数学中,1824 年阿贝尔(Abel)关于 5 次和 5 次以上方程没有根式公式解的结论有相似的理论意义.在此之前,人们把主要注意力放在微分方程求解上,而刘维尔的研究表明,即使形式上非常简单的里卡蒂方程也未必能用

初等积分法求解.例如,1686 年,莱布尼茨(Leibniz)向数学界提出求解一阶微分方程$\frac{\mathrm{d}y}{\mathrm{d}x}=x^2+y^2$的问题,且直言自己研究多年未果,从形式上看,此方程非常简单,但是经过大约 150 年的探索,直至 1838 年,刘维尔才在理论上证明了此方程不能用初等积分法求解.

由此可见,除了某些特殊情形外,对一般的 p,q,r,里卡蒂方程(1.99)不能用初等积分法求其通解.对于一般的非线性方程更是如此.这就迫使人们另辟蹊径,考虑不借助解的表达式而从方程本身的特点去推断其解的性质(周期性、有界性、稳定性等),以及寻找各种近似求解的方法,从而导致常微分方程研究进入了一个多样化的发展时期.

习 题 1.10

1. 求解下列里卡蒂方程:

(1) $x^4y'+y^2=4x^6$;　　(2) $x^3y'=x^4+y^2$;

(3) $y'+\frac{y^2}{2}+\frac{1}{2x^2}=0$;　　(4) $y'=\frac{y^2}{2}-\frac{y}{x}-\frac{1}{2x^2}$;

(5) $y'=y^2-\frac{2y}{x}-\frac{2}{x^2}$;　　(6) $y'=-y^2-\frac{1}{4x^2}$;

(7) $y'=-\frac{1}{x}+\frac{y}{x}+\frac{y^2}{x^3}$;　　(8) $x^2y'=x^2y^2+xy+1$.

2. 证明:里卡蒂方程(1.99)的任意 4 个解 $y_i(x)$,$i=1,2,3,4$ 的交比(y_1,y_2,y_3,y_4)等于常数,即

$$(y_1,y_2,y_3,y_4):=\frac{y_4-y_2}{y_4-y_1}\cdot\frac{y_3-y_1}{y_3-y_2}=C(\text{常数}).$$

本章小结

第二章 基本定理

我们在第一章学习了初等积分法，掌握了几类特殊的可积类型方程的解法. 但是这些解法不是“万能的”. 绝大多数的微分方程是不能用初等积分法求解的.那么，一个不能用初等积分法求解的微分方程，是否有解存在呢？如果有解存在，那么它的解是否唯一？存在区间又有多大？这些问题无疑在理论研究和实际应用中，都有着重要的意义.本章将回答这些基本问题.

本章主要介绍解的存在唯一性定理、解的延展定理、解对初值的连续依赖性定理以及奇解和奇解的求法.这些定理是常微分方程理论的基础，对进一步学习十分重要.

2.1 常微分方程的几何解释

2.1.1 线素场

我们在 1.1 节已经给出了微分方程及其解的定义.本节将就一阶显式方程

$$\frac{\mathrm{d}y}{\mathrm{d}x}=f(x,y) \tag{2.1}$$

给出这些定义的几何解释.由这些解释，我们可以从方程(2.1)本身的特性了解到它的任一解所应具有的某些几何特征.首先，我们要给出“**线素场**”的概念.设(2.1)的右端函数 $f(x,y)$ 在区域 G 内有定义(图 2-1)，即对 G 内任意一点 (x,y)，都存在确定值 $f(x,y)$.以点 (x,y) 为中点，作一单位线段，使其斜率恰为 $k=f(x,y)$，称为在点 (x,y) 的线素.于是在 G 内每一点都有一个线素.我们说，方程(2.1)在区域 G 上确定了一个**线素场**.

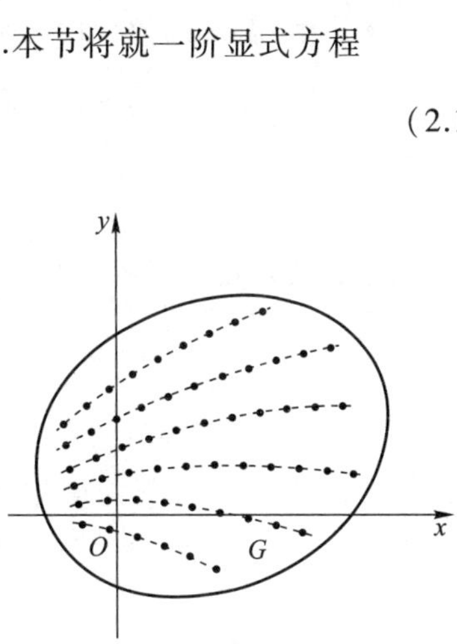

图 2-1

例 1 试讨论方程

$$\frac{\mathrm{d}y}{\mathrm{d}x}=\frac{y}{x}$$

所确定的线素场.

解　右端函数在除 Oy 轴以外的左右两个半平面上处处有定义，因而方程在这两个半平面上都确定了线素场.易看出这个线素场在点 (x,y) 的线素与过原点 $(0,0)$ 和点 (x,y) 的射线重合(图 2-2).

例 2　考虑方程

$$\frac{dy}{dx}=-\frac{x}{y}$$

所确定的线素场.

解　右端函数在除了 Ox 轴以外的上下两个半平面上都有定义，方程在每一点 (x,y) 所确定的线素都与原点到该点的射线垂直(图 2-3).

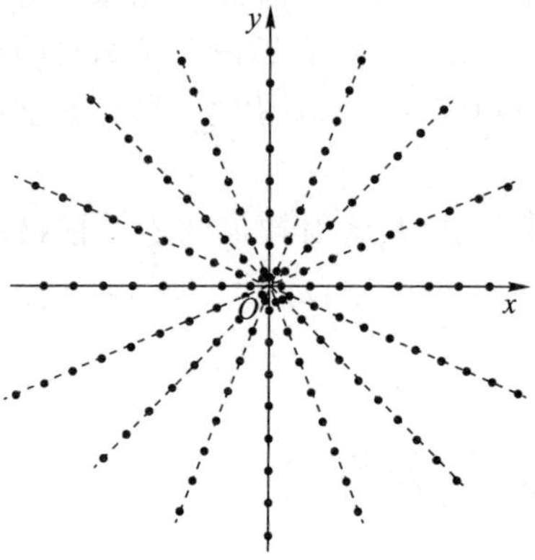

图 2-2

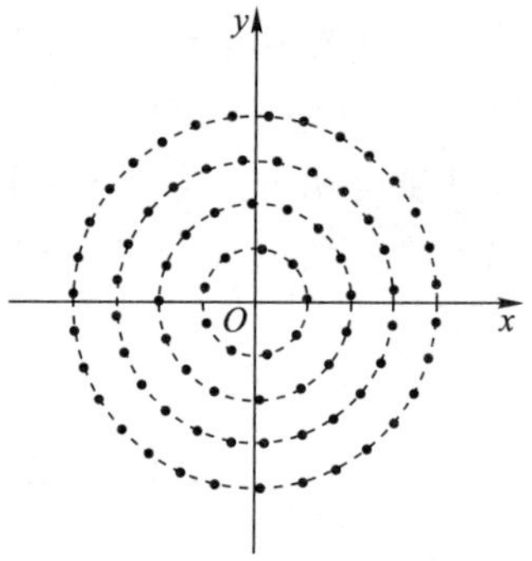

图 2-3

在例 1 中，右端函数 $\frac{y}{x}$ 在 y 轴上无定义(变为无限).在例 2 中，右端函数 $-\frac{x}{y}$ 在 x 轴上无定义(变为无限).为了进行弥补，一般地，当方程

$$\frac{dy}{dx}=f(x,y) \tag{2.1}$$

的右端函数 $f(x,y)$ 在某些点取无限值时，我们同时考虑方程

$$\frac{dx}{dy}=\frac{1}{f(x,y)}=f_1(x,y).$$

易见，在 $f(x,y)$ 取无限值的点，$f_1(x,y)=0$.于是，可以说线素场在这些点平行于 Oy 轴.

例如，在例 1 中同时考虑方程

$$\frac{dy}{dx}=\frac{y}{x} \quad 及 \quad \frac{dx}{dy}=\frac{x}{y},$$

在例 2 中同时考虑方程

$$\frac{dy}{dx}=-\frac{x}{y} \quad 及 \quad \frac{dx}{dy}=-\frac{y}{x}.$$

这样，这两个方程，除点 $(0,0)$ 外，都在全平面上确定了线素场.

下面来讨论方程(2.1)的解与它确定的线素场的关系.前面，我们已经把(2.1)的解

$y=\varphi(x)$的图像称为(2.1)的积分曲线.

定理 2.1 曲线 L 为(2.1)的积分曲线的充要条件是:在 L 上任一点,L 的切线方向与(2.1)所确定的线素场在该点的线素方向重合,亦即 L 在每点均与线素场的线素相切.

证明 必要性.设 L 为(2.1)的积分曲线,其方程为 $y=\varphi(x)$,则函数 $y=\varphi(x)$ 为(2.1)的一个解.于是,在其有定义的区间上有

$$\varphi'(x)\equiv f(x,\varphi(x)).$$

上式左端为曲线 L 在点$(x,\varphi(x))$的切线的斜率,右端恰为方程(2.1)的线素场在同一点$(x,\varphi(x))$处的线素的斜率.从而,曲线 L 在点$(x,\varphi(x))$的切线与线素场在该点线素重合.又因上式为恒等式,这就说明沿着整个曲线 L,都是这样.

充分性.设方程为 $y=\varphi(x)$ 的曲线 L,在其上任一点$(x,\varphi(x))$处,它的切线方向都与方程(2.1)的线素场的线素方向重合,则切线的斜率与线素的斜率应当相等.于是,在函数 $y=\varphi(x)$ 有定义的区间上,有恒等式 $\varphi'(x)\equiv f(x,\varphi(x))$.这个等式恰好说明函数 $y=\varphi(x)$ 为方程(2.1)的解.从而曲线 L 为方程的积分曲线.

这个定理表明这样一个事实:(2.1)的积分曲线在其上每一点都与线素场的线素相切.或者直观地说,积分曲线是始终"顺着"线素场的线素方向行进的曲线.

2.1.2 欧拉折线

在这一小节,我们利用线素场的概念简略地介绍一下欧拉折线法.

以下假定函数 $f(x,y)$ 在区域:$a\leqslant x\leqslant b$, $|y|<\infty$ 上连续且有界,于是 $f(x,y)$ 在这个区域上确定了一个线素场.求初值问题

$$\begin{cases}\dfrac{\mathrm{d}y}{\mathrm{d}x}=f(x,y),\\ y(x_0)=y_0\end{cases}\tag{2.2}$$

在区间$[x_0,b]$上的近似解,就是要在由 $f(x,y)$ 所确定的线素场中,求出经过点(x_0,y_0)的近似积分曲线(图 2-4).为此,把区间$[x_0,b]$ n 等分,其分点为:

$$x_k=x_0+kh,\quad k=0,1,\cdots,n,$$

$$h=\frac{b-x_0}{n},\quad x_n=b.$$

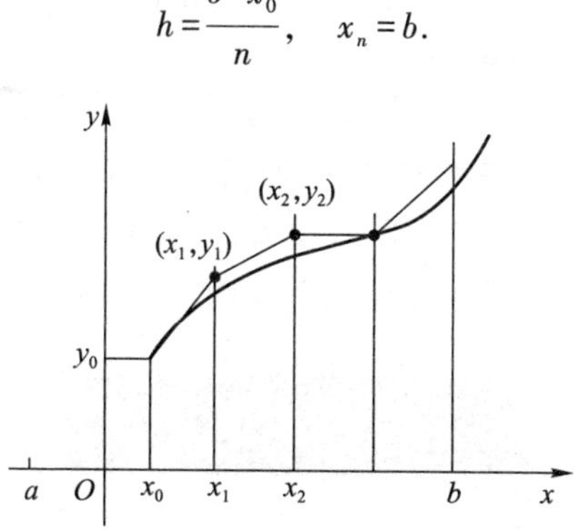

图 2-4

先求出 $f(x_0,y_0)$. 因为积分曲线在点 (x_0,y_0) 的斜率应为 $f(x_0,y_0)$，于是用经过点 (x_0,y_0) 而斜率为 $f(x_0,y_0)$ 的直线段来近似积分曲线，其方程为

$$y=y_0+f(x_0,y_0)(x-x_0),$$

求出直线上横坐标为 x_1 的点的纵坐标

$$y_1=y_0+f(x_0,y_0)(x_1-x_0)=y_0+f(x_0,y_0)h.$$

如果 h 很小，则 $y_1\approx y(x_1)$. 从而点 (x_1,y_1) 就很接近积分曲线上的点 $(x_1,y(x_1))$. 如果 $f(x,y)$ 连续，则 $f(x_1,y_1)$ 就近似于 $f(x_1,y(x_1))$. 于是由点 (x_1,y_1) 出发的斜率为 $f(x_1,y_1)$ 的直线段又近似于原积分曲线，它的方程为

$$y=y_1+f(x_1,y_1)(x-x_1),$$

求出这直线段上横坐标为 x_2 的点的纵坐标

$$y_2=y_1+f(x_1,y_1)(x_2-x_1)=y_1+f(x_1,y_1)h.$$

依次类推，可以求出方程(2.1)过点 (x_0,y_0) 的积分曲线在各分点的近似值

$$y_k=y_{k-1}+f(x_{k-1},y_{k-1})h,k=1,2,\cdots,n.$$

由于各近似直线段的方程为已知，所以对区间 $[x_0,b]$ 上的任一点 x，都可以求得解 $y=y(x)$ 的近似值.

这样求得的积分曲线的近似折线称为欧拉折线. 可以证明，在一定条件下，当 n 无限增大而 $h\to 0$ 时，欧拉折线趋近于方程的积分曲线. 欧拉折线法是利用"离散化"的方法来求初值问题解的近似值. 这方面的研究工作是计算方法中微分方程数值解的计算理论.

2.1.3 初值问题解的存在性

设函数 $f(x,y)$ 定义在平面区域 G 中，点 $(x_0,y_0)\in G$，考虑微分方程

$$\frac{\mathrm{d}y}{\mathrm{d}x}=f(x,y) \tag{2.1}$$

的初值问题

$$\begin{cases}\dfrac{\mathrm{d}y}{\mathrm{d}x}=f(x,y),\\ y(x_0)=y_0.\end{cases} \tag{2.2}$$

关于初值问题解的存在性，我们在此不加证明地给出如下的经典结果.

佩亚诺(Peano)定理 如果 $f(x,y)$ 在区域 G 上连续，$(x_0,y_0)\in G$，则初值问题(2.2)存在定义在点 x_0 的某一邻域中的解 $y=y(x)$.

也就是说，方程(2.1)右端函数的连续性保证初值解的存在性.

如果除了初值解的存在性，我们还希望保证解的唯一性，理论上有经常用到的解的存在唯一性定理. 在下一节，我们将给出并证明这个重要的定理.

习题 2.1

1. 试绘出下列方程的积分曲线：

(1) $y'=a$（a 为常数）；　　(2) $y'=x^2$；

(3) $y'=|y|$；　　(4) $\frac{dy}{dx}=-\frac{1}{x^2}$；

(5) $\frac{dy}{dx}=|x|$.

2. 试画出方程

$$\frac{dy}{dx}=x^2-y^2$$

在 xOy 平面上的积分曲线的大致图像.

3. 试用欧拉折线法，取步长 $h=0.1$，求初值问题

$$\begin{cases}\frac{dy}{dx}=x^2+y^2,\\ y(1)=1\end{cases}$$

的解在 $x=1.4$ 时的近似值.

2.2 解的存在唯一性定理

本节利用逐次逼近法，来证明微分方程

$$\frac{dy}{dx}=f(x,y) \tag{2.1}$$

的初值问题

$$\begin{cases}\frac{dy}{dx}=f(x,y),\\ y(x_0)=y_0\end{cases} \tag{2.2}$$

的解的存在唯一性定理.

2.2.1 存在唯一性定理的叙述

定理 2.2(存在唯一性定理)　如果方程(2.1)的右端函数 $f(x,y)$ 在闭矩形域

$$R: x_0-a\leqslant x\leqslant x_0+a, y_0-b\leqslant y\leqslant y_0+b$$

上满足如下条件：

(1) 在 R 上连续，

(2) 在 R 上关于变量 y 满足利普希茨(Lipschitz)条件，即存在常数 N，使对于 R 上任何一对点 (x,y) 和 $(x,\bar{y})$ 有不等式

$$|f(x,y)-f(x,\bar{y})|\leqslant N|y-\bar{y}|,$$

则初值问题(2.2)在区间 $x_0-h_0\leqslant x\leqslant x_0+h_0$ 上存在唯一解

$$y=\varphi(x), \varphi(x_0)=y_0,$$

其中 $h_0=\min\left(a,\frac{b}{M}\right)$，$M=\max\limits_{(x,y)\in R}|f(x,y)|$.

在证明定理之前，我们先对定理的条件与结论作些说明：

1. 在实际应用时,利普希茨条件的检验有时是比较困难的.然而,我们能够用一个较强的,但通常比较易于验证的条件来代替它.即如果函数 $f(x,y)$ 在闭矩形域 R 上关于 y 的偏导数 $f'_y(x,y)$ 存在并有界,$|f'_y(x,y)|\leqslant N$,则利普希茨条件成立.事实上,由拉格朗日中值定理有

$$|f(x,y)-f(x,\bar{y})|=|f'_y(x,\xi)||y-\bar{y}|\leqslant N|y-\bar{y}|,$$

其中 ξ 满足 $y<\xi<\bar{y}$,从而 $(x,\xi)\in R$.如果 $f'_y(x,y)$ 在 R 上连续,它在 R 上当然就满足利普希茨条件. 可以证明,如果偏导数 $f'_y(x,y)$ 在 R 上存在但无界,则利普希茨条件一定不满足.不过利普希茨条件满足,偏导数 $f'_y(x,y)$ 不一定存在.

2. 现对定理中的数 h_0 作些解释. 从几何直观上,初值问题(2.2)可能呈现如图 2-5所示的情况. 这时,过点 (x_0,y_0) 的积分曲线 $y=\varphi(x)$ 在 $x=x_1(x_0<x_1<x_0+a)$ 或 $x=x_2(x_0-a<x_2<x_0)$ 时,到达 R 的上边界 $y=y_0+b$ 或下边界 $y=y_0-b$.于是,当 $x>x_1$(或 $x<x_2$)时,曲线 $y=\varphi(x)$ 便可能没有定义.由此可见,初值问题(2.2)的解未必在整个区间 $x_0-a\leqslant x\leqslant x_0+a$ 上存在.

但是,由 2.1 节的常微分方程的几何解释可知,定理 2.1 就是要证明:在线素场 R 中,存在唯一一条过点 (x_0,y_0) 的积分曲线 $y=\varphi(x)$,它在其上每点处都与线素场在这点的线素相切.现在定理假定 $f(x,y)$ 在 R 上连续,从而存在

$$M=\max_{(x,y)\in R}|f(x,y)|.$$

于是,如果从点 (x_0,y_0) 引两条斜率分别等于 M 和 $-M$ 的直线,则积分曲线 $y=\varphi(x)$(如果存在的话)必被限制在图 2-6 的带阴影的两个区域内,因此,只要我们取

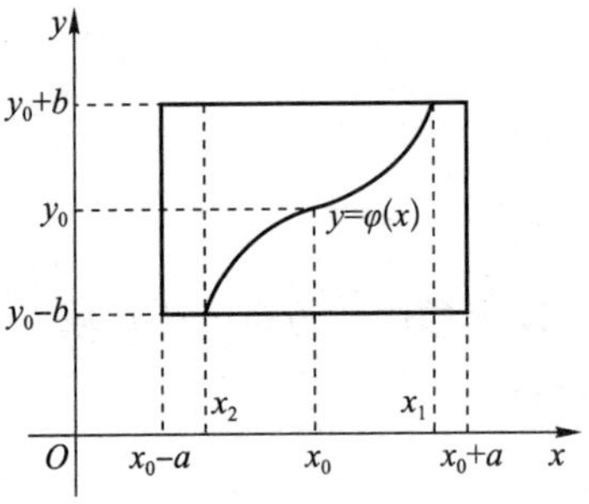

图 2-5

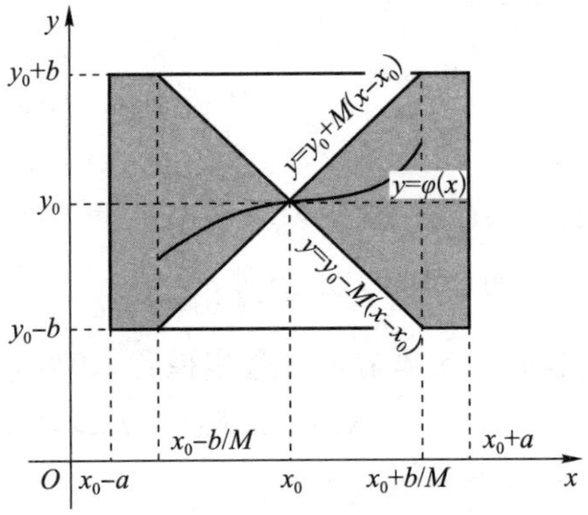

图 2-6

$$h_0=\min\left(a,\frac{b}{M}\right),$$

则当 x 在区间 $x_0-h_0\leqslant x\leqslant x_0+h_0$ 上变化时,过点 (x_0,y_0) 的积分曲线 $y=\varphi(x)$(如果存在的话)必位于 R 之中.

2.2.2 存在性的证明

首先指出,求解初值问题(2.2)的解 $y=\varphi(x)$,$x_0-h_0\leqslant x\leqslant x_0+h_0$,等价于求解积分

方程(所谓积分方程就是在积分号下含有未知函数的函数方程)

$$y=y_0+\int_{x_0}^{x} f(\xi,y)\,\mathrm{d}\xi \tag{2.3}$$

在区间 $x_0-h_0\leqslant x\leqslant x_0+h_0$ 上的连续解.

事实上,如果 $y=\varphi(x)$ 是微分方程初值问题(2.2)的解,即有恒等式

$$\varphi'(x)\equiv f(x,\varphi(x)), \tag{2.4}$$

$\varphi(x_0)=y_0$.由 x_0 到 x 积分(2.4)式就得到恒等式

$$\varphi(x)\equiv y_0+\int_{x_0}^{x} f(\xi,\varphi(\xi))\,\mathrm{d}\xi, \tag{2.5}$$

即 $y=\varphi(x)$ 也是积分方程(2.3)的解.

反之,如果连续函数 $y=\varphi(x)$ 是积分方程(2.3)的解,即有恒等式(2.5)成立,由于函数 $f(x,\varphi(x))$ 是连续的,所以从恒等式(2.5)知函数 $y=\varphi(x)$ 有连续导数.微分(2.5)两端就得到恒等式(2.4),且有 $\varphi(x_0)=y_0$.这表明函数 $y=\varphi(x)$ 也是微分方程初值问题(2.2)的解.

因此,我们只要证明积分方程(2.3)的连续解在 $|x-x_0|\leqslant h_0$ 上存在而且唯一就行了.

下面用皮卡(Picard)逐次逼近来证明积分方程(2.3)的连续解的存在性,可分三个步骤进行.

1. 构造逐次近似函数序列.

任取一个满足初值条件 $y(x_0)=y_0$ 的函数 $y=\varphi_0(x)$,且此函数的图像当 $x_0-h_0\leqslant x\leqslant x_0+h_0$ 时不超出矩形 R,为简单起见,就取 $\varphi_0(x)\equiv y_0$.将它代入方程(2.3)的右端,所得到的函数用 $\varphi_1(x)$ 表示,并称为一次近似,即

$$\varphi_1(x)=y_0+\int_{x_0}^{x} f(\xi,y_0)\,\mathrm{d}\xi.$$

再将 $\varphi_1(x)$ 代入(2.3)式的右端就得到二次近似

$$\varphi_2(x)=y_0+\int_{x_0}^{x} f(\xi,\varphi_1(\xi))\,\mathrm{d}\xi.$$

依次类推,我们可以得到 n 次近似

$$\varphi_n(x)=y_0+\int_{x_0}^{x} f(\xi,\varphi_{n-1}(\xi))\,\mathrm{d}\xi. \tag{2.6}$$

为了保证上述逐次逼近的过程可以一直进行下去,需要证明当 $x_0-h_0\leqslant x\leqslant x_0+h_0$ 时,有 $|\varphi_n(x)-y_0|\leqslant b$, $n=1,2,\cdots$,即曲线 $y=\varphi_n(x)$ 应该保持在矩形 R 之中.因为假如某个 $y=\varphi_n(x)$ 的图像越出了矩形 R,由于函数 $f(x,y)$ 只在矩形 R 上有定义,由(2.6)式可以看出 $n+1$ 次近似 $\varphi_{n+1}(x)$ 就不能保证在$x_0-h_0\leqslant x\leqslant x_0+h_0$上存在了.

下面用数学归纳法来证明.显然在区间 $x_0-h_0\leqslant x\leqslant x_0+h_0$ 上,函数 $y=\varphi_0(x)$ 满足 $|\varphi_0(x)-y_0|\leqslant b$.假定函数 $y=\varphi_{n-1}(x)$ 在此区间上满足 $|\varphi_{n-1}(x)-y_0|\leqslant b$,则由(2.6)式有

$$\varphi_n(x)-y_0=\int_{x_0}^{x} f(\xi,\varphi_{n-1}(\xi))\,\mathrm{d}\xi,$$

从而得到

$$|\varphi_n(x)-y_0|\leqslant\int_{x_0}^{x}|f(\xi,\varphi_{n-1}(\xi))|\,\mathrm{d}\xi.$$

由于已经假设在区间 $x_0-h_0\leqslant x\leqslant x_0+h_0$ 上 $|\varphi_{n-1}(x)-y_0|\leqslant b$，所以根据定理的条件(1)以及 $h_0\leqslant\dfrac{b}{M}$，就有

$$|\varphi_n(x)-y_0|\leqslant M\left|\int_{x_0}^{x}\mathrm{d}\xi\right|=M|x-x_0|\leqslant Mh_0\leqslant b.$$

这样，我们在区间 $[x_0-h_0,x_0+h_0]$ 上，按逐次逼近法得到了一个连续函数列(近似序列)

$$\varphi_1(x),\varphi_2(x),\cdots,\varphi_n(x),\cdots.$$

2. 证明近似序列 $\{\varphi_n(x)\}$ 在区间 $x_0-h_0\leqslant x\leqslant x_0+h_0$ 上一致收敛.

为此考虑函数项级数

$$\varphi_0(x)+[\varphi_1(x)-\varphi_0(x)]+\cdots+[\varphi_n(x)-\varphi_{n-1}(x)]+\cdots,\tag{2.7}$$

它的部分和是

$$S_{n+1}(x)=\varphi_0(x)+[\varphi_1(x)-\varphi_0(x)]+\cdots+[\varphi_n(x)-\varphi_{n-1}(x)]=\varphi_n(x).$$

因此，如果函数项级数(2.7)在 $[x_0-h_0,x_0+h_0]$ 上一致收敛，则表明 $\lim\limits_{n\to\infty}\varphi_n(x)$ 存在.为了证明级数收敛，现估计级数各项的绝对值.

首先有

$$\varphi_1(x)-\varphi_0(x)=\int_{x_0}^{x}f(\xi,\varphi_0(\xi))\,\mathrm{d}\xi,$$

或写成

$$\varphi_1(x)-y_0=\int_{x_0}^{x}f(\xi,y_0)\,\mathrm{d}\xi,$$

所以

$$|\varphi_1(x)-y_0|\leqslant\left|\int_{x_0}^{x}|f(\xi,y_0)|\,\mathrm{d}\xi\right|\leqslant M|x-x_0|.$$

由一次近似和二次近似的定义，并注意到定理满足利普希茨条件，就得到

$$\begin{aligned}|\varphi_2(x)-\varphi_1(x)|&\leqslant\left|\int_{x_0}^{x}|f(\xi,\varphi_1(\xi))-f(\xi,\varphi_0(\xi))|\,\mathrm{d}\xi\right|\\&\leqslant N\left|\int_{x_0}^{x}|\varphi_1(\xi)-\varphi_0(\xi)|\,\mathrm{d}\xi\right|\\&\leqslant MN\left|\int_{x_0}^{x}|\xi-x_0|\,\mathrm{d}\xi\right|=MN\frac{|x-x_0|^2}{2!}.\end{aligned}$$

下面用归纳法证明不等式

$$|\varphi_n(x)-\varphi_{n-1}(x)|\leqslant MN^{n-1}\frac{|x-x_0|^n}{n!}\tag{2.8}$$

对任一自然数 n 都成立.

我们上面已证明当 $n=1,2$ 时不等式成立.现假设对于自然数 n 不等式(2.8)成立，

下面证明不等式对$n+1$也成立.因为

$$\varphi_{n+1}(x)-\varphi_n(x)=\int_{x_0}^{x}[f(\xi,\varphi_n(\xi))-f(\xi,\varphi_{n-1}(\xi))]\,\mathrm{d}\xi.$$

由此,由归纳假设(2.8)有

$$\begin{aligned}|\varphi_{n+1}(x)-\varphi_n(x)| &\leqslant \left|\int_{x_0}^{x}|f(\xi,\varphi_n(\xi))-f(\xi,\varphi_{n-1}(\xi))|\,\mathrm{d}\xi\right|\\ &\leqslant N\left|\int_{x_0}^{x}|\varphi_n(\xi)-\varphi_{n-1}(\xi)|\,\mathrm{d}\xi\right|\\ &\leqslant MN^n\left|\int_{x_0}^{x}\frac{|\xi-x_0|^n}{n!}\mathrm{d}\xi\right|\\ &=MN^n\frac{|x-x_0|^{n+1}}{(n+1)!}.\end{aligned}$$

注意到$|x-x_0|\leqslant h_0$,易见级数(2.7)从第二项开始,每一项绝对值都小于正项级数

$$Mh_0+MN\frac{h_0^2}{2}+\cdots+MN^{n-1}\frac{h_0^n}{n!}+\cdots$$

的对应项,而上面这个正项级数显然是收敛的.所以,由优级数判别法,级数(2.7)在区间$[x_0-h_0,x_0+h_0]$上不仅收敛,而且一致收敛.设其和函数为$\varphi(x)$,从而近似序列$\{\varphi_n(x)\}$在区间$[x_0-h_0,x_0+h_0]$上一致收敛于$\varphi(x)$.由于$\{\varphi_n(x)\}$在区间$[x_0-h_0,x_0+h_0]$上连续,因而其一致收敛的极限函数$\varphi(x)$也是连续的.

3. 证明$\varphi(x)=\lim\limits_{n\to\infty}\varphi_n(x)$是积分方程(2.3)的解,从而也是初值问题(2.2)的解.

要对恒等式(2.6)两端取极限.为此,我们先利用利普希茨条件作下面估值:

$$\begin{aligned}&\left|\int_{x_0}^{x}f(\xi,\varphi_n(\xi))\,\mathrm{d}\xi-\int_{x_0}^{x}f(\xi,\varphi(\xi))\,\mathrm{d}\xi\right|\\ \leqslant&\left|\int_{x_0}^{x}|f(\xi,\varphi_n(\xi))-f(\xi,\varphi(\xi))|\,\mathrm{d}\xi\right|\\ \leqslant&N\left|\int_{x_0}^{x}|\varphi_n(\xi)-\varphi(\xi))|\,\mathrm{d}\xi\right|\\ \leqslant&Nh_0\max_{x_0-h_0\leqslant x\leqslant x_0+h_0}|\varphi_n(x)-\varphi(x)|.\end{aligned}$$

由于序列$\{\varphi_n(x)\}$在区间$[x_0-h_0,x_0+h_0]$上一致收敛,因此,对任给$\varepsilon>0$,存在自然数n_0,当$n\geqslant n_0$时,对区间$[x_0-h_0,x_0+h_0]$上所有x恒有

$$|\varphi_n(x)-\varphi(x)|<\varepsilon,$$

从而

$$\max_{x_0-h_0\leqslant x\leqslant x_0+h_0}|\varphi_n(x)-\varphi(x)|\leqslant\varepsilon,$$

由此推得

$$\left|\int_{x_0}^{x}f(\xi,\varphi_n(\xi))\,\mathrm{d}\xi-\int_{x_0}^{x}f(\xi,\varphi(\xi))\,\mathrm{d}\xi\right|\leqslant Nh_0\varepsilon,$$

换句话说,我们得到

$$\lim_{n\to\infty}\int_{x_0}^{x} f(\xi,\varphi_n(\xi))\,\mathrm{d}\xi=\int_{x_0}^{x} f(\xi,\varphi(\xi))\,\mathrm{d}\xi.$$

现在对恒等式(2.6)两端取极限,得到

$$\lim_{n\to\infty}\varphi_n(x)=y_0+\lim_{n\to\infty}\int_{x_0}^{x} f(\xi,\varphi_{n-1}(\xi))\,\mathrm{d}\xi,$$

即

$$\varphi(x)\equiv y_0+\int_{x_0}^{x} f(\xi,\varphi(\xi))\,\mathrm{d}\xi.$$

此即表明函数 $\varphi(x)$ 是(2.3)的解.至此定理的存在性部分证毕.

2.2.3　唯一性的证明

下面来证明解的唯一性.为此我们先介绍一个在微分方程中很有用的不等式,即贝尔曼(Bellman)不等式.

贝尔曼引理　设 $y(x)$ 为区间 $[a,b]$ 上非负的连续函数,$a\leqslant x_0\leqslant b$.若存在 $\delta\geqslant 0,k\geqslant 0$ 使得 $y(x)$ 满足不等式

$$y(x)\leqslant\delta+k\left|\int_{x_0}^{x} y(t)\,\mathrm{d}t\right|,x\in[a,b],\tag{2.9}$$

则有

$$y(x)\leqslant\delta\mathrm{e}^{k|x-x_0|},x\in[a,b].$$

证明　先证明 $x\geqslant x_0$ 的情形.

令 $R(x)=\int_{x_0}^{x} y(t)\,\mathrm{d}t$,于是从(2.9)式立即有

$$R'(x)-kR(x)\leqslant\delta.$$

上式两端同乘因子 $\mathrm{e}^{-k(x-x_0)}$,则有

$$\frac{\mathrm{d}}{\mathrm{d}x}[R(x)\mathrm{e}^{-k(x-x_0)}]\leqslant\delta\mathrm{e}^{-k(x-x_0)}.$$

上式两端从 x_0 到 x 积分,则有

$$kR(x)\mathrm{e}^{-k(x-x_0)}\leqslant\delta-\delta\mathrm{e}^{-k(x-x_0)},$$

即

$$\delta+kR(x)\leqslant\delta\mathrm{e}^{k(x-x_0)}.$$

由(2.9)知,$y(x)\leqslant\delta+kR(x)$,从而由上式得到

$$y(x)\leqslant\delta\mathrm{e}^{k|x-x_0|},x\geqslant x_0.$$

$x<x_0$ 的情形类似可证,引理证毕.

下面证明积分方程(2.3)解的唯一性.假设积分方程(2.3)除了解 $y_1(x)$ 之外,还另外有解 $y_2(x)$,我们下面要证明:在 $|x-x_0|\leqslant h_0$ 上,必有 $y_1(x)\equiv y_2(x)$.

事实上,因为

$$y_1(x)\equiv y_0+\int_{x_0}^{x} f(t,y_1(t))\,\mathrm{d}t$$

及

$$y_2(x)\equiv y_0+\int_{x_0}^{x} f(t,y_2(t))\,\mathrm{d}t,$$

将这两个恒等式作差,并利用利普希茨条件来估值,有

$$\begin{aligned}|y_1-y_2| &\leqslant \left|\int_{x_0}^{x}|f(t,y_1(t))-f(t,y_2(t))|\,\mathrm{d}t\right|\\ &\leqslant N\left|\int_{x_0}^{x}|y_1(t)-y_2(t)|\,\mathrm{d}t\right|.\end{aligned}$$

令 $y(x)=|y_1(x)-y_2(x)|$, $\delta=0$, $k=N$, 从而由贝尔曼引理可知,在 $|x-x_0|\leqslant h_0$ 上有 $y(x)=0$, 即 $y_1(x)\equiv y_2(x)$.

至此,初值问题(2.2)解的存在性与唯一性全部证完.

2.2.4 两点说明

为了加深对定理的理解,下面我们再作两点说明.

1. 存在唯一性定理不仅保证了初值解的存在性和唯一性,而且在证明中所采用的逐次逼近法在实际中也是求方程近似解的一种有效方法.在区间 $|x-x_0|\leqslant h_0$ 上,当用 n 次近似解来逼近精确解时,不难估计它的误差.事实上,有

$$\begin{aligned}|\varphi(x)-\varphi_n(x)| &\leqslant \sum_{k=n}^{\infty}|\varphi_{k+1}(x)-\varphi_k(x)|\\ &\leqslant \frac{M}{N}\sum_{k=n+1}^{\infty}\frac{N^k|x-x_0|^k}{k!}\\ &\leqslant \frac{M}{N}\sum_{k=n+1}^{\infty}\frac{N^k h_0^{\,k}}{k!}\\ &< \frac{M}{N}\frac{(Nh_0)^{n+1}}{(n+1)!}\sum_{k=0}^{\infty}\frac{N^k h_0^{\,k}}{k!}\\ &= \frac{M(Nh_0)^{n+1}}{N(n+1)!}\mathrm{e}^{Nh_0}.\end{aligned}$$

2. 如果方程(2.1)是线性方程,即

$$\frac{\mathrm{d}y}{\mathrm{d}x}=p(x)y+q(x),$$

其中 $p(x)$ 和 $q(x)$ 在区间 $[a,b]$ 上连续.我们不难验证,此时方程的右端函数关于 y 满足利普希茨条件,在这些条件下,利用定理 2.2 中的方法,可以证明对任意初值 (x_0,y_0), $x_0\in[a,b]$, $y_0\in(-\infty,+\infty)$, 线性方程满足 $y(x_0)=y_0$ 的解在整个区间 $[a,b]$ 上有定义.事实上,只要注意到逐次近似序列的一般项(2.6)

$$\varphi_n(x)=y_0+\int_{x_0}^{x}[p(\xi)\varphi_{n-1}(\xi)+q(\xi)]\,\mathrm{d}\xi$$

在区间 $[a,b]$ 上存在且连续即可.

由定理 2.2 知利普希茨条件是保证初值问题解唯一的充分条件,那么这个条件是否必要呢?下面的例子回答了这个问题.

例 1 试证方程

$$\frac{dy}{dx}=\begin{cases}0, & y=0,\\ y\ln|y|, & y\neq 0\end{cases}$$

经过 xOy 平面上任一点的解都是唯一的.

证明　右端函数除 x 轴外的上、下平面都满足定理 2.2 的条件,因此对于 Ox 轴外任何点 (x_0,y_0),该方程满足 $y(x_0)=y_0$ 的解都存在且唯一.于是,只有对于 Ox 轴上的点,还需要讨论其过这样点的解的唯一性.

我们注意到 $y=0$ 为方程的解.当 $y\neq 0$ 时,因为

$$\frac{dy}{dx}=y\ln|y|,$$

故可得通解为

$$y=\pm e^{Ce^x}.$$

$y=e^{Ce^x}$ 为上半平面的通解,$y=-e^{Ce^x}$ 为下半平面的通解.这些解不可能与 $y=0$ 相交.因此,对于 Ox 轴上的点 $(x_0,0)$,只有 $y=0$ 通过,从而保证了初值解的唯一性.

但是,我们有

$$|f(x,y)-f(x,0)|=\left|y\ln|y|\right|=\left|\ln|y|\right||y|.$$

因为 $\lim\limits_{y\to 0}\left|\ln|y|\right|=+\infty$,故不可能存在 $N>0$ 使得

$$|f(x,y)-f(x,0)|\leqslant N|y|,$$

从而方程右端函数在 $y=0$ 的任何邻域上不满足利普希茨条件,这个例子说明利普希茨条件不是保证初值解唯一的必要条件.

由佩亚诺定理,我们知道,只要方程(2.1)的右端函数 $f(x,y)$ 连续,初值问题的解就存在.但下面的例子表明:如果仅有方程(2.1)的右端函数 $f(x,y)$ 在 R 上连续,并不能保证初值问题(2.2)的解总是唯一的.

例 2　讨论方程

$$\frac{dy}{dx}=3y^{\frac{2}{3}}$$

解的唯一性.

解　方程的右端函数 $f(x,y)=3y^{\frac{2}{3}}$,在全平面上连续,当 $y\neq 0$ 时,用分离变量法可求得通解

$$y=(x+C)^3,$$

C 为任意常数.又 $y=0$ 是方程的一个特解,积分曲线如图2-7.

从图上可以看出,上半平面和下半平面上的解都是唯一的,只有通过 x 轴上任一点 $(x_0,0)$ 的积分曲线不是唯一的,记过该点的解为 $y=y(x)$,它可表为:对任意满足 $a\leqslant x_0\leqslant b$ 的 a 和 b,

$$y(x)=\begin{cases}(x-a)^3, & x<a,\\ 0, & a\leqslant x\leqslant b,\\ (x-b)^3, & x>b.\end{cases}$$

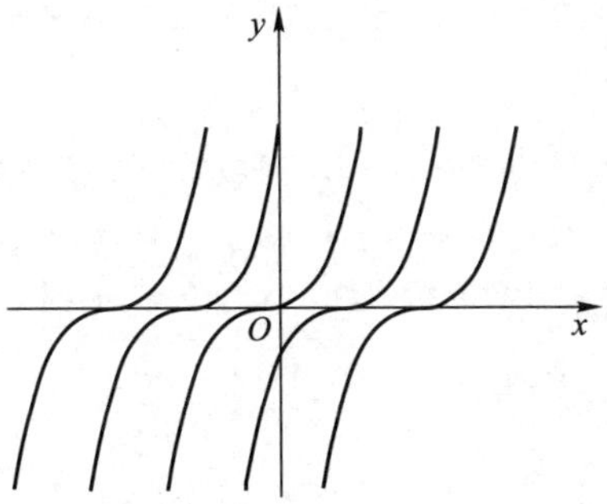

图 2-7

最后我们指出，初值解的唯一性是常微分方程理论研究中的基本问题，在历史上，许多学者对此问题进行过深入的研究，得到了许多深刻的结果.为了保证方程(2.1)的初值解的唯一性，有着比利普希茨条件更弱的条件.文献[8]对初值解的唯一性的研究结果作了比较系统的总结，对各种不同的判据作了分析比较.从文献[8]可以看出，已有的判据都是充分性判据，都有一定的适用范围，一个自然问题是能否给出保证初值解唯一的充要条件？文献[8]研究了初值问题(2.2)当右端函数$f(x,y)$不显含x的情形，建立了初值解唯一的充要条件.对于更一般的情形，这仍然是一个公开问题.直到现在，初值解的唯一性问题仍是一个值得研究的课题.

习 题 2.2

1. 试判断方程$\frac{dy}{dx}=x\tan y$在区域

(1) $R_1:-1\leqslant x\leqslant 1,0\leqslant y\leqslant \pi$;

(2) $R_2:-1\leqslant x\leqslant 1,-\frac{\pi}{4}\leqslant y\leqslant \frac{\pi}{4}$

上是否满足定理 2.2 的条件.

2. 判断下列方程在什么样的区域上保证初值解存在且唯一:

(1) $y'=x^2+y^2$;　　(2) $y'=x+\sin y$;

(3) $y'=x^{-\frac{1}{3}}$;　　(4) $y'=\sqrt{|y|}$.

3. 讨论方程$\frac{dy}{dx}=\frac{3}{2}y^{\frac{1}{3}}$在什么样的区域中满足定理 2.2 的条件，并求通过(0,0)的一切解.

4. 试用逐次逼近法求方程$\frac{dy}{dx}=x-y^2$ 满足初值条件 $y(0)=0$ 的近似解:

$$\varphi_0(x),\varphi_1(x),\varphi_2(x),\varphi_3(x).$$

5. 利用逐次逼近法求方程$\frac{dy}{dx}=y^2-x^2$ 适合初值条件 $y(0)=1$ 的近似解:

$$\varphi_0(x),\varphi_1(x),\varphi_2(x).$$

6. 试证明定理 2.2 中的 n 次近似解 $\varphi_n(x)$ 与精确解 $\varphi(x)$ 有如下的误差估计式:

$$|\varphi_n(x)-\varphi(x)|\leqslant\frac{MN^n}{(n+1)!}|x-x_0|^{n+1}.$$

7. 求初值问题$\frac{dy}{dx}=x+y+1,y(0)=0$的皮卡逐次逼近序列，并通过求逼近序列的极限求出初值问题的解.

8. 在条形区域$a\leqslant x\leqslant b$，$|y|<+\infty$上，假设方程(2.1)的所有解都唯一，对其中任意两个解$y_1(x),y_2(x)$，如果有$y_1(x_0)<y_2(x_0)$，则必有$y_1(x)<y_2(x),x_0\leqslant x\leqslant b$.

9. 设$y(x),g(x)$为$[a,b]$上的非负连续函数，$f(x)\geqslant 0$在$[a,b]$上可积.若

$$y(x)\leqslant g(x)+\int_a^x f(s)y(s)\mathrm{d}s,x\in[a,b],$$

则

$$y(x)\leqslant g(x)+\int_a^x f(s)g(s)\exp\left\{\int_s^x f(\tau)\mathrm{d}\tau\right\}\mathrm{d}s,x\in[a,b].$$

进而，若$g(x)$还是单调非减函数，则有

$$y(x)\leqslant g(x)\exp\left\{\int_a^x f(s)\mathrm{d}s\right\},x\in[a,b].$$

2.3 解的延展

2.3.1 延展解、不可延展解的定义

定义 2.1 设$y=\varphi_1(x)$是初值问题(2.2)在区间$I_1\subset\mathbf{R}$上的一个解，如果(2.2)还有一个在区间$I_2\subset\mathbf{R}$上的解$y=\varphi_2(x)$，且满足

(1) $I_1\subset I_2$且I_1是I_2的真子区间，

(2) 当$x\in I_1$时，$\varphi_1(x)\equiv\varphi_2(x)$，

则称解$y=\varphi_1(x),x\in I_1$是**可延展**的，并称$\varphi_2(x)$是$\varphi_1(x)$在I_2上的一个**延展解**.否则，如果不存在满足上述条件的解$\varphi_2(x)$，则称$\varphi_1(x),x\in I_1$是初值问题(2.2)的一个**不可延展解**（亦称**饱和解**）.这里区间I_1和I_2可以是开的也可以是闭的.

2.3.2 不可延展解的存在性

定义 2.2 设$f(x,y)$定义在开区域$D\subseteq\mathbf{R}^2$内，如果对于D内任一点(x_0,y_0)，都存在以(x_0,y_0)为中心的，完全属于D的闭矩形域R，使得在R上$f(x,y)$关于y满足利普希茨条件，对于不同的点，闭矩形域R的大小以及常数N可以不同，则称$f(x,y)$在D内关于y满足**局部利普希茨条件**.

由存在唯一性定理，当方程(2.1)的右端函数$f(x,y)$在R上满足存在唯一性定理的条件时，初值问题(2.2)的解在区间$|x-x_0|\leqslant h_0$上存在且唯一.但是，这个定理的结果是局部的，也就是说，解的存在区间是“很小”的.然而$f(x,y)$存在区域D可能比矩形R大得多.在实际应用中，人们也希望解的存在区间大一点.这一节就是用延展的方法来尽量扩大解的存在区间，把定理2.2的结果由局部的变成大范围的.

假定方程(2.1)的右端函数$f(x,y)$在xOy平面的某一区域D内连续且对变量y满

足局部利普希茨条件.于是在这个区域 D 内,总可以取一个以点 $P_0(x_0,y_0)$ 为中心的矩形域 R,使得在其上定理 2.2 条件成立.于是在区间

$$I: x_0-h_0 \leqslant x \leqslant x_0+h_0$$

上,初值问题(2.2)的解 $y=\varphi(x)$ 存在且唯一(图 2-8).

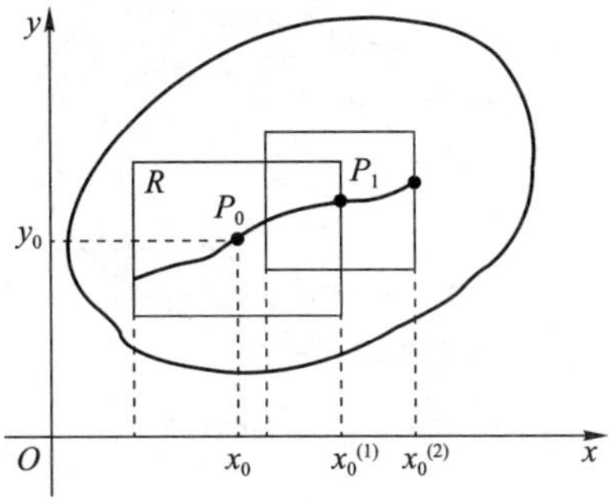

图 2-8

设 $x_0^{(1)}=x_0+h_0, \varphi(x_0+h_0)=y_0^{(1)}$ 时(图 2-8),坐标为 $(x_0^{(1)},y_0^{(1)})$ 的点 P_1 属于矩形 R,从而必定是 D 中的点.那么又必定可以作以点 P_1 为中心的矩形 $R_1: |x-x_0^{(1)}| \leqslant a_1$, $|y-y_0^{(1)}| \leqslant b_1$,使得 $R_1 \subset D$.用 M_1 表示 $|f(x,y)|$ 在矩形 R_1 内的最大值,并以 $(x_0^{(1)},y_0^{(1)})$ 为初始点,经过与定理 2.2 同样的讨论,可以断定在区间

$$I_1: x_0^{(1)}-h_1 \leqslant x \leqslant x_0^{(1)}+h_1$$

上,即区间 $x_0+h_0-h_1 \leqslant x \leqslant x_0+h_0+h_1$ 上,方程(2.1)以 $(x_0^{(1)},y_0^{(1)})$ 为初值的解 $y=\varphi_1(x)$ 存在,其中 $h_1=\min\left(a_1,\dfrac{b_1}{M_1}\right)$;区间 I_1 的中心与区间 I 的右端点重合,且当 $x=x_0^{(1)}$ 时, $\varphi(x_0+h_0)=y_0^{(1)}=\varphi_1(x_0^{(1)})$.由解的唯一性,这两个解在它们的公共存在区间上恒等.显然区间 I 是区间 $I\cup I_1$ 的真子区间.这样我们就把原来定义在区间 I 上的解,延展到区间 $I\cup I_1$ 上.这样的过程可以继续下去.类似的方法也可以将 $y=\varphi(x)$ 向左延展.形成一个逐次延展解构成的集合.可以用佐恩(Zorn)引理证明这个集合存在极大元.显然这个极大元就是所求的不可延展解.

这说明,由存在唯一性定理所保证的每一个局部存在的初值解,都可以唯一地延展成为饱和解.显然,饱和解的存在区间必为开集.否则,它就可以继续延展.

2.3.3 不可延展解的性质

定理 2.3 如果方程(2.1)的右端函数 $f(x,y)$ 在区域 $D\subset \mathbf{R}^2$ 上连续,且对 y 满足局部利普希茨条件,则对任何一点 $(x_0,y_0)\in D$,方程(2.1)的以 (x_0,y_0) 为初值的解 $\varphi(x)$ 可以向左右延展,直到 $(x,\varphi(x))$ 任意接近区域 D 的边界.

在证明之前,先对"$(x,\varphi(x))$ 任意接近区域 D 的边界"的含义解释一下.这句话是说:当区域 D 有界时,积分曲线向左右延展可以任意接近区域 D 的边界;当区域 D 无界时,积分曲线向左右延展,或者任意接近 D 的边界(如果有的话),或者无限远离.

证明　先证区域 D 有界的情况.设区域 D 的边界为 $L=\overline{D}-D$（$\overline{D}$ 为 D 的闭包）.对于任意给定的正数 ε，记 L 的 ε 邻域为 U_ε.于是，集合 $D_{\varepsilon/2}=\overline{D}-U_{\varepsilon/2}$ 为一闭集.易知，$D_{\varepsilon/2}\subset D$，且 $D_{\varepsilon/2}$ 有界（图 2-9）.

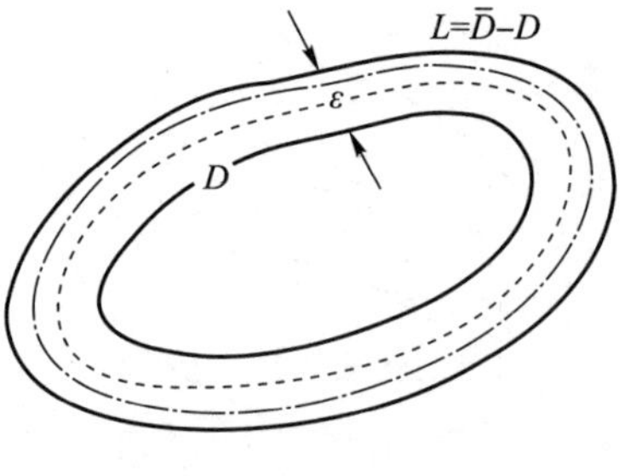

图 2-9

只要能够证明曲线 $y=\varphi(x)$ 可以到达 $D_{\varepsilon/2}$ 的边界 $L_{\varepsilon/2}$，由 $\varepsilon>0$ 的任意性，也就证明了积分曲线 $y=\varphi(x)$ 可以任意接近 D 的边界 L 了.

事实上，以 $D_{\varepsilon/2}$ 中的任意一点为中心，以 $\dfrac{\varepsilon}{4}$ 为半径的闭圆域均在区域 D 之内，且在闭区域 $D_{\varepsilon/4}=\overline{D}-U_{\varepsilon/4}$ 之内.从而，以 $D_{\varepsilon/2}$ 中的任意一点为中心，以 $a_1=\dfrac{\sqrt{2}\varepsilon}{4}$ 为边长的正方形也应该在 $D_{\varepsilon/4}$ 之内.记

$$M_1=\max_{(x,y)\in D_{\varepsilon/4}}|f(x,y)|,$$

则过 $D_{\varepsilon/2}$ 的任意一点 (x^*,y^*) 的积分曲线，必至少可在区间 $|x-x^*|\leqslant h$ 上存在，其中

$$h=\min\left(\frac{a_1}{2},\frac{a_1}{2M_1}\right)=\min\left(\frac{\sqrt{2}\varepsilon}{8},\frac{\sqrt{2}\varepsilon}{8M_1}\right).$$

于是，过点 (x_0,y_0) 的积分曲线 $y=\varphi(x)$ 每向右或向左延展一次，其存在区间就伸长一个确定的正数 h，由于 $D_{\varepsilon/2}$ 有界，$y=\varphi(x)$ 经过有限次延展后一定可以达到 $D_{\varepsilon/2}$ 的边界 $L_{\varepsilon/2}$.于是命题得证.

其次考虑区域 D 为无界的情况.这时我们考虑 D 与闭圆域

$$S_n:\{(x,y)\mid x^2+y^2\leqslant n^2,n=1,2,\cdots\}$$

的交集 $D_n=D\cap S_n$.D_n 的边界上的点，或者是 D 的边界上的点，或者是 S_n 圆周上的点.同时有 $D=\bigcup\limits_{n=1}^{\infty}D_n$.根据前面的论证，过 D_n 内任一点的积分曲线能够任意接近 D_n 的边界. 于是，过点 (x_0,y_0) 的积分曲线 $y=\varphi(x)$，或者保持在某个圆域 S_n 之内延展而无限接近 D 的边界，或者可以越出任意大的圆域 S_n 而无限远离.定理证毕.

例 1　试讨论方程 $\dfrac{\mathrm{d}y}{\mathrm{d}x}=y^2$ 通过点 $(1,1)$ 的解和通过点 $(3,-1)$ 的解的存在区间.

解　此时区域 D 是整个平面.方程右端函数满足延展定理的条件.容易算出，方程

的通解是

$$y=\frac{1}{C-x},$$

故通过点(1,1)的积分曲线为

$$y=\frac{1}{2-x},$$

它向左可无限延展,而当 $x\to 2-0$ 时,$y\to+\infty$,所以,其存在区间为$(-\infty,2)$,参看图 2-10.

通过点(3,-1)的积分曲线为

$$y=\frac{1}{2-x},$$

它向左不能无限延展,因为当 $x\to 2+0$ 时,$y\to-\infty$,所以其存在区间为$(2,+\infty)$.

顺便指出:这个方程只有解 $y=0$ 可以向左右两个方向无限延展.

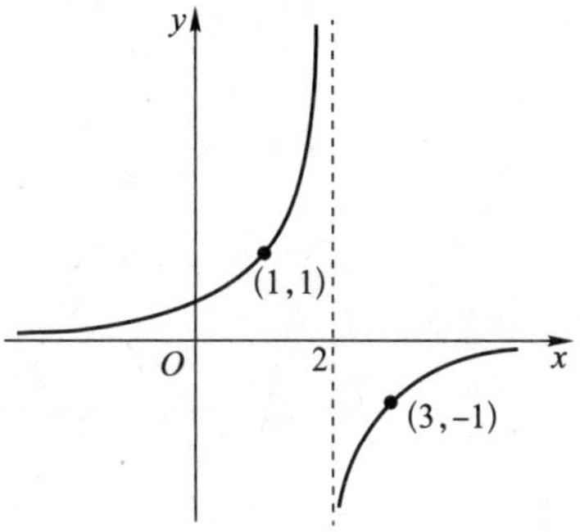

图 2-10

这个例子说明,尽管 $f(x,y)$ 在整个平面满足延展定理条件,解上的点能任意接近区域 D 的边界,但方程的解的定义区间却不能延展到整个数轴上去.

例 2 讨论方程

$$\frac{dy}{dx}=-\frac{1}{x^2}\cos\frac{1}{x}$$

解的存在区间.

解 方程右端函数在无界区域

$$D_1=\{(x,y)\mid x>0,-\infty<y<+\infty\}$$

内连续,且对 y 满足利普希茨条件,其通解为

$$y=\sin\frac{1}{x}+C,0<x<+\infty.$$

过 D_1 内任一点(x_0,y_0)的初值解

$$y=\sin\frac{1}{x}+y_0-\sin\frac{1}{x_0}$$

在$(0,+\infty)$内有定义,且当 $x\to 0+$时,该积分曲线上的点无限接近 D_1 的边界线 $x=0$,但不趋向其上任一点(图 2-11).在区域 $D_2=\{(x,y)\mid x<0,-\infty<y<+\infty\}$内的讨论是类似的.

延展定理是常微分方程中一个重要定理.它能帮助我们确定解的最大存在区间.从推论和上面的例子可以看出,方程的解的最大存在区间是因解而异的.

例 3 考虑方程

$$\frac{dy}{dx}=(y^2-a^2)f(x,y).$$

假设 $f(x,y)$ 及 $f'(x,y)$ 在 xOy 平面上连续,试证明:对于任意 x_0 及 $|y_0|<a$,方程满足 $y(x_0)=y_0$ 的解都在 $(-\infty,+\infty)$ 内存在.

证明 根据题设,可以证明方程右端函数在整个 xOy 平面上满足延展定理及存在唯一性定理的条件.易于看到,$y=\pm a$ 为方程在 $(-\infty,+\infty)$ 内的解.由延展定理可知,满足 $y(x_0)=y_0$,x_0 任意,$|y_0|<a$ 的解 $y=y(x)$ 上的点应当无限远离原点,但是,由解的唯一性,$y=y(x)$ 又不能穿过直线 $y=\pm a$,故只能向两侧延展,而无限远离原点,从而这解应在 $(-\infty,+\infty)$ 内存在(图2-12).

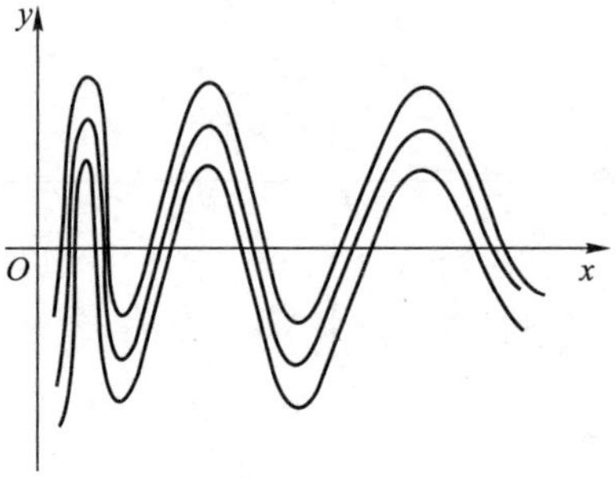

图 2-11

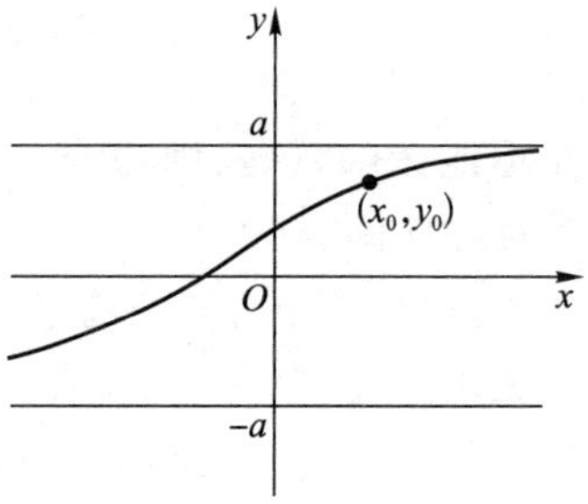

图 2-12

2.3.4 比较定理

在解决许多问题时,我们经常将延展定理和比较定理配合使用.下面就来介绍比较定理.

我们在考察方程

$$\frac{dy}{dx}=f(x,y) \tag{2.1}$$

之外,还同时考察方程

$$\frac{dy}{dx}=F(x,y). \qquad (2.1)'$$

我们有如下的定理.

定理 2.4(第一比较定理) 设定义在某个区域 D 上的函数 $f(x,y)$ 和 $F(x,y)$ 满足条件:

(1) 在 D 上满足存在唯一性定理条件,

(2) 在 D 上有不等式

$$f(x,y)<F(x,y).$$

设方程(2.1)和方程(2.1)′满足相同初值条件 $y(x_0)=y_0$ 的初值解分别为 $y=\varphi(x)$ 和 $y=\Phi(x)$,则在它们的共同存在区间上有下列不等式:

$$\varphi(x)<\Phi(x),当\ x>x_0\ 时,$$
$$\varphi(x)>\Phi(x),当\ x<x_0\ 时.$$

证明 由条件(1),根据存在唯一性定理,方程(2.1)和(2.1)'的满足初值条件 $y(x_0)=y_0$ 的解在 x_0 的某一邻域内存在且唯一,它们满足 $\varphi(x_0)=\Phi(x_0)=y_0$.

构造辅助函数 $z(x)=\Phi(x)-\varphi(x)$.因为

$$z(x_0)=\Phi(x_0)-\varphi(x_0)=0,$$

$$z'(x_0)=\Phi'(x_0)-\varphi'(x_0)=F(x_0,\Phi(x_0))-f(x_0,\varphi(x_0))>0,$$

所以函数 $z(x)$ 在 x_0 的某一右邻域内是严格增加的,故在 x_0 的这一右邻域内为正.如果不等式 $z(x)>0$ 不是对所有的 $x>x_0$ 成立,则至少存在一点 $x_1>x_0$ 使得 $z(x_1)=0$,且当 $x_0<x<x_1$ 时,$z(x)>0$,因此在点 x_1 处应有

$$z'(x_1)=\Phi'(x_1)-\varphi'(x_1)=F(x_1,\Phi(x_1))-f(x_1,\varphi(x_1))\leqslant 0.$$

但这是不可能的.因为 $z(x_1)=\Phi(x_1)-\varphi(x_1)=0$,所以由条件(2)有

$$F(x_1,\Phi(x_1))-f(x_1,\varphi(x_1))>0,$$

矛盾.因此当 $x>x_0$ 时恒有 $z(x)>0$(只要 $z(x)$ 存在),即 $\varphi(x)<\Phi(x)$.当 $x<x_0$ 时,同理可证 $\varphi(x)>\Phi(x)$.定理证毕.

下面我们不加证明地给出第二比较定理.

定理 2.5(第二比较定理) 设定义在某个区域 D 上的函数 $f(x,y)$ 和 $F(x,y)$ 满足条件:

(1) 在 D 上满足存在唯一性定理条件,

(2) 在 D 上有不等式

$$f(x,y)\leqslant F(x,y).$$

设方程(2.1)和方程(2.1)'满足相同初值条件 $y(x_0)=y_0$ 的初值解分别为 $y=\varphi(x)$ 和 $y=\Phi(x)$,则在它们的共同存在区间上有下列不等式:

$$\varphi(x)\leqslant\Phi(x),\text{当 } x>x_0 \text{ 时},$$

$$\varphi(x)\geqslant\Phi(x),\text{当 } x<x_0 \text{ 时}.$$

习 题 2.3

1. 试证明:对任意的 x_0 及满足条件 $0<y_0<1$ 的 y_0,方程 $\dfrac{dy}{dx}=\dfrac{y(y-1)}{1+x^2+y^2}$ 的满足条件 $y(x_0)=y_0$ 的解 $y=y(x)$ 在 $(-\infty,+\infty)$ 内存在.

2. 指出方程 $\dfrac{dy}{dx}=(1-y^2)e^{xy^2}$ 的每一个解的最大存在区间,以及当 x 趋于这个区间的右端点时解的性状.

3. 设 $f(x,y)$ 在整个平面上连续有界,对 y 有连续偏导数,试证明方程 $\dfrac{dy}{dx}=f(x,y)$ 的任一解 $y=\varphi(x)$ 在区间 $(-\infty,+\infty)$ 内有定义.

4. 讨论方程 $\dfrac{dy}{dx}=\dfrac{y^2-1}{2}$ 的通过点 $(0,0)$ 的解,以及通过点 $(\ln 2,-3)$ 的解的存在区间.

5. 在方程

$$\frac{dy}{dx}=f(y)$$

中，如果$f(y)$在$(-\infty,+\infty)$内连续可微，且

$$yf(y)<0 \quad (y\neq 0).$$

求证方程满足$y(x_0)=y_0$的解$y(x)$在区间$[x_0,+\infty)$上存在，且有$\lim\limits_{x\to+\infty}y(x)=0$.

6. 设$f(x)$，$\varphi'(y)$在$(-\infty,+\infty)$内连续且$\varphi(\pm1)=0$，则对任意的x_0和$|y_0|\leqslant 1$，方程$\frac{dy}{dx}=f(x)\varphi(y)$满足$y(x_0)=y_0$的解$y(x)$的存在区间为$(-\infty,+\infty)$.

7. 设$f(x,y)$在$(\alpha,\beta)\times(-\infty,+\infty)$上连续，$a(x)$和$b(x)$在$(\alpha,\beta)$上非负连续，且满足

$$|f(x,y)|\leqslant a(x)|y|+b(x),$$

则$\frac{dy}{dx}=f(x,y)$的任一解的最大存在区间均为(α,β).

2.4 奇解与包络

本节讨论常微分方程的奇解以及奇解的求法.

2.4.1 奇解

在2.2节的例2中，我们已经看到方程$\frac{dy}{dx}=3y^{\frac{2}{3}}$的通解是$y=(x+C)^3$，还有一解$y=0$.除解$y=0$外，其余解都满足唯一性，只有解$y=0$所对应的积分曲线上的点的唯一性被破坏.这样的解在许多方程中存在.

例1 求方程

$$\frac{dy}{dx}=\sqrt{1-y^2}$$

的所有解.

解 该方程的通解是

$$y=\sin(x+C),$$

此外还有两个特解$y=1$和$y=-1$.由于该方程右端函数的根号前只取+号，故积分曲线如图2-13所示.显然解$y=1$和$y=-1$所对应的积分曲线上的每一点，解的唯一性均被破坏.

本节主要讨论一阶隐式方程

$$F(x,y,y')=0 \tag{1.8}$$

和一阶显式方程

$$\frac{dy}{dx}=f(x,y) \tag{2.1}$$

的解的唯一性受到破坏的情形，显然这样的解只能存在于方程不满足解的存在唯一性定理条件的区域内.对于方程(2.1)，由定理2.2，这样的区域可用$\frac{\partial f}{\partial y}$无界去检验，而对于

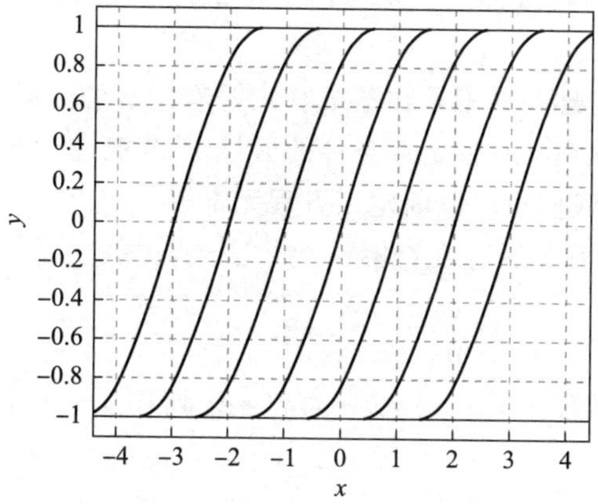

图 2-13

隐式方程(1.8),一般来说,若能解出几个显式方程

$$\frac{dy}{dx}=f_i(x,y), \quad i=1,2,\cdots,k,$$

那么对每一个方程,应用定理 2.2 即可.

其次对于方程(1.8),如果函数 $F(x,y,y')$ 对所有变量连续且有连续偏导数,并且在 (x_0,y_0,y_0') 的邻域内有

$$\begin{cases}F(x_0,y_0,y_0')=0,\\ F'_{y'}(x_0,y_0,y_0')\neq 0\end{cases}$$

成立,那么应用数学分析中的隐函数定理,可解得

$$y'=f(x,y),$$

其中函数 $f(x,y)$ 是连续的且有连续偏导数,特别有

$$\frac{\partial f}{\partial y}=-\frac{F'_y}{F'_{y'}}.$$

这样一来,对方程(1.8)初值解的存在唯一性定理的条件也就清楚了,因此,我们可以就方程(1.8)或(2.1)给出奇解的定义.

定义 2.3 如果方程存在某一解,在它所对应的积分曲线上每点处,解的唯一性都被破坏,则称此解为微分方程的**奇解**.奇解对应的积分曲线称为**奇积分曲线**.

由上述定义,可见 2.2 节例 2 中的解 $y=0$ 是方程 $\frac{dy}{dx}=3y^{\frac{2}{3}}$ 的奇解,而本节例 1 中的解 $y=1$ 和 $y=-1$ 是方程 $\frac{dy}{dx}=\sqrt{1-y^2}$ 的奇解.

无论在理论上还是在实际应用中,奇解都有重要意义. 对于奇解, 我们需要解决两个问题: 奇解是否存在以及如何求奇解.

2.4.2 不存在奇解的判别法

假设方程(2.1)的右端函数 $f(x,y)$ 在区域 $D\subseteq\mathbf{R}^2$ 上有定义,如果 $f(x,y)$ 在 D 上连

续且$f'_y(x,y)$在D上有界(或连续),那么由定理2.2,方程的任一解是唯一的,从而在D内一定不存在奇解.

如果存在唯一性定理条件不是在整个$f(x,y)$有定义的区域D内成立,那么奇解只能存在于不满足解的存在唯一性定理条件的区域上.若能进一步表明在这样的区域上不存在方程的解,那么我们也可以断定该方程无奇解.

例 2　判断下列方程是否存在奇解:

(1) $\dfrac{dy}{dx}=x^2+y^2$;　　　(2) $\dfrac{dy}{dx}=\sqrt{y-x}+2$.

解　(1) 方程右端函数$f(x,y)=x^2+y^2$,$f'_y=2y$均在全平面上连续,故方程(1)在全平面上无奇解.

(2) 方程右端函数$f(x,y)=\sqrt{y-x}+2$在区域$y\geqslant x$上有定义且连续,$f'_y=\dfrac{1}{2}\dfrac{1}{\sqrt{y-x}}$在$y>x$上有定义且连续,故不满足解的存在唯一性定理条件的点集只有$y=x$,即若方程(2)有奇解必定是$y=x$,然而$y=x$不是方程的解,从而方程(2)无奇解.

2.4.3　包络线及奇解的求法

下面,我们从几何的角度给出一个由一阶方程(2.1)的通积分$\Phi(x,y,C)=0$求其奇解的方法.

当任意常数C变化时,通积分$\Phi(x,y,C)=0$给出了一个单参数曲线族(C),其中C为参数,我们来定义(C)的包络线.

定义 2.4　设给定单参数曲线族

$$(C):\Phi(x,y,C)=0,\tag{2.10}$$

其中C为参数,Φ对所有变量连续可微.如果存在连续可微曲线L,在其上任一点均有(C)中某一曲线与之相切,且在L上不同点,L与(C)中不同曲线相切,那么称此曲线L为曲线族(C)的**包络线**或简称**包络**.见图2-14.

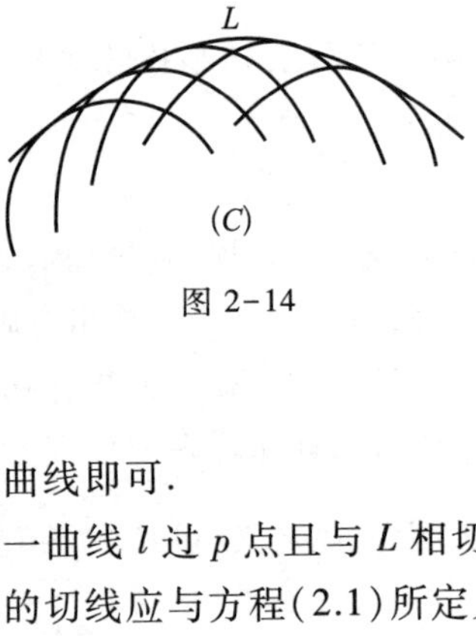

图 2-14

定理 2.6　方程(2.1)的积分曲线族(C)的包络线L是(2.1)的奇积分曲线.

证明　只需证明(C)的包络线L是方程(2.1)的积分曲线即可.

设$p(x,y)$为L上任一点,由包络线定义,必有(C)中一曲线l过p点且与L相切,即l与L在p点有公共切线.由于l是积分曲线,它在p点的切线应与方程(2.1)所定义的线素场在该点的方向一致,所以L在p点的切线也就与方程(2.1)在该点的方向一致了.这就表明L在其上任一点的切线与方程(2.1)的线素场的方向一致,从而L是(2.1)的积分曲线.证毕.

有了这个定理之后,求方程(2.1)的奇解问题就化为求(2.1)的积分曲线族的包络线的问题了.下面我们给出曲线族包络线的求法.

定理 2.7　若L是曲线族(2.10)的包络线,则它满足如下的C-判别式

$$\begin{cases}\Phi(x,y,C)=0,\\ \Phi'_C(x,y,C)=0.\end{cases}\tag{2.11}$$

反之,若从(2.11)解得连续可微曲线 $\Gamma: x=\varphi(C), y=\psi(C)$ 且满足非退化条件:

$$\varphi'^2(C)+\psi'^2(C)\neq 0$$

和

$$\Phi'^2_x(\varphi(C),\psi(C),C)+\Phi'^2_y(\varphi(C),\psi(C),C)\neq 0,$$

则 Γ 是曲线族的包络线.

证明 在 L 上任取一点 $p(x,y)$,由包络线定义,有(C)中一条曲线 l 在 p 点与 L 相切,设 l 所对应的参数为 C,故 L 上的点坐标 x 和 y 均是 C 的连续可微函数,设为

$$x=x(C), y=y(C).$$

又因为 $p(x,y)$ 在 l 上,故有恒等式

$$\Phi(x(C),y(C),C)=0.\tag{2.12}$$

L 在 p 点的切线斜率为

$$k_L=\frac{y'(C)}{x'(C)},$$

l 在 p 点的切线斜率为

$$k_l=-\frac{\Phi'_x(x(C),y(C),C)}{\Phi'_y(x(C),y(C),C)}.$$

因为 l 与 L 在 p 点相切,故有 $k_L=k_l$,即有关系式

$$\Phi'_x(x(C),y(C),C)x'(C)+\Phi'_y(x(C),y(C),C)y'(C)=0.\tag{2.13}$$

另一方面,在(2.12)式两端对 C 求导得

$$\Phi'_x(x(C),y(C),C)x'(C)+\Phi'_y(x(C),y(C),C)y'(C)+$$
$$\Phi'_C(x(C),y(C),C)=0,$$

此式与(2.13)比较,无论是在 $x'(C),y'(C)$ 和 Φ'_x,Φ'_y 同时为零还是不同时为零的情况下,均有下式

$$\Phi'_C(x(C),y(C),C)=0\tag{2.14}$$

成立.即包络线满足 C-判别式(2.11).

反之,在 Γ 上任取一点 $q(C)=(\varphi(C),\psi(C))$,则有

$$\begin{cases}\Phi(\varphi(C),\psi(C),C)=0,\\ \Phi'_C(\varphi(C),\psi(C),C)=0\end{cases}\tag{2.15}$$

成立.

因为 Φ'_x,Φ'_y 不同时为零,所以对(2.10)在 q 点利用隐函数定理可确定一条连续可微曲线 $\gamma: y=h(x)$(或 $x=k(y)$),它在 q 点的斜率为

$$k_\gamma=-\frac{\Phi'_x(\varphi(C),\psi(C),C)}{\Phi'_y(\varphi(C),\psi(C),C)}.\tag{2.16}$$

另一方面,Γ 在 q 点的斜率为

$$k_\Gamma=\frac{\psi'(C)}{\varphi'(C)}.\tag{2.17}$$

现在,由(2.15)的第一式对 C 求导得

$$\Phi'_x(\varphi(C),\psi(C),C)\varphi'(C)+\Phi'_y(\varphi(C),\psi(C),C)\psi'(C)+\Phi'_C(\varphi(C),\psi(C),C)=0,$$

再利用(2.15)的第二式推出

$$\Phi'_x(\varphi(C),\psi(C),C)\varphi'(C)+\Phi'_y(\varphi(C),\psi(C),C)\psi'(C)=0. \qquad (2.18)$$

因为 $\varphi'(C),\psi'(C)$ 和 Φ'_x,Φ'_y 分别不同时为零,所以,由(2.18)、(2.17)和(2.16)推出 $k_\gamma=k_\Gamma$,即曲线族(2.10)中有曲线 γ 在 q 点与曲线 Γ 相切.因此,Γ 是曲线族(2.10)的包络线.

例 3　求 $\dfrac{dy}{dx}=3y^{\frac{2}{3}}$ 的奇解.

解　在 2.2 节已解得方程通解为 $y=(x+C)^3$,由 C-判别式

$$\begin{cases}y=(x+C)^3,\\0=3(x+C)^2\end{cases}$$

解得 $x=-C,y=0$.由于 $\Phi'_y=1\neq0,\varphi'(C)=-1\neq0$,所以 $y=0$ 为原方程的奇解.

例 4　求方程

$$\frac{dy}{dx}=\sqrt{1-y^2}$$

的奇解.

解　由本节例 1 知,该方程的通解为 $y=\sin(x+C)$,由 C-判别式

$$\begin{cases}y=\sin(x+C),\\0=\cos(x+C)\end{cases}$$

的第二式解出

$$x=-C+k\pi+\frac{\pi}{2},k=0,\pm1,\pm2,\cdots.$$

代入第一式,得到 $y=\pm1$.因为 $\Phi'_y=1\neq0,\varphi'(C)=-1\neq0$,故$y=\pm1$为方程的奇解.

例 5　求克莱罗方程

$$y=xy'+\xi(y')$$

的奇解,其中 ξ 是二次可微函数且 $\xi''\neq0$.

解　由 1.6 节的例 2 可知该方程的通解为

$$y=Cx+\xi(C),$$

C-判别式为

$$\begin{cases}y=Cx+\xi(C),\\0=x+\xi'(C).\end{cases} \qquad (2.19)$$

由此解得

$$\begin{cases}y=-C\xi'(C)+\xi(C)=\psi(C),\\x=-\xi'(C)=\varphi(C).\end{cases}$$

因为 $\Phi'_y=1\neq0,\varphi'(C)=-\xi''(C)\neq0$,故由(2.19)所确定的曲线必定是克莱罗方程的奇解,即克莱罗方程总有奇解.

例 6 求曲线,使其每一点的切线与两坐标轴所围成的三角形的面积均等于 2(图 2-15).

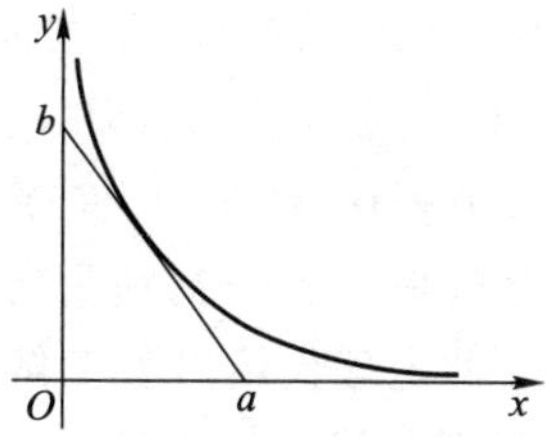

图 2-15

解 首先,由解析几何知识可知,凡满足 $|ab|=4$ 的直线

$$\frac{x}{a}+\frac{y}{b}=1$$

都是所求曲线.但除此之外,是否还有其他的曲线呢?

设(x,y)为所求曲线上的点,(X,Y)为其切线上的点,则过(x,y)的切线方程为$Y-y=y'(X-x)$.显然 $a=x-\dfrac{y}{y'}$,$b=y-xy'$,此处 a 与 b 分别为切线在 Ox 轴与 Oy 轴上的截距.

当 $ab>0$ 时有 $\left(x-\dfrac{y}{y'}\right)(y-xy')=4$ 或 $(xy'-y)^2=-4y'$,解出 y,得到克莱罗方程 $y=xy'\pm2\sqrt{-y'}$.其通解为 $y=Cx\pm2\sqrt{-C}\quad(C<0)$.易于验证它们恰为前面所指出的直线族.

此外,还有奇解,它由对应于(2.19)的方程组

$$\begin{cases}y=Cx\pm2\sqrt{-C},\\ x\mp\dfrac{1}{\sqrt{-C}}=0\end{cases}$$

所确定,解上述方程组得到

$$\begin{cases}x=\pm\dfrac{1}{\sqrt{-C}},\\ y=\pm\sqrt{-C}.\end{cases}$$

消去 C,得到双曲线 $xy=1$.它就是所求的曲线.

当 $ab<0$ 时,可求得直线族

$$y=Cx\pm2\sqrt{C}\quad(C>0).$$

同时,还有由方程组

$$\begin{cases}y=Cx\pm2\sqrt{C},\\ x\pm\dfrac{1}{\sqrt{C}}=0\end{cases}$$

所确定的曲线,消去参数 C,得双曲线 $xy=-1$.它也是所求的曲线.事实上,只有双曲线 $xy=\pm1$ 才是“真正的”所求的曲线.

定理 2.7 在应用中有一定的局限性,只有已知方程的积分曲线族(通解或通积分)时,才能用此法求奇解,但在很多情况下,这并非易事.下面考虑隐式方程的奇解问题,给出一种直接从方程出发求奇解的方法——p-判别法.

定理 2.8 设函数 $F(x,y,p)$,F'_y和 F'_p对$(x,y,p)\in G$ 连续.若函数 $y=\varphi(x)$,$x\in I$ 是隐式微分方程 $F(x,y,y')=0$ 的一个奇解,且$(x,\varphi(x),\varphi'(x))\in G$,$x\in I$,则奇解 $y=\varphi(x)$满足 p-判别式

$$F(x,y,p)=0, \quad F'_p(x,y,p)=0,$$

其中 $p=y'$;或(从中消去 p)与其等价的方程

$$\Delta(x,y)=0,$$

称此方程在 $\mathbf{R}^2$ 平面上决定的曲线为 $F(x,y,y')=0$ 的 p-判别曲线.因此,$F(x,y,y')=0$ 的奇解是一条 p-判别曲线.

此定理仅给出了奇解存在的必要条件,缩小了寻找奇解的范围.由 p-判别式或 p-判别曲线所确定的函数是否奇解,尚需进一步验证.下面定理给出了判别奇解的一个充分性依据.

定理 2.9 设函数 $F(x,y,p)$ 对 $(x,y,p)\in G$ 是二阶连续可微的.又设由 p-判别式

$$F(x,y,p)=0, \quad F'_p(x,y,p)=0$$

(消去 p)所确定的函数 $y=\psi(x)$,$x\in I$ 是方程 $F(x,y,y')=0$ 的解,而且使得对任意的 $x\in I$ 有

$$F'_y(x,\psi(x),\psi'(x))\neq 0, \quad F''_{pp}(x,\psi(x),\psi'(x))\neq 0 \tag{2.20}$$

成立,则 $y=\psi(x)$ 是方程 $F(x,y,y')=0$ 的奇解.

例 7 求方程

$$\left[(y-1)\frac{\mathrm{d}y}{\mathrm{d}x}\right]^2=y\mathrm{e}^{xy}$$

的奇解.

解 该方程的 p-判别式为

$$F(x,y,p)=(y-1)^2p^2-y\mathrm{e}^{xy}=0, \quad F'_p(x,y,p)=2p(y-1)^2=0,$$

消去 p 即得 $y=0$.易知 $y=0$ 是所考虑方程的解,而且

$$F'_y(x,0,0)=-1, \quad F''_{pp}(x,0,0)=2.$$

因此,$y=0$ 是奇解,且易知这是唯一的奇解.

习 题 2.4

1. 判断下列方程是否有奇解? 如果有奇解,求出奇解,并作图.

(1) $\dfrac{\mathrm{d}y}{\mathrm{d}x}=\sqrt{|y|}$;

(2) $\dfrac{\mathrm{d}y}{\mathrm{d}x}=\sqrt{y-x}$;

(3) $\dfrac{\mathrm{d}y}{\mathrm{d}x}=-x\pm\sqrt{x^2+2y}$.

2. 求一曲线,具有如下性质:曲线上任一点的切线,在 x,y 轴上的截距之和为 1.

3. 求一曲线,此曲线的任一切线在两个坐标轴间的线段长等于 a.

4. 应用 p-判别法求下列方程的奇解:

(1) $y=xy'+y'^2$; (2) $y=xy'+\dfrac{1}{y'}$;

(3) $(y-1)^2y'^2=\dfrac{4}{9}y$; (4) $(y-1)^2y'^2=y\mathrm{e}^{xy}$.

2.5 解对初值的连续依赖性和解对初值的可微性

直到现在,我们都是把初值(x_0,y_0)看成固定的数值,然后再去研究微分方程(2.1)经过点(x_0,y_0)的解.这个解是自变量 x 的函数.易于看出,当初值 x_0 和 y_0 变动时,对应的解也要跟着变动.所以,方程(2.1)的解也应该是初值(x_0,y_0)的函数.例如,方程

$$\frac{\mathrm{d}y}{\mathrm{d}x}=y$$

过点(x_0,y_0)的解为 $y=y_0\mathrm{e}^{x-x_0}$,它显然是所有变量 x,x_0 和 y_0 的函数.对于一般情形,为了表示微分方程(2.1)过点(x_0,y_0)的解是所有变量 x,x_0 和 y_0 的函数,我们采用记号

$$y=\varphi(x,x_0,y_0).$$

按记号的定义,应有 $\varphi(x_0,x_0,y_0)=y_0$.

现在提出一个理论和应用中很重要的问题:当初值发生变化时,对应的解是怎样变化的?我们知道,很多自然现象的研究都可以归结为求某些微分方程满足其初值的解.但是这些初值是要通过实验来测定的,因此所得到的数据总会有些误差,如果所测定的初始值的微小误差引起相应解产生巨大的变化,那么在有些问题上所求的初值问题的解在实用上就不会有多大的价值.所以,实际应用中经常要求,在所研究的现象的某个有限过程中,当初值 x_0,y_0 变化不大时,相应的解变化不大.下面给出其数学上的确切的定义.

定义 2.5 设初值问题

$$\begin{cases}\dfrac{\mathrm{d}y}{\mathrm{d}x}=f(x,y),\\ y(x_0^*)=y_0^*\end{cases}$$

的解 $y=\varphi(x,x_0^*,y_0^*)$在区间$[a,b]$上存在,如果对任意 $\varepsilon>0$,存在 $\delta(\varepsilon,x_0^*,y_0^*)>0$,使得对于满足 $|x_0-x_0^*|<\delta$, $|y_0-y_0^*|<\delta$ 的一切(x_0,y_0),相应初值问题(2.2)的解 $y=\varphi(x,x_0,y_0)$都在$[a,b]$上存在,且有

$$|\varphi(x,x_0,y_0)-\varphi(x,x_0^*,y_0^*)|<\varepsilon,\quad x\in[a,b],$$

则称初值问题(2.2)的解 $y=\varphi(x,x_0,y_0)$在点(x_0^*,y_0^*)连续依赖于初值 x_0,y_0(图 2-16).

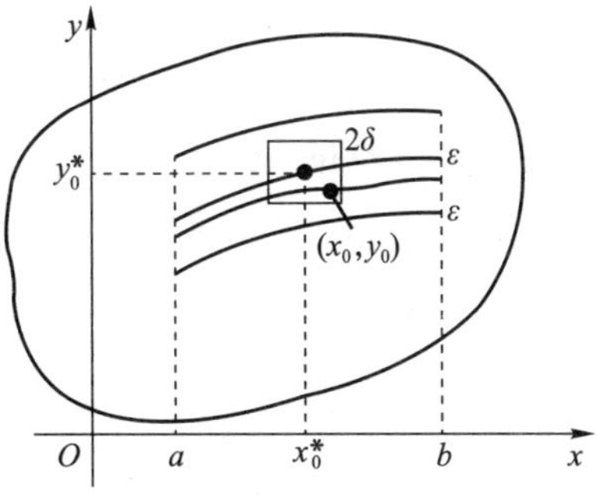

图 2-16

定理 2.10(解对初值连续依赖定理) 设 $f(x,y)$在区域 D 内连续,且关于变量 y 满足利普希茨条件.如果$(x_0^*,y_0^*)\in D$,初值问题(2.2)有解 $y=\varphi(x,x_0^*,y_0^*)$,且当$a\leqslant x\leqslant b$ 时,$(x,\varphi(x,x_0^*,y_0^*))\in D$,则对任意 $\varepsilon>0$,存在 $\delta>0$,使对于满足

$$|x_0-x_0^*|\leqslant\delta,\ |y_0-y_0^*|\leqslant\delta$$

的任意(x_0,y_0),初值问题

$$\begin{cases}\dfrac{\mathrm{d}y}{\mathrm{d}x}=f(x,y),\\ y(x_0)=y_0\end{cases}\tag{2.2}$$

的解$y=\varphi(x,x_0,y_0)$也在区间$[a,b]$上有定义,且有

$$|\varphi(x,x_0,y_0)-\varphi(x,x_0^*,y_0^*)|<\varepsilon.$$

证明 对给定$\varepsilon>0$,选取$0<\delta_1<\varepsilon$,使得闭区域

$$U=\{(x,y)\mid a\leqslant x\leqslant b,\ |y-\varphi(x,x_0^*,y_0^*)|\leqslant\delta_1\}$$

整个含在区域D内,这是能够做到的,因为区域D是开的,且当$a\leqslant x\leqslant b$时,$(x,\varphi(x,x_0^*,y_0^*))\in D$,所以,只要$\delta_1$选取足够小,以曲线$y=\varphi(x,x_0^*,y_0^*)$为中线,宽为$2\delta_1$的带开域$U$就整个包含在区域$D$内,如图2-17所示.

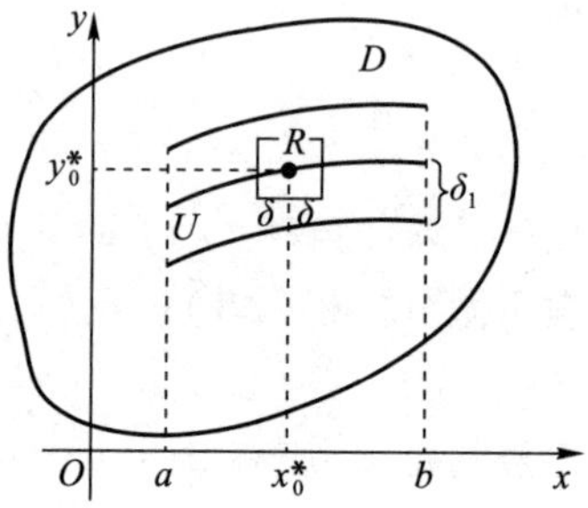

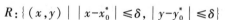

图 2-17

选取δ满足

$$0<\delta<\frac{\delta_1}{1+M}\mathrm{e}^{-N(b-a)},$$

其中N为利普希茨常数,$M=\max\limits_{(x,y)\in U}|f(x,y)|$,另外,还要保证闭正方形

$$R:\{(x,y)\mid |x-x_0^*|\leqslant\delta,\ |y-y_0^*|\leqslant\delta\}$$

含于带形区域U的内部.

由存在唯一性定理可知,对于任一$(x_0,y_0)\in R$,在x_0的某邻域内存在唯一解$y=\varphi(x,x_0,y_0)$,且在$\varphi(x,x_0,y_0)$尚有定义的区间上,有

$$\varphi(x,x_0,y_0)=y_0+\int_{x_0}^{x}f(\tau,\varphi(\tau,x_0,y_0))\mathrm{d}\tau.\tag{2.21}$$

另外,还有

$$\varphi(x,x_0^*,y_0^*)=y_0^*+\int_{x_0^*}^{x}f(\tau,\varphi(\tau,x_0^*,y_0^*))\mathrm{d}\tau.$$

对上述两式作差并估值:

$$\begin{aligned}&|\varphi(x,x_0,y_0)-\varphi(x,x_0^*,y_0^*)|\\ \leqslant&|y_0^*-y_0|+\left|\int_{x_0^*}^{x}f(\tau,\varphi(\tau,x_0^*,y_0^*))\mathrm{d}\tau-\int_{x_0}^{x}f(\tau,\varphi(\tau,x_0,y_0))\mathrm{d}\tau\right|\\ \leqslant&|y_0^*-y_0|+\left|\int_{x_0^*}^{x}|f(\tau,\varphi(\tau,x_0^*,y_0^*))-f(\tau,\varphi(\tau,x_0,y_0))|\mathrm{d}\tau\right|+\\ &\left|\int_{x_0}^{x_0^*}|f(\tau,\varphi(\tau,x_0,y_0))|\mathrm{d}\tau\right|\\ \leqslant&(1+M)\delta+N\left|\int_{x_0^*}^{x}|\varphi(\tau,x_0^*,y_0^*)-\varphi(\tau,x_0,y_0)|\mathrm{d}\tau\right|.\end{aligned}$$

由贝尔曼不等式,则有

$$|\varphi(x,x_0,y_0)-\varphi(x,x_0^*,y_0^*)|\leqslant(1+M)\delta\mathrm{e}^{N|x-x_0^*|}\leqslant(1+M)\delta\mathrm{e}^{N(b-a)}\leqslant\delta_1<\varepsilon.\tag{2.22}$$

因此，只要在 $\varphi(x,x_0,y_0)$ 尚有定义的区间上，就有(2.22)式成立.下面我们要证明：$\varphi(x,x_0,y_0)$ 在区间 $[a,b]$ 上有定义，只证 $\varphi(x,x_0,y_0)$ 在区间 $[x_0,b]$ 上有定义，对区间 $[a,x_0]$ 可类似证明.

因为解 $y=\varphi(x,x_0,y_0)$ 不能越过曲线 $y=\varphi(x,x_0^*,y_0^*)+\varepsilon$ 及 $y=\varphi(x,x_0^*,y_0^*)-\varepsilon$，但是，由解的延展定理，解 $y=\varphi(x,x_0,y_0)$ 可以延展到无限接近区域 D 的边界.于是，它在向右延展时必须由 $x=b$ 穿出区域 U，从而 $y=\varphi(x,x_0,y_0)$ 必须在 $[x_0,b]$ 上有定义，定理证毕.

例 1 考虑与 2.2 节例 1 类似的方程

$$\frac{\mathrm{d}y}{\mathrm{d}x}=\begin{cases}0, & y=0,\\ -y\ln|y|, & y\neq 0,\end{cases}$$

易知 $y=0$ 为解，$y=\pm1$ 为解，上半平面通解为 $y=\mathrm{e}^{Ce^{-x}}$，下半平面通解为 $y=-\mathrm{e}^{Ce^{-x}}$.积分曲线大致如图 2-18.

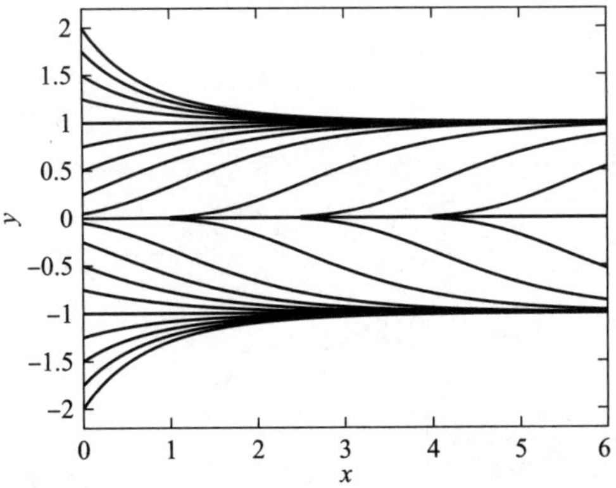

图 2-18

可以看到，对于 Ox 轴上的初值 $(x_0,0)$，在任意有限的闭区间上解对初值连续依赖，但是，在 $[0,+\infty)$ 上，无论 (x_0,y_0)，$y_0\neq 0$ 如何接近 $(x_0,0)$，只要 x 充分大，过 (x_0,y_0) 的积分曲线就不能与过 $(x_0,0)$ 的积分曲线（即 $y=0$）任意接近了.

这个例子说明，解在有限闭区间上对初值的连续依赖性不能推出解在无限区间上对初值的连续依赖性，讨论后一问题属于稳定性理论，我们将在第五章作简略的介绍.

在理论研究和实际应用中，我们时常不但要求知道解对初值的连续依赖性，而且还需要知道解对初值的偏导数是否存在.下面我们不加证明地给出一个有关的定理.

定理 2.11（解对初值的可微性定理） 如果函数 $f(x,y)$ 以及 $\dfrac{\partial f(x,y)}{\partial y}$ 在区域 D 内连续，则初值问题(2.2)的解 $\varphi(x,x_0,y_0)$ 作为 x,x_0,y_0 的函数，在它有定义的范围内有连续偏导数 $\dfrac{\partial\varphi}{\partial x_0},\dfrac{\partial\varphi}{\partial y_0}$，并且有

$$\frac{\partial\varphi(x,x_0,y_0)}{\partial y_0}=\mathrm{e}^{\int_{x_0}^{x}f'_y(s,\varphi(s,x_0,y_0))\mathrm{d}s}$$

及

$$\frac{\partial\varphi(x,x_0,y_0)}{\partial x_0}=-f(x_0,y_0)\ \mathrm{e}^{\int_{x_0}^{x}f'_y(s,\varphi(s,x_0,y_0))\mathrm{d}s}.$$

习题 2.5

1. 试用贝尔曼不等式证明：若方程

$$\frac{\mathrm{d}y}{\mathrm{d}x}=f(x,y) \tag{*}$$

满足

(1) $f(x,y)$ 在区域 D 内连续且满足利普希茨条件，

(2) $y=\varphi(x)$ 是方程(*)定义在 $a\leqslant x\leqslant b$ 上的解，且 $y_0=\varphi(x_0)$，

则对于 $\varepsilon>0$，恒存在 $\delta(\varepsilon)>0$，使得对任何适合 $|R(x,y)|<\delta(\varepsilon)\ ((x,y)\in D)$ 的连续函数 $R(x,y)$，方程

$$\frac{\mathrm{d}y}{\mathrm{d}x}=f(x,y)+R(x,y)$$

的满足条件 $y(x_0)=y_0$ 的解 $y=\tilde{\varphi}(x)$ 在 $a\leqslant x\leqslant b$ 上有定义，且

$$|\tilde{\varphi}(x)-\varphi(x)|<\varepsilon.$$

2. 已知方程

$$\frac{\mathrm{d}y}{\mathrm{d}x}=\sin(xy),$$

试求 $\left[\dfrac{\partial y(x,x_0,y_0)}{\partial x_0}\right]_{\substack{x_0=0\\y_0=0}}$ 和 $\left[\dfrac{\partial y(x,x_0,y_0)}{\partial y_0}\right]_{\substack{x_0=0\\y_0=0}}$.

3. 设 $\varphi(x,x_0,y_0)$ 是初值问题

$$\begin{cases}\dfrac{\mathrm{d}y}{\mathrm{d}x}=f(x,y),\\ y(x_0)=y_0\end{cases}$$

的解，试证明

$$\frac{\partial\varphi(x,x_0,y_0)}{\partial x_0}+\frac{\partial\varphi(x,x_0,y_0)}{\partial y_0}f(x_0,y_0)=0.$$

4. 设 $p(x)$ 和 $q(x)$ 是连续函数，$\varphi(x,x_0,y_0)$ 是初值问题 $\dfrac{\mathrm{d}y}{\mathrm{d}x}+p(x)y=q(x)$，$y(x_0)=y_0$ 的解. 求 $\dfrac{\partial\varphi(x,x_0,y_0)}{\partial x_0}$ 和 $\dfrac{\partial\varphi(x,x_0,y_0)}{\partial y_0}$.

5. 在方程 $\dfrac{\mathrm{d}y}{\mathrm{d}x}=f(x,y)$ 中，设 $f(x,y)$ 在区域 D 内连续且满足利普希茨条件，$y=\varphi(x)$ 是该方程定义在 $[a,b]$ 上的解且 $y_0=\varphi(x_0)$，则对任意的 $\varepsilon>0$，存在 $\delta(\varepsilon)>0$，使得对任何满足 $|g(x,y)|<\delta(\varepsilon)$，$x\in D$ 的连续函数 $g(x,y)$，方程 $\dfrac{\mathrm{d}y}{\mathrm{d}x}=f(x,y)+g(x,y)$ 的满足 $y(x_0)=y_0$ 的解 $\bar{\varphi}(x)$ 在 $[a,b]$ 上有定义且 $|\bar{\varphi}(x)-\varphi(x)|<\varepsilon$.

本章小结

第三章 一阶线性微分方程组

本章讨论一类特殊的微分方程组——一阶线性微分方程组.这类微分方程组的理论研究结果比较完整,而且它们在实际和理论问题中都占有很重要的位置.

3.1 一阶微分方程组

在前两章里,我们研究了含有一个未知函数的常微分方程的解法及其解的性质.但是,在很多实际和理论问题中,还要求我们去求解含有多个未知函数的微分方程组,或者研究它们的解的性质.

例如,已知在空间运动的质点 P 的速度 $\boldsymbol{v}=(v_x,v_y,v_z)$ 与时间 t 及该点的坐标 (x,y,z) 的关系为

$$\begin{cases} v_x=f_1(t,x,y,z), \\ v_y=f_2(t,x,y,z), \\ v_z=f_3(t,x,y,z), \end{cases}$$

且质点在时刻 t_0 经过点 (x_0,y_0,z_0),求该质点的运动轨迹.

因为 $v_x=\dfrac{\mathrm{d}x}{\mathrm{d}t}, v_y=\dfrac{\mathrm{d}y}{\mathrm{d}t}$ 和 $v_z=\dfrac{\mathrm{d}z}{\mathrm{d}t}$,所以这个问题其实就是求一阶微分方程组

$$\begin{cases} \dot{x}=f_1(t,x,y,z), \\ \dot{y}=f_2(t,x,y,z), \\ \dot{z}=f_3(t,x,y,z) \end{cases}$$

满足初值条件

$$x(t_0)=x_0, y(t_0)=y_0, z(t_0)=z_0$$

的解 $x(t), y(t), z(t)$.

另外,在 n 阶微分方程

$$y^{(n)}=f(x,y,y',\cdots,y^{(n-1)}) \tag{1.12}$$

中,令 $y'=y_1, y''=y_2,\cdots,y^{(n-1)}=y_{n-1}$ 就可以把它化成等价的一阶微分方程组

$$\begin{cases}\dfrac{dy}{dx}=y_1,\\ \dfrac{dy_1}{dx}=y_2,\\ \cdots\cdots\cdots\cdots\\ \dfrac{dy_{n-2}}{dx}=y_{n-1},\\ \dfrac{dy_{n-1}}{dx}=f(x,y,y_1,\cdots,y_{n-1}).\end{cases}$$

注意,这是一个含 n 个未知函数 $y,y_1,\cdots,y_{n-1}$ 的一阶微分方程组.

含有 n 个未知函数 $y_1,y_2,\cdots,y_n$ 的一阶微分方程组的一般形式为

$$\begin{cases}\dfrac{dy_1}{dx}=f_1(x,y_1,y_2,\cdots,y_n),\\ \dfrac{dy_2}{dx}=f_2(x,y_1,y_2,\cdots,y_n),\\ \qquad\cdots\cdots\cdots\cdots\\ \dfrac{dy_n}{dx}=f_n(x,y_1,y_2,\cdots,y_n).\end{cases}\tag{3.1}$$

如果方程组(3.1)右端函数不显含 x,则相应的方程组称为是**自治**的.方程组(3.1)在$[a,b]$上的一个解,是这样的一组函数

$$y_1(x),y_2(x),\cdots,y_n(x),$$

使得在$[a,b]$上有恒等式

$$\frac{dy_i(x)}{dx}=f_i(x,y_1(x),y_2(x),\cdots,y_n(x))\quad(i=1,2,\cdots,n).$$

含有 n 个任意常数 $C_1,C_2,\cdots,C_n$ 的解

$$\begin{cases}y_1=\varphi_1(x,C_1,C_2,\cdots,C_n),\\ y_2=\varphi_2(x,C_1,C_2,\cdots,C_n),\\ \qquad\cdots\cdots\cdots\cdots\\ y_n=\varphi_n(x,C_1,C_2,\cdots,C_n)\end{cases}$$

称为(3.1)的**通解**.如果通解满足方程组

$$\begin{cases}\Phi_1(x,y_1,y_2,\cdots,y_n,C_1,C_2,\cdots,C_n)=0,\\ \Phi_2(x,y_1,y_2,\cdots,y_n,C_1,C_2,\cdots,C_n)=0,\\ \qquad\cdots\cdots\cdots\cdots\\ \Phi_n(x,y_1,y_2,\cdots,y_n,C_1,C_2,\cdots,C_n)=0\end{cases}$$

则称其为(3.1)的**通积分**.

如果已求得(3.1)的通解或通积分,要求满足初值条件

$$y_1(x_0)=y_{10},y_2(x_0)=y_{20},\cdots,y_n(x_0)=y_{n0}\tag{3.2}$$

的解,可以把初值条件(3.2)代入通解或通积分之中,得到关于 $C_1, C_2, \cdots, C_n$ 的 n 个方程式,从其中解得 $C_1, C_2, \cdots, C_n$,再代回通解或通积分中,就得到所求的初值问题的解.

为了简洁方便,经常采用向量与矩阵来研究一阶微分方程组(3.1).令 n 维向量函数

$$\boldsymbol{Y}(x)=\begin{pmatrix} y_1(x) \\ y_2(x) \\ \vdots \\ y_n(x) \end{pmatrix}, \quad \boldsymbol{F}(x,\boldsymbol{Y})=\begin{pmatrix} f_1(x,y_1,y_2,\cdots,y_n) \\ f_2(x,y_1,y_2,\cdots,y_n) \\ \vdots \\ f_n(x,y_1,y_2,\cdots,y_n) \end{pmatrix},$$

并定义

$$\frac{\mathrm{d}\boldsymbol{Y}(x)}{\mathrm{d}x}=\begin{pmatrix} \dfrac{\mathrm{d}y_1}{\mathrm{d}x} \\ \dfrac{\mathrm{d}y_2}{\mathrm{d}x} \\ \vdots \\ \dfrac{\mathrm{d}y_n}{\mathrm{d}x} \end{pmatrix}, \quad \int_{x_0}^{x} \boldsymbol{F}(x)\,\mathrm{d}x=\begin{pmatrix} \int_{x_0}^{x} f_1(x)\,\mathrm{d}x \\ \int_{x_0}^{x} f_2(x)\,\mathrm{d}x \\ \vdots \\ \int_{x_0}^{x} f_n(x)\,\mathrm{d}x \end{pmatrix},$$

则(3.1)可记成向量形式

$$\frac{\mathrm{d}\boldsymbol{Y}}{\mathrm{d}x}=\boldsymbol{F}(x,\boldsymbol{Y}). \tag{3.3}$$

自治方程组的向量形式为

$$\frac{\mathrm{d}\boldsymbol{Y}}{\mathrm{d}x}=\boldsymbol{F}(\boldsymbol{Y}).$$

初值条件(3.2)可记为

$$\boldsymbol{Y}(x_0)=\boldsymbol{Y}_0,\text{其中 } \boldsymbol{Y}_0=\begin{pmatrix} y_{10} \\ y_{20} \\ \vdots \\ y_{n0} \end{pmatrix}, \tag{3.2$'$}$$

则(3.3)的满足(3.2)′的初值问题可记为

$$\begin{cases} \dfrac{\mathrm{d}\boldsymbol{Y}}{\mathrm{d}x}=\boldsymbol{F}(x,\boldsymbol{Y}), \\ \boldsymbol{Y}(x_0)=\boldsymbol{Y}_0. \end{cases} \tag{3.4}$$

这样,从形式上看,一阶方程组与一阶方程式完全一样了.

进一步,对 n 维向量 $\boldsymbol{Y}$ 和矩阵 $\boldsymbol{A}=(a_{ij})_{n\times n}$,

$$\boldsymbol{Y}=\begin{pmatrix} y_1 \\ y_2 \\ \vdots \\ y_n \end{pmatrix}, \quad \boldsymbol{A}=\begin{pmatrix} a_{11} & a_{12} & \cdots & a_{1n} \\ a_{21} & a_{22} & \cdots & a_{2n} \\ \vdots & \vdots & & \vdots \\ a_{n1} & a_{n2} & \cdots & a_{nn} \end{pmatrix},$$

定义

$$\| \boldsymbol{Y} \| = \sum_{i=1}^{n} |y_i|, \ \| \boldsymbol{A} \| = \sum_{k,j=1}^{n} |a_{kj}|.$$

称 $\|\boldsymbol{Y}\|$ 和 $\|\boldsymbol{A}\|$ 分别为向量 $\boldsymbol{Y}$ 和矩阵 $\boldsymbol{A}$ 的**范数**.易于证明以下性质：

1. $\|\boldsymbol{Y}\| \geqslant 0$,且 $\|\boldsymbol{Y}\|=0$,当且仅当 $\boldsymbol{Y}=\boldsymbol{0}$($\boldsymbol{0}$ 表示零向量,下同)；
2. $\|\boldsymbol{Y}_1+\boldsymbol{Y}_2\| \leqslant \|\boldsymbol{Y}_1\|+\|\boldsymbol{Y}_2\|$；
3. 对任意常数 α,有 $\|\alpha \boldsymbol{Y}\| = |\alpha| \, \|\boldsymbol{Y}\|$；
4. $\|\boldsymbol{A}\| \geqslant 0$；
5. $\|\boldsymbol{A}+\boldsymbol{B}\| \leqslant \|\boldsymbol{A}\|+\|\boldsymbol{B}\|$；
6. 对任意常数 γ,有 $\|\gamma \boldsymbol{A}\| = |\gamma| \, \|\boldsymbol{A}\|$；
7. $\|\boldsymbol{A}\boldsymbol{Y}\| \leqslant \|\boldsymbol{A}\| \cdot \|\boldsymbol{Y}\|$；
8. $\|\boldsymbol{A}\boldsymbol{B}\| \leqslant \|\boldsymbol{A}\| \cdot \|\boldsymbol{B}\|$.

进而还有如下性质：

$$\left\| \int_{x_0}^{x} \boldsymbol{F}(x)\,\mathrm{d}x \right\| \leqslant \left| \int_{x_0}^{x} \|\boldsymbol{F}(x)\|\,\mathrm{d}x \right|.$$

有了 n 维空间的范数定义后,我们可以定义按范数收敛的概念.如果对$[a,b]$上的任意 x,有

$$\lim_{n\to\infty} \|\boldsymbol{Y}_n(x)-\boldsymbol{Y}(x)\|=0,$$

则称 $\boldsymbol{Y}_n(x)$在$[a,b]$上按范数收敛于 $\boldsymbol{Y}(x)$.如果上式对$[a,b]$上的 x 为一致的,则称 $\boldsymbol{Y}_n(x)$在$[a,b]$上按范数一致收敛于$\boldsymbol{Y}(x)$.

另外,如果对 n 维向量函数 $\boldsymbol{F}(x)$有

$$\lim_{x\to x_0} \|\boldsymbol{F}(x)-\boldsymbol{F}(x_0)\|=0,$$

则称 $\boldsymbol{F}(x)$在 x_0 连续.如果 $\boldsymbol{F}(x)$在区间$[a,b]$上的每一点 x_0 都连续,则称 $\boldsymbol{F}(x)$在区间$[a,b]$上连续.

有了以上准备,完全类似于第二章定理 2.2,我们有如下的关于初值问题(3.4)的解的存在唯一性定理.

定理 3.1 如果函数 $\boldsymbol{F}(x,\boldsymbol{Y})$在 $n+1$ 维空间的闭区域

$$R:|x-x_0| \leqslant a, \ \|\boldsymbol{Y}-\boldsymbol{Y}_0\| \leqslant b$$

上连续且关于 $\boldsymbol{Y}$ 满足利普希茨条件,即存在 $N>0$,使对于 R 上任意两点$(x,\boldsymbol{Y}_1)$,$(x,\boldsymbol{Y}_2)$,有

$$\|\boldsymbol{F}(x,\boldsymbol{Y}_1)-\boldsymbol{F}(x,\boldsymbol{Y}_2)\| \leqslant N\|\boldsymbol{Y}_1-\boldsymbol{Y}_2\|,$$

则存在 $h_0>0$,使初值问题(3.4)的解在 $|x-x_0| \leqslant h_0$ 上存在且唯一,其中 $h_0=\min\left(a,\dfrac{b}{M}\right)$,$M=\max\limits_{(x,Y)\in R}\|\boldsymbol{F}(x,\boldsymbol{Y})\|$.

定理的证明方法与定理 2.2 完全类似,也是首先证明(3.4)与积分方程

$$\boldsymbol{Y}(x)=\boldsymbol{Y}_0+\int_{x_0}^{x}\boldsymbol{F}(x,\boldsymbol{Y}(x))\,\mathrm{d}x \tag{3.5}$$

同解.为证(3.5)的解在 $|x-x_0| \leqslant h_0$ 上的存在性,同样用逐次逼近法,其步骤可以仿照

定理 2.2 的证明.最后,唯一性的证明,同样可以用贝尔曼不等式完成.

对于方程组(3.3)也有类似于第二章关于纯量方程(1.9)的解的延展定理和解对初值的连续依赖性定理,这只要在第二章相应定理中把纯量 y 换成向量 $\boldsymbol{Y}$ 即可.

最后,我们要指出方程组(3.3)的解的几何意义:我们已经知道,纯量方程(1.9)的一个解是二维空间 xOy 平面上的一条曲线,或称为积分曲线,那么,很自然地有方程组(3.3)的一个解就是 $n+1$ 维空间 $(x,\boldsymbol{Y})$ 中的一条曲线,也称它为方程组(3.3)的积分曲线.

习 题 3.1

1. 将下列方程式(组)化成一阶方程组:

(1) $\ddot{y}+f(x)\dot{y}+g(x)=0$;

(2) $m\dfrac{\mathrm{d}^2x}{\mathrm{d}t^2}+c\dfrac{\mathrm{d}x}{\mathrm{d}t}+kx=f(t)$;

(3) $y'''+a_1(x)y''+a_2(x)y'+a_3(x)y=0$;

(4) $\begin{cases}\dfrac{\mathrm{d}^2y_1}{\mathrm{d}x^2}=a_1y_1+b_1y_2+c_1y_3,\\ \dfrac{\mathrm{d}^2y_2}{\mathrm{d}x^2}=a_2y_1+b_2y_2+c_2y_3,\\ \dfrac{\mathrm{d}^2y_3}{\mathrm{d}x^2}=a_3y_1+b_3y_2+c_3y_3.\end{cases}$

2. 将下列初值问题化为与之等价的一阶微分方程组:

(1) $\begin{cases}\mathrm{e}^{-t}\dfrac{\mathrm{d}^4x}{\mathrm{d}t^4}-t^2\dfrac{\mathrm{d}^2x}{\mathrm{d}t^2}+t^2\mathrm{e}^t\dfrac{\mathrm{d}x}{\mathrm{d}t}=3\mathrm{e}^{-2t},\\ x(0)=5,x'(0)=3,x''(0)=7,x'''(0)=1;\end{cases}$

(2) $\begin{cases}x''=-2x'-4y+3,\\ y'=x'+2y,\\ x(0)=x'(0)=0,y(0)=1;\end{cases}$

(3) $\begin{cases}x''+5y'-7x+6y=\mathrm{e}^t,\\ y''+2y'-3y-7x=\cos t,\\ x(0)=x'(0)=1,y(0)=0,y'(0)=1.\end{cases}$

3.2 一阶线性微分方程组的一般概念

如果在一阶微分方程组(3.1)中,函数 $f_i(x,y_1,y_2,\cdots,y_n)$ $(i=1,2,\cdots,n)$ 关于 y_1, $y_2,\cdots,y_n$ 是线性的,即(3.1)可以写成

$$
\begin{cases}
\dfrac{\mathrm{d}y_1}{\mathrm{d}x}=a_{11}(x)y_1+a_{12}(x)y_2+\cdots+a_{1n}(x)y_n+f_1(x),\\
\dfrac{\mathrm{d}y_2}{\mathrm{d}x}=a_{21}(x)y_1+a_{22}(x)y_2+\cdots+a_{2n}(x)y_n+f_2(x),\\
\cdots\cdots\cdots\cdots\\
\dfrac{\mathrm{d}y_n}{\mathrm{d}x}=a_{n1}(x)y_1+a_{n2}(x)y_2+\cdots+a_{nn}(x)y_n+f_n(x),
\end{cases}
\tag{3.6}
$$

则称(3.6)为**一阶线性微分方程组**.我们总假设(3.6)的系数$a_{ij}(x)$($i,j=1,2,\cdots,n$)及$f_i(x)$($i=1,2,\cdots,n$)在某个区间$I\subset\mathbf{R}$上连续.

为了方便,可以把(3.6)写成向量形式.为此,记

$$
\boldsymbol{A}(x)=\begin{pmatrix}
a_{11}(x) & a_{12}(x) & \cdots & a_{1n}(x)\\
a_{21}(x) & a_{22}(x) & \cdots & a_{2n}(x)\\
\vdots & \vdots & & \vdots\\
a_{n1}(x) & a_{n2}(x) & \cdots & a_{nn}(x)
\end{pmatrix},\quad
\boldsymbol{F}(x)=\begin{pmatrix}
f_1(x)\\ f_2(x)\\ \vdots\\ f_n(x)
\end{pmatrix}.
$$

根据3.1节的记号,(3.6)就可以写成向量形式

$$
\frac{\mathrm{d}\boldsymbol{Y}}{\mathrm{d}x}=\boldsymbol{A}(x)\boldsymbol{Y}+\boldsymbol{F}(x).\tag{3.7}
$$

如果在I上,$\boldsymbol{F}(x)\equiv\mathbf{0}$,方程组(3.7)变成

$$
\frac{\mathrm{d}\boldsymbol{Y}}{\mathrm{d}x}=\boldsymbol{A}(x)\boldsymbol{Y},\tag{3.8}
$$

我们把(3.8)称为**一阶线性齐次方程组**.

如果(3.8)与(3.7)中$\boldsymbol{A}(x)$相同,则称(3.8)为(3.7)的对应的齐次方程组.与第二章中关于一阶线性微分方程的结果类似,我们可以证明如下的关于(3.7)的满足初值条件(3.2)′的解的存在唯一性定理.

定理3.1′　如果(3.7)中的$\boldsymbol{A}(x)$及$\boldsymbol{F}(x)$在区间$I=[a,b]$上连续,则对于$[a,b]$上任一x_0以及任意给定的$\boldsymbol{Y}_0$,方程组(3.7)的满足初值条件(3.2)′的解在$[a,b]$上存在且唯一.

这个定理的证明留给读者完成.它的结论与定理3.1的不同之处是,定理3.1的解的存在区间是局部的,而定理3.1′则指出解在整个区间$[a,b]$上存在.

习　题　3.2

1. 求解方程组

$$
\begin{cases}
\dfrac{\mathrm{d}x}{\mathrm{d}t}=p(t)x+q(t)y,\\
\dfrac{\mathrm{d}y}{\mathrm{d}t}=q(t)x+p(t)y,
\end{cases}
$$

其中$p(t)$,$q(t)$在$[a,b]$上连续.

2. 用皮卡逐次逼近法求方程组

$$\begin{cases}\dfrac{dy_1}{dx}=y_2,\\ \dfrac{dy_2}{dx}=-y_1\end{cases}$$

的满足 $y_1(0)=0, y_2(0)=1$ 的第 n 次近似解和精确解.

3.3 一阶线性齐次方程组的一般理论

本节主要研究一阶线性齐次方程组(3.8)的通解结构.为此我们首先从(3.8)的解的性质入手.

定理 3.2 如果

$$\boldsymbol{Y}_1(x)=\begin{pmatrix}y_{11}(x)\\ y_{21}(x)\\ \vdots\\ y_{n1}(x)\end{pmatrix}, \boldsymbol{Y}_2(x)=\begin{pmatrix}y_{12}(x)\\ y_{22}(x)\\ \vdots\\ y_{n2}(x)\end{pmatrix}, \cdots, \boldsymbol{Y}_m(x)=\begin{pmatrix}y_{1m}(x)\\ y_{2m}(x)\\ \vdots\\ y_{nm}(x)\end{pmatrix}$$

是方程组(3.8)的 m 个解,则

$$\boldsymbol{Y}=C_1\boldsymbol{Y}_1+C_2\boldsymbol{Y}_2+\cdots+C_m\boldsymbol{Y}_m \tag{3.9}$$

也是(3.8)的解,其中 $C_1, C_2, \cdots, C_m$ 是任意常数.换句话说,线性齐次方程组(3.8)的任何有限个解的线性组合仍为(3.8)的解.

证明 因为 $\boldsymbol{Y}_i(i=1,2,\cdots,m)$ 是(3.8)的解,即

$$\frac{d\boldsymbol{Y}_i(x)}{dx}=\boldsymbol{A}(x)\boldsymbol{Y}_i(x) \quad (i=1,2,\cdots,m)$$

成立.再由

$$\begin{aligned}&\frac{d}{dx}[C_1\boldsymbol{Y}_1(x)+C_2\boldsymbol{Y}_2(x)+\cdots+C_m\boldsymbol{Y}_m(x)]\\ &=C_1\frac{d\boldsymbol{Y}_1(x)}{dx}+C_2\frac{d\boldsymbol{Y}_2(x)}{dx}+\cdots+C_m\frac{d\boldsymbol{Y}_m(x)}{dx}\\ &=C_1\boldsymbol{A}(x)\boldsymbol{Y}_1(x)+C_2\boldsymbol{A}(x)\boldsymbol{Y}_2(x)+\cdots+C_m\boldsymbol{A}(x)\boldsymbol{Y}_m(x)\\ &=\boldsymbol{A}(x)[C_1\boldsymbol{Y}_1(x)+C_2\boldsymbol{Y}_2(x)+\cdots+C_m\boldsymbol{Y}_m(x)],\end{aligned}$$

这就证明了(3.9)是(3.8)的解.

定理 3.2 告诉我们,一阶线性齐次微分方程组(3.8)的解集合构成了一个线性空间.为了搞清楚这个线性空间的性质,进而得到方程组(3.8)的解的结构,我们引入如下概念.

定义 3.1 设

$$\boldsymbol{Y}_1(x), \boldsymbol{Y}_2(x), \cdots, \boldsymbol{Y}_m(x)$$

是 m 个定义在区间 I 上的 n 维向量函数.如果存在 m 个不全为零的常数 $C_1,C_2,\cdots,C_m$,使得

$$C_1\boldsymbol{Y}_1(x)+C_2\boldsymbol{Y}_2(x)+\cdots+C_m\boldsymbol{Y}_m(x)=\boldsymbol{0}$$

在区间 I 上恒成立,则称这 m 个向量函数在区间 I 上**线性相关**;否则称它们在区间 I 上**线性无关**.

显然,两个向量函数 $\boldsymbol{Y}_1(x),\boldsymbol{Y}_2(x)$ 的对应分量成比例是它们在区间 I 上线性相关的充要条件.另外,如果在向量组中有一零向量,则它们在区间 I 上线性相关.

若 $\boldsymbol{Y}_1(x),\boldsymbol{Y}_2(x),\cdots,\boldsymbol{Y}_n(x)$ 是(3.8)的 n 个解,称下面的矩阵为这个解组对应的矩阵

$$\begin{aligned}\boldsymbol{\Phi}(x)&=(\boldsymbol{Y}_1(x),\boldsymbol{Y}_2(x),\cdots,\boldsymbol{Y}_n(x))\\&=\begin{pmatrix}y_{11}(x)&y_{12}(x)&\cdots&y_{1n}(x)\\y_{21}(x)&y_{22}(x)&\cdots&y_{2n}(x)\\\vdots&\vdots&&\vdots\\y_{n1}(x)&y_{n2}(x)&\cdots&y_{nn}(x)\end{pmatrix},\end{aligned}$$

它的第 i 个$(i=1,2,\cdots,n)$列向量为 $\boldsymbol{Y}_i(x)$.如果这组解是线性无关的,则称此矩阵为(3.8)的**基本解矩阵**.

例 1　向量函数

$$\boldsymbol{Y}_1(x)=\begin{pmatrix}\cos^2x\\1\\x\end{pmatrix},\quad \boldsymbol{Y}_2(x)=\begin{pmatrix}\sin^2x-1\\-1\\-x\end{pmatrix}$$

在任何区间(a,b)上是线性相关的.

事实上,取 $C_1=C_2=1$ 有

$$C_1\boldsymbol{Y}_1(x)+C_2\boldsymbol{Y}_2(x)\equiv\boldsymbol{0}.$$

例 2　向量函数

$$\boldsymbol{Y}_1(x)=\begin{pmatrix}e^{3x}\\e^{3x}\\e^{3x}\end{pmatrix},\quad \boldsymbol{Y}_2(x)=\begin{pmatrix}e^{6x}\\-2e^{6x}\\e^{6x}\end{pmatrix}$$

在$(-\infty,+\infty)$内线性无关.

事实上,要使得

$$C_1\boldsymbol{Y}_1(x)+C_2\boldsymbol{Y}_2(x)\equiv\boldsymbol{0},\quad x\in(-\infty,+\infty)$$

成立,或写成纯量形式,有

$$\begin{cases}C_1+C_2e^{3x}\equiv0,\\C_1-2C_2e^{3x}\equiv0,\quad x\in(-\infty,+\infty),\\C_1+C_2e^{3x}\equiv0.\end{cases}$$

显然,仅当 $C_1=C_2=0$ 时,才能使上面三个恒等式同时成立,即所给向量组在$(-\infty,+\infty)$内线性无关.

例 3　向量函数

$$\boldsymbol{Y}_1(x)=\begin{pmatrix}e^{-2x}\\0\\-e^{-2x}\end{pmatrix},\quad \boldsymbol{Y}_2(x)=\begin{pmatrix}0\\e^{-2x}\\-e^{-2x}\end{pmatrix}$$

在$(-\infty,+\infty)$内线性无关.

事实上,由于

$$C_1\boldsymbol{Y}_1(x)+C_2\boldsymbol{Y}_2(x)\equiv\boldsymbol{0},\quad x\in(-\infty,+\infty)$$

相当于纯量形式

$$\begin{cases}C_1\mathrm{e}^{-2x} & \equiv 0,\\ \qquad C_2\mathrm{e}^{-2x} & \equiv 0,\quad x\in(-\infty,+\infty),\\ -C_1\mathrm{e}^{-2x}-C_2\mathrm{e}^{-2x} & \equiv 0,\end{cases}$$

由此可以看出:仅当$C_1=0,C_2=0$时,才能使上面三个恒等式同时成立,即所给向量组在$(-\infty,+\infty)$内线性无关.

例 3 中两个向量函数的各个对应分量都构成线性相关函数组.这个例题说明,向量函数组的线性相关性和由它们的对应分量构成的函数组的线性相关性并不等价.

下面介绍n个n维向量函数组

$$\boldsymbol{Y}_1(x),\boldsymbol{Y}_2(x),\cdots,\boldsymbol{Y}_n(x)\tag{3.10}$$

在其定义区间I上线性相关与线性无关的判别准则.

我们考察由这些列向量所组成的行列式

$$W(x)=\begin{vmatrix}y_{11}(x) & y_{12}(x) & \cdots & y_{1n}(x)\\ y_{21}(x) & y_{22}(x) & \cdots & y_{2n}(x)\\ \vdots & \vdots & & \vdots\\ y_{n1}(x) & y_{n2}(x) & \cdots & y_{nn}(x)\end{vmatrix},$$

通常把它称为向量组(3.10)的**朗斯基**(Wronski)**行列式**.

定理 3.3 如果向量组(3.10)在区间I上线性相关,则它的朗斯基行列式$W(x)$在I上恒等于零.

证明 依假设,存在不全为零的常数$C_1,C_2,\cdots,C_n$,使得

$$C_1\boldsymbol{Y}_1(x)+C_2\boldsymbol{Y}_2(x)+\cdots+C_n\boldsymbol{Y}_n(x)\equiv\boldsymbol{0},\quad x\in I.$$

把上式写成向量形式,有

$$\boldsymbol{\Phi}(x)\boldsymbol{C}=\boldsymbol{0},$$

其中$\boldsymbol{\Phi}(x)=(\boldsymbol{Y}_1(x),\boldsymbol{Y}_2(x),\cdots,\boldsymbol{Y}_n(x))$是此向量组对应的矩阵,$\boldsymbol{C}=(C_1,C_2,\cdots,C_n)^{\mathrm{T}}$.这是关于$C_1,C_2,\cdots,C_n$的线性齐次代数方程组,且它对任意$x\in I$,都有非零解$C_1$,$C_2,\cdots,C_n$.根据线性代数知识,它的系数行列式$\det\boldsymbol{\Phi}(x)=W(x)$对任意$x\in I$都为零.故在$I$上有$W(x)\equiv 0$.证毕.

对于一般的向量函数组,定理 3.3 的逆定理未必成立.例如向量函数

$$\boldsymbol{Y}_1(x)=\begin{pmatrix}x\\0\end{pmatrix},\quad \boldsymbol{Y}_2(x)=\begin{pmatrix}x^2\\0\end{pmatrix}$$

的朗斯基行列式恒等于零,但它们却是线性无关的.

然而,当所讨论的向量函数组是方程组(3.8)的解时,我们有下面的结论.

定理 3.4 如果$\boldsymbol{Y}_1(x),\boldsymbol{Y}_2(x),\cdots,\boldsymbol{Y}_n(x)$是方程组(3.8)的$n$个线性无关解,则它们构成的朗斯基行列式$W(x)$在$I$上恒不为零.

证明　(反证法)如果有 $x_0\in I$ 使得 $W(x_0)=0$,考虑线性齐次代数方程组

$$\boldsymbol{\Phi}(x_0)\boldsymbol{C}=\boldsymbol{0}.$$

由于系数行列式 $\det\boldsymbol{\Phi}(x_0)=W(x_0)=0$,所以它存在非零解 $\boldsymbol{C}^{\mathrm{T}}=(\overline{C}_1,\overline{C}_2,\cdots,\overline{C}_n)^{\mathrm{T}}$,即

$$\overline{C}_1\boldsymbol{Y}_1(x_0)+\overline{C}_2\boldsymbol{Y}_2(x_0)+\cdots+\overline{C}_n\boldsymbol{Y}_n(x_0)=\boldsymbol{0}.$$

考虑函数

$$\overline{\boldsymbol{Y}}(x)=\overline{C}_1\boldsymbol{Y}_1(x)+\overline{C}_2\boldsymbol{Y}_2(x)+\cdots+\overline{C}_n\boldsymbol{Y}_n(x),$$

由定理 3.2 知函数 $\overline{\boldsymbol{Y}}(x)$ 是(3.8)的解,而且它满足初值条件 $\overline{\boldsymbol{Y}}(x_0)\equiv\boldsymbol{0}$.另一方面,$\boldsymbol{Y}(x)\equiv\boldsymbol{0}$ 也是方程(3.8)的满足初值条件 $\boldsymbol{Y}(x)=\boldsymbol{0}$ 的解.因此,根据定理 3.1′有

$$\overline{\boldsymbol{Y}}(x)\equiv\boldsymbol{0},x\in I,$$

即

$$\overline{C}_1\boldsymbol{Y}_1(x)+\overline{C}_2\boldsymbol{Y}_2(x)+\cdots+\overline{C}_n\boldsymbol{Y}_n(x)\equiv\boldsymbol{0},x\in I.$$

因为 $\overline{C}_1,\overline{C}_2,\cdots,\overline{C}_n$ 不全为零,从而 $\boldsymbol{Y}_1(x),\boldsymbol{Y}_2(x),\cdots,\boldsymbol{Y}_n(x)$ 在 I 上线性相关,这与已知条件矛盾,定理证毕.

由定理 3.3 和定理 3.4 立即得到如下的推论.

推论 3.1　如果向量组(3.10)的朗斯基行列式 $W(x)$ 在区间 I 上的某一点 x_0 处不等于零,即 $W(x_0)\neq 0$,则向量组(3.10)在 I 上线性无关.

实际上,这个推论是定理 3.3 的逆否命题.

推论 3.2　如果方程组(3.8)的 n 个解的朗斯基行列式 $W(x)$ 在其定义区间 I 上某一点 x_0 等于零,即 $W(x_0)=0$,则该解组在 I 上必线性相关.

实际上,这个推论是定理 3.4 的逆否命题.

推论 3.3　方程组(3.8)的 n 个解在其定义区间 I 上线性无关的充要条件是它们构成的朗斯基行列式 $W(x)$ 在 I 上任一点不为零.

条件的充分性由推论 3.1 立即可以得到.必要性用反证法及推论 3.2 证明是显然的.

我们把一阶线性齐次方程组(3.8)的 n 个线性无关解称为它的**基本解组**.显然基本解组对应的矩阵是基本解矩阵.

例 4　易于验证向量函数

$$\begin{pmatrix}x_1(t)\\y_1(t)\end{pmatrix}=\begin{pmatrix}1\\-1\end{pmatrix}\mathrm{e}^{-t},\begin{pmatrix}x_2(t)\\y_2(t)\end{pmatrix}=\begin{pmatrix}1\\2\end{pmatrix}\mathrm{e}^{2t}$$

是方程组

$$\dot{x}=y,\dot{y}=2x+y$$

的基本解组.

定理 3.5　方程组(3.8)必存在基本解组.

证明　由定理 3.1′可知,齐次方程组(3.8)必存在分别满足初值条件

$$\boldsymbol{Y}_1(x_0)=\begin{pmatrix}1\\0\\0\\\vdots\\0\end{pmatrix},\boldsymbol{Y}_2(x_0)=\begin{pmatrix}0\\1\\0\\\vdots\\0\end{pmatrix},\cdots,\boldsymbol{Y}_n(x_0)=\begin{pmatrix}0\\0\\0\\\vdots\\1\end{pmatrix},x_0\in I \tag{3.11}$$

的 n 个解 $\boldsymbol{Y}_1(x),\boldsymbol{Y}_2(x),\cdots,\boldsymbol{Y}_n(x)$. 由于它们所构成的朗斯基行列式 $W(x)$ 在 $x=x_0$ 处有

$$W(x_0)=\begin{vmatrix}1&0&\cdots&0\\0&1&\cdots&0\\\vdots&\vdots&&\vdots\\0&0&\cdots&1\end{vmatrix}=1\neq 0.$$

因而,由推论 3.1 知,

$$\boldsymbol{Y}_1(x),\boldsymbol{Y}_2(x),\cdots,\boldsymbol{Y}_n(x)\text{是基本解组.}$$

满足初值条件(3.11)的基本解组称为方程组(3.8)的**标准基本解组**.标准基本解组对应的矩阵称为**标准基本解矩阵**. 显然,标准基本解矩阵在 $x=x_0$ 时的值为单位矩阵.下面我们可以给出齐次方程组(3.8)的基本定理了.

定理 3.6 如果 $\boldsymbol{Y}_1(x),\boldsymbol{Y}_2(x),\cdots,\boldsymbol{Y}_n(x)$ 是齐次方程组(3.8)的基本解组,则其线性组合

$$\boldsymbol{Y}(x)=C_1\boldsymbol{Y}_1(x)+C_2\boldsymbol{Y}_2(x)+\cdots+C_n\boldsymbol{Y}_n(x) \tag{3.12}$$

是齐次方程组(3.8)的通解,其中 $C_1,C_2,\cdots,C_n$ 为 n 个独立的任意常数.

证明 我们仅需证明如下两点.

首先,由定理 3.2 证明,对任意一组常数 $C_1,C_2,\cdots,C_n$,(3.12)是齐次方程组(3.8)的解.其次,证明:对于任何满足初值条件(3.2)′的齐次方程组(3.8)的解 $\boldsymbol{Y}(x)$,都可找到常数 $C_1,C_2,\cdots,C_n$,使得

$$\boldsymbol{Y}(x)=C_1\boldsymbol{Y}_1(x)+C_2\boldsymbol{Y}_2(x)+\cdots+C_n\boldsymbol{Y}_n(x).$$

为此,作方程组

$$\boldsymbol{\Phi}(x_0)\boldsymbol{C}=\boldsymbol{Y}_0, \tag{3.13}$$

这是一个线性非齐次代数方程组,它的系数行列式恰是线性无关解 $\boldsymbol{Y}_1(x),\boldsymbol{Y}_2(x),\cdots,\boldsymbol{Y}_n(x)$ 构成的朗斯基行列式 $W(x)$ 在 $x=x_0$ 处的值.由定理 3.4 知 $W(x_0)\neq 0$,从而方程组(3.13)有唯一解 $\boldsymbol{C}^{\mathrm{T}}=(\overline{C}_1,\overline{C}_2,\cdots,\overline{C}_n)^{\mathrm{T}}$.令

$$\overline{\boldsymbol{Y}}(x)=\overline{C}_1\boldsymbol{Y}_1(x)+\overline{C}_2\boldsymbol{Y}_2(x)+\cdots+\overline{C}_n\boldsymbol{Y}_n(x).$$

显然,$\overline{\boldsymbol{Y}}(x)$ 是(3.8)的一个解,且与 $\boldsymbol{Y}(x)$ 满足同一个初值条件,由解的唯一性,$\boldsymbol{Y}(x)\equiv\overline{\boldsymbol{Y}}(x)$.定理得证.

推论 3.4 线性齐次方程组(3.8)的线性无关解的个数不能多于 n 个.

实际上,设 $\boldsymbol{Y}_1(x),\boldsymbol{Y}_2(x),\cdots,\boldsymbol{Y}_{n+1}(x)$ 是(3.8)的任意 $n+1$ 个解.现任取其中 n 个解,如果它们线性相关,这时易证 $n+1$ 个解也线性相关.如果它们线性无关,从而构成(3.8)的基本解组,由定理 3.6,余下的这个解可由基本解组线性表出,这就说明这 $n+1$

个解是线性相关的.

至此,我们证明了一阶线性齐次微分方程组(3.8)的解的全体构成一个 n 维线性空间.

齐次方程组(3.8)的解和其系数之间有下列关系.

定理 3.7　如果 $\boldsymbol{Y}_1(x),\boldsymbol{Y}_2(x),\cdots,\boldsymbol{Y}_n(x)$ 是齐次方程组(3.8)的 n 个解,则这 n 个解构成的朗斯基行列式与方程组(3.8)的系数有如下关系式

$$W(x)=W(x_0)\mathrm{e}^{\int_{x_0}^{x}[a_{11}(t)+a_{22}(t)+\cdots+a_{nn}(t)]\mathrm{d}t}. \tag{3.14}$$

这个关系式称为**刘维尔公式.**

证明　仅证 $n=2$ 的情形,$n>2$ 的情形类似.考虑如下方程组:

$$\begin{cases}\dfrac{\mathrm{d}y_1}{\mathrm{d}x}=a_{11}(x)y_1+a_{12}(x)y_2,\\[2mm]\dfrac{\mathrm{d}y_2}{\mathrm{d}x}=a_{21}(x)y_1+a_{22}(x)y_2.\end{cases} \tag{3.15}$$

设

$$\boldsymbol{Y}_1(x)=\begin{pmatrix}y_{11}(x)\\y_{21}(x)\end{pmatrix},\boldsymbol{Y}_2(x)=\begin{pmatrix}y_{12}(x)\\y_{22}(x)\end{pmatrix}$$

是(3.15)的两个解,它们构成的朗斯基行列式

$$W(x)=\begin{vmatrix}y_{11}(x)&y_{12}(x)\\y_{21}(x)&y_{22}(x)\end{vmatrix},$$

$$\frac{\mathrm{d}W(x)}{\mathrm{d}x}=\begin{vmatrix}\dfrac{\mathrm{d}y_{11}(x)}{\mathrm{d}x}&\dfrac{\mathrm{d}y_{12}(x)}{\mathrm{d}x}\\y_{21}(x)&y_{22}(x)\end{vmatrix}+\begin{vmatrix}y_{11}(x)&y_{12}(x)\\\dfrac{\mathrm{d}y_{21}(x)}{\mathrm{d}x}&\dfrac{\mathrm{d}y_{22}(x)}{\mathrm{d}x}\end{vmatrix}.$$

因为 $\boldsymbol{Y}_1(x),\boldsymbol{Y}_2(x)$ 分别是(3.15)的解,所以有

$$\begin{cases}\dfrac{\mathrm{d}y_{11}}{\mathrm{d}x}=a_{11}(x)y_{11}(x)+a_{12}(x)y_{21}(x),\\[2mm]\dfrac{\mathrm{d}y_{21}}{\mathrm{d}x}=a_{21}(x)y_{11}(x)+a_{22}(x)y_{21}(x),\end{cases}$$

$$\begin{cases}\dfrac{\mathrm{d}y_{12}}{\mathrm{d}x}=a_{11}(x)y_{12}(x)+a_{12}(x)y_{22}(x),\\[2mm]\dfrac{\mathrm{d}y_{22}}{\mathrm{d}x}=a_{21}(x)y_{12}(x)+a_{22}(x)y_{22}(x),\end{cases}$$

分别代入$\dfrac{\mathrm{d}W(x)}{\mathrm{d}x}$中有

$$\frac{\mathrm{d}W(x)}{\mathrm{d}x}=\begin{vmatrix}a_{11}y_{11}+a_{12}y_{21}&a_{11}y_{12}+a_{12}y_{22}\\y_{21}&y_{22}\end{vmatrix}+\begin{vmatrix}y_{11}&y_{12}\\a_{21}y_{11}+a_{22}y_{21}&a_{21}y_{12}+a_{22}y_{22}\end{vmatrix}$$

$$=\begin{vmatrix} a_{11}y_{11} & a_{11}y_{12} \\ y_{21} & y_{22} \end{vmatrix}+\begin{vmatrix} y_{11} & y_{12} \\ a_{22}y_{21} & a_{22}y_{22} \end{vmatrix}$$
$$=(a_{11}+a_{22})W(x),$$

即

$$\frac{\mathrm{d}W}{\mathrm{d}x}=[a_{11}(x)+a_{22}(x)]W,$$

$$W(x)=c\mathrm{e}^{\int_{x_0}^{x}[a_{11}(t)+a_{22}(t)]\mathrm{d}t}$$

或

$$W(x)=W(x_0)\mathrm{e}^{\int_{x_0}^{x}[a_{11}(t)+a_{22}(t)]\mathrm{d}t}.$$

在代数学中，$\sum\limits_{k=1}^{n}a_{kk}(x)$称为矩阵$\boldsymbol{A}(x)$的迹，记作 $\mathrm{tr}\,\boldsymbol{A}(x)$，因此刘维尔公式可表为

$$W(x)=W(x_0)\mathrm{e}^{\int_{x_0}^{x}\mathrm{tr}\,\boldsymbol{A}(t)\mathrm{d}t}.$$

从公式(3.14)可以明显看出，齐次方程组(3.8)的 n 个解所构成的朗斯基行列式 $W(x)$ 或者恒为零，或者恒不为零.

习 题 3.3

1. 设 $n\times n$ 矩阵函数 $\boldsymbol{A}_1(t)$，$\boldsymbol{A}_2(t)$ 在 (a,b) 内连续，试证明，若方程组$\dfrac{\mathrm{d}\boldsymbol{X}}{\mathrm{d}t}=\boldsymbol{A}_1(t)\boldsymbol{X}$ 与$\dfrac{\mathrm{d}\boldsymbol{X}}{\mathrm{d}t}=\boldsymbol{A}_2(t)\boldsymbol{X}$ 有相同的基本解组，则 $\boldsymbol{A}_1(t)\equiv\boldsymbol{A}_2(t)$.

2. 求解下列方程组：

(1) $\begin{cases}\dfrac{\mathrm{d}x}{\mathrm{d}t}=\lambda_1 x,\\ \dfrac{\mathrm{d}y}{\mathrm{d}t}=\lambda_2 y;\end{cases}$ (2) $\begin{cases}\dfrac{\mathrm{d}r}{\mathrm{d}t}=-r(r^2-1),\\ \dfrac{\mathrm{d}\theta}{\mathrm{d}t}=1;\end{cases}$ (3) $\begin{cases}\dfrac{\mathrm{d}x}{\mathrm{d}t}=\lambda x,\\ \dfrac{\mathrm{d}y}{\mathrm{d}t}=x+\lambda y.\end{cases}$

3. 试证线性非齐次方程组(3.7)满足初值条件 $\boldsymbol{Y}(x_0)=\boldsymbol{Y}_0$ 的解的唯一性等价于齐次方程组(3.8)满足初值条件 $\boldsymbol{Y}(x_0)=\boldsymbol{0}$ 的零解的唯一性.

4. 设 $\boldsymbol{\Phi}(x)$ 和 $\boldsymbol{\psi}(x)$ 是线性齐次方程组

$$\frac{\mathrm{d}\boldsymbol{Y}}{\mathrm{d}x}=\boldsymbol{A}(x)\boldsymbol{Y}$$

的两个基本解矩阵.证明：存在非奇异方阵 $\boldsymbol{M}$，使得

$$\boldsymbol{\Phi}(x)=\boldsymbol{\psi}(x)\boldsymbol{M}.$$

5. 向量函数组 $(1,0,0)^{\mathrm{T}}$，$(x,0,0)^{\mathrm{T}}$，$(x^2,0,0)^{\mathrm{T}}$ 是否线性相关？上述向量函数组能否成为某个三维齐次线性微分方程组的基本解组？

6. 已知 $\boldsymbol{Y}_1(x)=(\sin x,\cos x)^{\mathrm{T}}$，$\boldsymbol{Y}_2(x)=(\cos x,-\sin x)^{\mathrm{T}}$ 是方程组 $\boldsymbol{Y}'(x)=\boldsymbol{A}(x)\boldsymbol{Y}(x)$ 的基本解组，求二阶方阵 $\boldsymbol{A}(x)$.

7. 设 $\boldsymbol{A}(x)$ 是以 ω 为周期的矩阵函数，$\boldsymbol{\Phi}(x)$ 是线性齐次方程组(3.8)的基本解矩阵.证明：

(1) 对整数 k，$\boldsymbol{\Phi}(x+k\omega)$ 也是(3.8)的基本解矩阵；

(2) 存在非奇异方阵 $\boldsymbol{P}$，使得 $\boldsymbol{\Phi}(x+k\omega)=\boldsymbol{\Phi}(x)\boldsymbol{P}^k$；

(3) 存在非奇异方阵 $\boldsymbol{M}$，使得 $\boldsymbol{\Phi}(x+\omega)=\boldsymbol{\Phi}(x)\boldsymbol{M}\boldsymbol{\Phi}(\omega)$.

8. 设 $\boldsymbol{A}(x)\equiv\boldsymbol{A}$，$\boldsymbol{\Phi}(x)$ 是线性齐次方程组(3.8)的基本解矩阵，且 $\boldsymbol{\Phi}(0)$ 为单位矩阵.证明：

$$\boldsymbol{\Phi}(x_1)\boldsymbol{\Phi}^{-1}(x_2)=\boldsymbol{\Phi}(x_1-x_2).$$

3.4　一阶线性非齐次方程组的一般理论

本节研究一阶线性非齐次方程组

$$\frac{\mathrm{d}\boldsymbol{Y}}{\mathrm{d}x}=\boldsymbol{A}(x)\boldsymbol{Y}+\boldsymbol{F}(x) \tag{3.7}$$

的通解结构与常数变易法.

3.4.1　通解结构

定理 3.8　如果 $\widetilde{\boldsymbol{Y}}(x)$ 是线性非齐次方程组(3.7)的解，而 $\boldsymbol{Y}_0(x)$ 是其对应齐次方程组(3.8)的解，则 $\boldsymbol{Y}_0(x)+\widetilde{\boldsymbol{Y}}(x)$ 是非齐次方程组(3.7)的解.

证明　这只要直接代入验证即可.

定理 3.9　线性非齐次方程组(3.7)的任意两个解之差是其对应齐次方程组(3.8)的解.

证明　设 $\boldsymbol{Y}(x)$ 和 $\widetilde{\boldsymbol{Y}}(x)$ 是非齐次方程组(3.7)的任意两个解，即有等式

$$\frac{\mathrm{d}\boldsymbol{Y}(x)}{\mathrm{d}x}=\boldsymbol{A}(x)\boldsymbol{Y}(x)+\boldsymbol{F}(x),\quad\frac{\mathrm{d}\widetilde{\boldsymbol{Y}}(x)}{\mathrm{d}x}=\boldsymbol{A}(x)\widetilde{\boldsymbol{Y}}(x)+\boldsymbol{F}(x).$$

于是有

$$\begin{aligned}\frac{\mathrm{d}}{\mathrm{d}x}[\boldsymbol{Y}(x)-\widetilde{\boldsymbol{Y}}(x)]&=\frac{\mathrm{d}\boldsymbol{Y}(x)}{\mathrm{d}x}-\frac{\mathrm{d}\widetilde{\boldsymbol{Y}}(x)}{\mathrm{d}x}\\&=\boldsymbol{A}(x)\boldsymbol{Y}(x)+\boldsymbol{F}(x)-\boldsymbol{A}(x)\widetilde{\boldsymbol{Y}}(x)-\boldsymbol{F}(x)\\&=\boldsymbol{A}(x)[\boldsymbol{Y}(x)-\widetilde{\boldsymbol{Y}}(x)],\end{aligned}$$

上式说明 $\boldsymbol{Y}(x)-\widetilde{\boldsymbol{Y}}(x)$ 是齐次方程组(3.8)的解.

定理 3.10　线性非齐次方程组(3.7)的通解等于其对应的齐次方程组(3.8)的通解与方程组(3.7)的一个特解之和.即若 $\widetilde{\boldsymbol{Y}}(x)$ 是非齐次方程组(3.7)的一个特解，$\boldsymbol{Y}_1(x)$，$\boldsymbol{Y}_2(x)$，…，$\boldsymbol{Y}_n(x)$ 是对应齐次方程组(3.8)的一个基本解组，则方程组(3.7)的通解为

$$\boldsymbol{Y}(x)=C_1\boldsymbol{Y}_1(x)+C_2\boldsymbol{Y}_2(x)+\cdots+C_n\boldsymbol{Y}_n(x)+\widetilde{\boldsymbol{Y}}(x), \tag{3.16}$$

这里 $C_1,C_2,\cdots,C_n$ 是任意常数.

证明 首先由定理 3.8,不论 $C_1,C_2,\cdots,C_n$ 是什么常数,(3.16)都是(3.7)的解.其次对于方程组(3.7)的任何一个解 $\boldsymbol{Y}(x)$,由定理 3.9 知,$\boldsymbol{Y}(x)-\widetilde{\boldsymbol{Y}}(x)$ 是对应齐次方程组的解.于是由基本定理 3.6,存在常数 $\overline{C}_1,\overline{C}_2,\cdots,\overline{C}_n$ 使得

$$\boldsymbol{Y}(x)-\widetilde{\boldsymbol{Y}}(x)=\overline{C}_1\boldsymbol{Y}_1(x)+\overline{C}_2\boldsymbol{Y}_2(x)+\cdots+\overline{C}_n\boldsymbol{Y}_n(x),$$

即

$$\boldsymbol{Y}(x)=\overline{C}_1\boldsymbol{Y}_1(x)+\overline{C}_2\boldsymbol{Y}_2(x)+\cdots+\overline{C}_n\boldsymbol{Y}_n(x)+\widetilde{\boldsymbol{Y}}(x),$$

所以(3.16)是(3.7)的通解.定理证毕.

3.4.2 常数变易法

在第一章我们介绍了对于一阶线性非齐次方程,可用常数变易法求其通解.现在,对于线性非齐次方程组,自然要问,是否也可用常数变易法求其通解呢?事实上,定理 3.10 告诉我们,为了求解非齐次方程组(3.7),只需求出它的一个特解和对应齐次方程组(3.8)的一个基本解组.而当(3.8)的基本解组已知时,类似于一阶方程式,有下面的常数变易法可以求得(3.7)的一个特解.

由定理 3.6 知,齐次方程组(3.8)的通解可表示为

$$\boldsymbol{Y}(x)=\boldsymbol{\Phi}(x)\boldsymbol{C},$$

其中 $\boldsymbol{C}=(C_1,C_2,\cdots,C_n)^{\mathrm{T}}$,它的各个分量 $C_i(i=1,2,\cdots,n)$ 为任意常数.现在求(3.7)的形如

$$\widetilde{\boldsymbol{Y}}(x)=\boldsymbol{\Phi}(x)\boldsymbol{C}(x) \tag{3.17}$$

的解,其中 $\boldsymbol{C}(x)=(C_1(x),C_2(x),\cdots,C_n(x))^{\mathrm{T}}$ 为待定向量函数.将(3.17)代入(3.7)有

$$\boldsymbol{\Phi}'(x)\boldsymbol{C}(x)+\boldsymbol{\Phi}(x)\boldsymbol{C}'(x)=\boldsymbol{A}(x)\boldsymbol{\Phi}(x)\boldsymbol{C}(x)+\boldsymbol{F}(x),$$

其中

$$\boldsymbol{\Phi}'(x)=\begin{pmatrix} y'_{11}(x) & y'_{12}(x) & \cdots & y'_{1n}(x) \\ y'_{21}(x) & y'_{22}(x) & \cdots & y'_{2n}(x) \\ \vdots & \vdots & & \vdots \\ y'_{n1}(x) & y'_{n2}(x) & \cdots & y'_{nn}(x) \end{pmatrix}.$$

因为 $\boldsymbol{\Phi}(x)$ 是(3.8)的基本解矩阵,所以有 $\boldsymbol{\Phi}'(x)=\boldsymbol{A}(x)\boldsymbol{\Phi}(x)$.
从而,上式变为

$$\boldsymbol{\Phi}(x)\boldsymbol{C}'(x)=\boldsymbol{F}(x). \tag{3.18}$$

由于 $\boldsymbol{\Phi}(x)$ 是非奇异矩阵,故 $\boldsymbol{\Phi}^{-1}(x)$ 存在,于是

$$\boldsymbol{C}'(x)=\boldsymbol{\Phi}^{-1}(x)\boldsymbol{F}(x),$$

积分得

$$\boldsymbol{C}(x)=\int_{x_0}^{x}\boldsymbol{\Phi}^{-1}(t)\boldsymbol{F}(t)\,\mathrm{d}t,$$

其中 x_0 为 I 中任一点.代入(3.17)得到

$$\widetilde{\boldsymbol{Y}}(x)=\int_{x_0}^{x}\boldsymbol{\Phi}(x)\boldsymbol{\Phi}^{-1}(t)\boldsymbol{F}(t)\mathrm{d}t,$$

显然 $\widetilde{\boldsymbol{Y}}(x)$ 是(3.7)的一个特解，于是得到非齐次方程组(3.7)的通解公式

$$\boldsymbol{Y}(x)=\boldsymbol{\Phi}(x)\boldsymbol{C}(x)+\int_{x_0}^{x}\boldsymbol{\Phi}(x)\boldsymbol{\Phi}^{-1}(t)\boldsymbol{F}(t)\mathrm{d}t. \tag{3.19}$$

例 1 求解方程组 $\begin{cases}\dot{x}=y-5\cos t,\\ \dot{y}=2x+y.\end{cases}$

解 由 3.3 节例 4 知，向量函数组

$$\begin{pmatrix}x_1\\ y_1\end{pmatrix}=\begin{pmatrix}\mathrm{e}^{-t}\\ -\mathrm{e}^{-t}\end{pmatrix},\begin{pmatrix}x_2\\ y_2\end{pmatrix}=\begin{pmatrix}\mathrm{e}^{2t}\\ 2\mathrm{e}^{2t}\end{pmatrix}$$

是对应齐次方程组的基本解组.现在求非齐次方程组形如

$$\begin{pmatrix}\widetilde{x}\\ \widetilde{y}\end{pmatrix}=C_1(t)\begin{pmatrix}\mathrm{e}^{-t}\\ -\mathrm{e}^{-t}\end{pmatrix}+C_2(t)\begin{pmatrix}\mathrm{e}^{2t}\\ 2\mathrm{e}^{2t}\end{pmatrix}$$

的特解，此时(3.18)的纯量形式为

$$\begin{cases}C'_1(t)\mathrm{e}^{-t}+C'_2(t)\mathrm{e}^{2t}=-5\cos t,\\ -C'_1(t)\mathrm{e}^{-t}+2C'_2(t)\mathrm{e}^{2t}=0,\end{cases}$$

解之得

$$C'_1(t)=-\frac{10}{3}\mathrm{e}^{t}\cos t,C'_2(t)=-\frac{5}{3}\mathrm{e}^{-2t}\cos t,$$

从而

$$C_1(t)=-\frac{5}{3}\mathrm{e}^{t}(\cos t+\sin t),C_2(t)=\frac{1}{3}\mathrm{e}^{-2t}(2\cos t-\sin t),$$

最后可得该方程组的通解为

$$\begin{cases}x(t)=C_1\mathrm{e}^{-t}+C_2\mathrm{e}^{2t}-\cos t-2\sin t,\\ y(t)=-C_1\mathrm{e}^{-t}+2C_2\mathrm{e}^{2t}+3\cos t+\sin t.\end{cases}$$

习 题 3.4

1. 考虑线性非齐次方程组(3.7)，其中

$$\boldsymbol{A}(x)=\begin{pmatrix}\cos^2 x & \dfrac{\sin 2x}{2}-1\\ \dfrac{\sin 2x}{2}+1 & \sin^2 x\end{pmatrix},\quad \boldsymbol{F}(x)=\begin{pmatrix}\cos x\\ \sin x\end{pmatrix}.$$

(1) 验证

$$\boldsymbol{\Phi}(x)=\begin{pmatrix}\mathrm{e}^{x}\cos x & -\sin x\\ \mathrm{e}^{t}\sin x & \cos x\end{pmatrix}$$

是(3.7)对应的线性齐次方程组(3.8)的基本解矩阵;

(2) 求(3.7)满足 $\boldsymbol{Y}(0)=(-1,2)^{\mathrm{T}}$ 的解.

2. 证明线性非齐次方程组(3.7)存在且至多存在 $n+1$ 个线性无关解.(3.7)的解的全体是否构成 $n+1$ 维线性空间?

3. 设 $\boldsymbol{Y}_1(x),\boldsymbol{Y}_2(x),\cdots,\boldsymbol{Y}_{n+1}(x)$ 是线性非齐次方程组(3.7)的 $n+1$ 个线性无关解.证明:(3.7)的任意解 $\boldsymbol{Y}(x)$ 均可表示为 $\boldsymbol{Y}(x)=\sum\limits_{i=1}^{n+1}c_i\boldsymbol{Y}_i(x)$,其中 $c_1,c_2,\cdots,c_{n+1}$ 均为常数且满足 $\sum\limits_{i=1}^{n+1}c_i=1$. 反之,对于任何满足上式的常数 $c_1,c_2,\cdots,c_{n+1}$,$\boldsymbol{Y}(x)=\sum\limits_{i=1}^{n+1}c_i\boldsymbol{Y}_i(x)$ 均是(3.7)的解.

4. 设 $\boldsymbol{\Phi}(x)$ 是线性齐次方程组(3.8)的一个基本解矩阵,n 维向量函数 $\boldsymbol{f}(x,\boldsymbol{Y})$ 在区域 $\{(x,y)\mid a<x<b,\ |\boldsymbol{Y}|<+\infty\}$ 内连续.证明:求解初值问题

$$\frac{\mathrm{d}\boldsymbol{Y}}{\mathrm{d}x}=\boldsymbol{A}(x)\boldsymbol{Y}+\boldsymbol{f}(x,\boldsymbol{Y}),\quad \boldsymbol{Y}(x_0)=\boldsymbol{Y}_0,\quad x\in(a,b)$$

等价于求解积分方程

$$\boldsymbol{Y}(x)=\boldsymbol{\Phi}(x)\boldsymbol{\Phi}^{-1}(x_0)\boldsymbol{Y}_0+\int_{x_0}^{x}\boldsymbol{\Phi}(x)\boldsymbol{\Phi}^{-1}(s)\boldsymbol{f}(s,\boldsymbol{Y}(s))\,\mathrm{d}s,\quad x_0,x\in(a,b).$$

5. 设在线性非齐次方程组(3.7)中,$\boldsymbol{A}(x)$,$\boldsymbol{F}(x)$ 是以 ω 为周期的连续函数,$\boldsymbol{\Phi}(x)$ 是其对应线性齐次方程组(3.8)的基本解矩阵,且 $\boldsymbol{\Phi}(0)$ 为单位矩阵.证明:(3.7)的解 $\boldsymbol{\varphi}(x)$ 是以 ω 为周期的周期解的充要条件是 $\boldsymbol{\varphi}(0)=\boldsymbol{\varphi}(\omega)$.

3.5 常系数线性微分方程组的解法

由定理 3.6 我们已知道,求线性齐次方程组(3.8)的通解问题,归结到求其基本解组.但是对于一般的方程组(3.8),如何求出基本解组,至今尚无一般方法.然而对于常系数线性齐次方程组

$$\frac{\mathrm{d}\boldsymbol{Y}}{\mathrm{d}x}=\boldsymbol{A}\boldsymbol{Y},\tag{3.20}$$

其中 $\boldsymbol{A}$ 是 $n\times n$ 实常数矩阵,借助于线性代数中的若尔当(Jordan)标准形理论或矩阵指数,可以使这一问题得到彻底解决.本节将介绍前一种方法,因为它比较直观.

由线性代数知识可知,对于任一 $n\times n$ 矩阵 $\boldsymbol{A}$,恒存在非奇异的 $n\times n$ 矩阵 $\boldsymbol{T}$,使矩阵 $\boldsymbol{T}^{-1}\boldsymbol{A}\boldsymbol{T}$ 成为若尔当标准形.为此,对方程组(3.20)引入非奇异线性变换

$$\boldsymbol{Y}=\boldsymbol{T}\boldsymbol{Z},\tag{3.21}$$

其中 $\boldsymbol{T}=(t_{ij})\,(i,j=1,2,\cdots,n)$,$\det\boldsymbol{T}\neq0$,将方程组(3.20)化为

$$\frac{\mathrm{d}\boldsymbol{Z}}{\mathrm{d}x}=\boldsymbol{T}^{-1}\boldsymbol{A}\boldsymbol{T}\boldsymbol{Z}.\tag{3.22}$$

我们知道,若尔当标准形 $\boldsymbol{T}^{-1}\boldsymbol{A}\boldsymbol{T}\boldsymbol{Z}$ 的形式与矩阵 $\boldsymbol{A}$ 的特征方程

$$\det(\boldsymbol{A}-\lambda\boldsymbol{E})=\begin{vmatrix} a_{11}-\lambda & a_{12} & \cdots & a_{1n} \\ a_{21} & a_{22}-\lambda & \cdots & a_{2n} \\ \vdots & \vdots & & \vdots \\ a_{n1} & a_{n2} & \cdots & a_{nn}-\lambda \end{vmatrix}=0$$

的根的情况有关.上述方程也称为常系数齐次方程组(3.20)的**特征方程式**.它的根称为矩阵 $\boldsymbol{A}$ 的特征根.

下面分两种情况讨论.

3.5.1　矩阵 $\boldsymbol{A}$ 的特征根均是单根的情形

设特征根为 $\lambda_1,\lambda_2,\cdots,\lambda_n$,这时

$$\boldsymbol{T}^{-1}\boldsymbol{A}\boldsymbol{T}=\begin{pmatrix} \lambda_1 & & & \\ & \lambda_2 & & \\ & & \ddots & \\ & & & \lambda_n \end{pmatrix},$$

方程组(3.20)变为

$$\begin{pmatrix} \dfrac{\mathrm{d}z_1}{\mathrm{d}x} \\ \dfrac{\mathrm{d}z_2}{\mathrm{d}x} \\ \vdots \\ \dfrac{\mathrm{d}z_n}{\mathrm{d}x} \end{pmatrix}=\begin{pmatrix} \lambda_1 & & & \\ & \lambda_2 & & \\ & & \ddots & \\ & & & \lambda_n \end{pmatrix}\begin{pmatrix} z_1 \\ z_2 \\ \vdots \\ z_n \end{pmatrix}. \tag{3.23}$$

易见方程组(3.23)有 n 个解

$$\boldsymbol{Z}_1(x)=\begin{pmatrix} 1 \\ 0 \\ 0 \\ \vdots \\ 0 \end{pmatrix}\mathrm{e}^{\lambda_1 x},\boldsymbol{Z}_2(x)=\begin{pmatrix} 0 \\ 1 \\ 0 \\ \vdots \\ 0 \end{pmatrix}\mathrm{e}^{\lambda_2 x},\cdots,\boldsymbol{Z}_n(x)=\begin{pmatrix} 0 \\ 0 \\ \vdots \\ 0 \\ 1 \end{pmatrix}\mathrm{e}^{\lambda_n x}.$$

把这 n 个解代回变换(3.21)之中,便得到方程组(3.20)的 n 个解

$$\boldsymbol{Y}_i(x)=\mathrm{e}^{\lambda_i x}\begin{pmatrix} t_{1i} \\ t_{2i} \\ \vdots \\ t_{ni} \end{pmatrix}=\mathrm{e}^{\lambda_i x}\boldsymbol{T}_i \quad (i=1,2,\cdots,n),$$

这里 $\boldsymbol{T}_i$ 是矩阵 $\boldsymbol{T}$ 第 i 列向量,它恰好是矩阵 $\boldsymbol{A}$ 关于特征根 λ_i 的特征向量,并且由线性

方程组$(\boldsymbol{A}-\lambda_i\boldsymbol{E})\boldsymbol{T}_i=\boldsymbol{0}$所确定.容易看出$\boldsymbol{Y}_1(x),\boldsymbol{Y}_2(x),\cdots,\boldsymbol{Y}_n(x)$构成(3.20)的一个基本解组,因为它们构成的朗斯基行列式$W(x)$在$x=0$时$W(0)=\det\boldsymbol{T}\neq 0$.于是得到

定理 3.11 如果方程组(3.20)的系数矩阵$\boldsymbol{A}$的n个特征根$\lambda_1,\lambda_2,\cdots,\lambda_n$彼此互异,且$\boldsymbol{T}_1,\boldsymbol{T}_2,\cdots,\boldsymbol{T}_n$分别是它们所对应的特征向量,则

$$\boldsymbol{Y}_1(x)=e^{\lambda_1 x}\boldsymbol{T}_1,\boldsymbol{Y}_2(x)=e^{\lambda_2 x}\boldsymbol{T}_2,\cdots,\boldsymbol{Y}_n(x)=e^{\lambda_n x}\boldsymbol{T}_n$$

是方程组(3.20)的一个基本解组.

例 1 试求方程组

$$\begin{cases}\dfrac{dx}{dt}=3x-y+z,\\ \dfrac{dy}{dt}=-x+5y-z,\\ \dfrac{dz}{dt}=x-y+3z\end{cases}$$

的通解.

解 它的系数矩阵是

$$\boldsymbol{A}=\begin{pmatrix}3&-1&1\\-1&5&-1\\1&-1&3\end{pmatrix},$$

特征方程是

$$\det(\boldsymbol{A}-\lambda\boldsymbol{E})=\begin{vmatrix}3-\lambda&-1&1\\-1&5-\lambda&-1\\1&-1&3-\lambda\end{vmatrix}=0,$$

即

$$\lambda^3-11\lambda^2+36\lambda-36=0,$$

所以矩阵$\boldsymbol{A}$的特征根为$\lambda_1=2,\lambda_2=3,\lambda_3=6$.先求$\lambda_1=2$对应的特征向量

$$\boldsymbol{T}_1=\begin{pmatrix}a\\b\\c\end{pmatrix}.$$

a,b,c满足方程组

$$(\boldsymbol{A}-\lambda_1\boldsymbol{E})\begin{pmatrix}a\\b\\c\end{pmatrix}=\begin{pmatrix}1&-1&1\\-1&3&-1\\1&-1&1\end{pmatrix}\begin{pmatrix}a\\b\\c\end{pmatrix}=0,$$

即

$$\begin{cases}a-b+c=0,\\-a+3b-c=0,\\a-b+c=0,\end{cases}$$

可得$a=-c,b=0$.取一组非零解,例如令$c=-1$,就有$a=1,b=0,c=-1$.同样,可求出另两

个特征根所对应的特征向量,这样,这三个特征根所对应的特征向量分别是

$$T_1=\begin{pmatrix}1\\0\\-1\end{pmatrix},T_2=\begin{pmatrix}1\\1\\1\end{pmatrix},T_3=\begin{pmatrix}1\\-2\\1\end{pmatrix},$$

故方程组的通解是

$$\begin{pmatrix}x(t)\\y(t)\\z(t)\end{pmatrix}=C_1e^{2t}\begin{pmatrix}1\\0\\-1\end{pmatrix}+C_2e^{3t}\begin{pmatrix}1\\1\\1\end{pmatrix}+C_3e^{6t}\begin{pmatrix}1\\-2\\1\end{pmatrix}.$$

我们已经知道,求解方程组

$$\frac{d\boldsymbol{Y}}{dx}=\boldsymbol{AY} \tag{3.20}$$

归结为求矩阵 $\boldsymbol{A}$ 的特征根和对应的特征向量问题.现在考虑复根情形. 因为 $\boldsymbol{A}$ 是实的矩阵,所以复特征根是共轭出现的.设 $\lambda_{1,2}=\alpha\pm i\beta$ 是一对共轭根,由定理 3.11,对应解是

$$\boldsymbol{Y}_1(x)=e^{\lambda_1 x}\boldsymbol{T}_1,\boldsymbol{Y}_2(x)=e^{\lambda_2 x}\boldsymbol{T}_2,$$

其中 $\boldsymbol{T}_1,\boldsymbol{T}_2$ 是相应的特征向量, 这是实变量的复值解, 通常我们希望求出方程组(3.20)的实值解, 这可由下述方法实现.

定理 3.12　如果实系数线性齐次方程组

$$\frac{d\boldsymbol{Y}}{dx}=\boldsymbol{A}(x)\boldsymbol{Y}$$

有复值解 $\boldsymbol{Y}(x)=\boldsymbol{U}(x)+i\boldsymbol{V}(x)$,其中 $\boldsymbol{U}(x)$ 与 $\boldsymbol{V}(x)$ 都是实向量函数,则其实部和虚部

$$\boldsymbol{U}(x)=\begin{pmatrix}u_1(x)\\u_2(x)\\\vdots\\u_n(x)\end{pmatrix},\quad \boldsymbol{V}(x)=\begin{pmatrix}v_1(x)\\v_2(x)\\\vdots\\v_n(x)\end{pmatrix}$$

都是齐次方程组(3.8)的解.

证明　因为 $\boldsymbol{Y}(x)=\boldsymbol{U}(x)+i\boldsymbol{V}(x)$ 是方程组(3.8)的解,所以

$$\begin{aligned}\frac{d}{dx}[\boldsymbol{U}(x)+i\boldsymbol{V}(x)]&\equiv\frac{d\boldsymbol{U}(x)}{dx}+i\frac{d\boldsymbol{V}(x)}{dx}\\&\equiv\boldsymbol{A}(x)[\boldsymbol{U}(x)+i\boldsymbol{V}(x)]\\&\equiv\boldsymbol{A}(x)\boldsymbol{U}(x)+i\boldsymbol{A}(x)\boldsymbol{V}(x).\end{aligned}$$

由于两个复数表达式恒等相当于实部及虚部恒等,所以上述恒等式表明:

$$\frac{d\boldsymbol{U}(x)}{dx}=\boldsymbol{A}(x)\boldsymbol{U}(x),\quad \frac{d\boldsymbol{V}(x)}{dx}=\boldsymbol{A}(x)\boldsymbol{V}(x),$$

即 $\boldsymbol{U}(x),\boldsymbol{V}(x)$ 都是方程组(3.8)的解.证毕.

定理 3.13　如果 $\boldsymbol{Y}_1(x),\boldsymbol{Y}_2(x),\cdots,\boldsymbol{Y}_n(x)$ 是区间 (a,b) 内的 n 个线性无关的向量函数,b_1,b_2 是两个不等于零的常数,则向量函数组

$$b_1[\boldsymbol{Y}_1(x)+\boldsymbol{Y}_2(x)],b_2[\boldsymbol{Y}_1(x)-\boldsymbol{Y}_2(x)],\boldsymbol{Y}_3(x),\cdots,\boldsymbol{Y}_n(x) \tag{3.24}$$

在区间 (a,b) 内仍是线性无关的.

证明 （反证法）如果(3.24)线性相关，那么依定义 3.1 知，存在 n 个不全为零的常数 $C_1,C_2,\cdots,C_n$，使得对区间(a,b)内的所有 x 皆有

$$C_1b_1[\boldsymbol{Y}_1(x)+\boldsymbol{Y}_2(x)]+C_2b_2[\boldsymbol{Y}_1(x)-\boldsymbol{Y}_2(x)]+C_3\boldsymbol{Y}_3(x)+\cdots+C_n\boldsymbol{Y}_n(x)\equiv\boldsymbol{0},$$

所以

$$(C_1b_1+C_2b_2)\boldsymbol{Y}_1(x)+(C_1b_1-C_2b_2)\boldsymbol{Y}_2(x)+C_3\boldsymbol{Y}_3(x)+\cdots+C_n\boldsymbol{Y}_n(x)\equiv\boldsymbol{0}.$$

因为 $\boldsymbol{Y}_1(x),\boldsymbol{Y}_2(x),\cdots,\boldsymbol{Y}_n(x)$线性无关，从而

$$C_1b_1+C_2b_2=0,C_1b_1-C_2b_2=0,C_3=0,\cdots,C_n=0.$$

从上式可知，$C_1b_1=C_2b_2=0$，因为 $b_1,b_2\neq0$，故 $C_1=C_2=0$. 即所有常数 $C_1,C_2,\cdots,C_n$都等于零，矛盾. 证毕.

由代数知识知，实矩阵 $\boldsymbol{A}$ 的复特征根一定共轭成对地出现. 即，如果 $\lambda=a+ib$ 是特征根，则其共轭 $\overline{\lambda}=a-ib$ 也是特征根. 由定理 3.11，方程组(3.20)对应于 $\lambda=a+ib$ 的复值解形式是

$$\begin{aligned}\boldsymbol{Y}_1(x)&=\mathrm{e}^{(a+ib)x}\boldsymbol{T}_1=\mathrm{e}^{(a+ib)x}\begin{pmatrix}t_1\\t_2\\\vdots\\t_n\end{pmatrix}=\mathrm{e}^{(a+ib)x}\begin{pmatrix}t_{11}+\mathrm{i}t_{12}\\t_{21}+\mathrm{i}t_{22}\\\vdots\\t_{n1}+\mathrm{i}t_{n2}\end{pmatrix}\\&=\mathrm{e}^{ax}(\cos bx+\mathrm{i}\sin bx)\begin{pmatrix}t_{11}+\mathrm{i}t_{12}\\t_{21}+\mathrm{i}t_{22}\\\vdots\\t_{n1}+\mathrm{i}t_{n2}\end{pmatrix}\\&=\mathrm{e}^{ax}\begin{pmatrix}t_{11}\cos bx-t_{12}\sin bx\\t_{21}\cos bx-t_{22}\sin bx\\\vdots\\t_{n1}\cos bx-t_{n2}\sin bx\end{pmatrix}+\mathrm{i}\mathrm{e}^{ax}\begin{pmatrix}t_{12}\cos bx+t_{11}\sin bx\\t_{22}\cos bx+t_{21}\sin bx\\\vdots\\t_{n2}\cos bx+t_{n1}\sin bx\end{pmatrix},\end{aligned}$$

这里 $\boldsymbol{T}_1$ 是对应于 $\lambda=a+ib$ 的特征向量. 由于矩阵 $\boldsymbol{A}$ 是实的，所以上述向量的共轭向量是方程组(3.20)对应于特征根 $\overline{\lambda}=a-ib$ 的解，记作 $\boldsymbol{Y}_2(x)=\mathrm{e}^{(a-ib)x}\boldsymbol{T}_2,\boldsymbol{T}_2=\overline{\boldsymbol{T}}_1$. 现将上述两个复值解，按下述方法分别取其实部和虚部为

$$\frac{1}{2}[\boldsymbol{Y}_1(x)+\boldsymbol{Y}_2(x)]=\mathrm{e}^{ax}\begin{pmatrix}t_{11}\cos bx-t_{12}\sin bx\\t_{21}\cos bx-t_{22}\sin bx\\\vdots\\t_{n1}\cos bx-t_{n2}\sin bx\end{pmatrix},$$

$$\frac{1}{2\mathrm{i}}[\boldsymbol{Y}_1(x)-\boldsymbol{Y}_2(x)]=\mathrm{e}^{ax}\begin{pmatrix}t_{12}\cos bx+t_{11}\sin bx\\t_{22}\cos bx+t_{21}\sin bx\\\vdots\\t_{n2}\cos bx+t_{n1}\sin bx\end{pmatrix}.$$

由定理 3.12 和定理 3.13 可知，它们分别是方程组(3.20)的解，并且由此得到的 n 个解

仍组成基本解组.

例 2 求解方程组

$$\begin{cases}\dfrac{\mathrm{d}x}{\mathrm{d}t}=x-y-z,\\[2mm] \dfrac{\mathrm{d}y}{\mathrm{d}t}=x+y,\\[2mm] \dfrac{\mathrm{d}z}{\mathrm{d}t}=3x+z.\end{cases}$$

解 它的系数矩阵为

$$\boldsymbol{A}=\begin{pmatrix}1&-1&-1\\1&1&0\\3&0&1\end{pmatrix},$$

特征方程是

$$\det(\boldsymbol{A}-\lambda\boldsymbol{E})=\begin{vmatrix}1-\lambda&-1&-1\\1&1-\lambda&0\\3&0&1-\lambda\end{vmatrix}=0,$$

即

$$(\lambda-1)(\lambda^2-2\lambda+5)=0,$$

特征根为

$$\lambda_1=1,\lambda_{2,3}=1\pm2\mathrm{i}.$$

先求 $\lambda_1=1$ 对应的特征向量为

$$\boldsymbol{T}_1=\begin{pmatrix}0\\1\\-1\end{pmatrix},$$

再求 $\lambda_2=1+2\mathrm{i}$ 所对应的特征向量 $\boldsymbol{T}_2$.它应满足方程组

$$(\boldsymbol{A}-(1+2\mathrm{i})\boldsymbol{E})\boldsymbol{T}_2=\begin{pmatrix}-2\mathrm{i}&-1&-1\\1&-2\mathrm{i}&0\\3&0&-2\mathrm{i}\end{pmatrix}\begin{pmatrix}a\\b\\c\end{pmatrix}=\boldsymbol{0},$$

即

$$\begin{cases}-2\mathrm{i}a-b-c=0,\\a-2b\mathrm{i}=0,\\3a-2c\mathrm{i}=0.\end{cases}$$

用 2i 乘上述第一个方程两端,得

$$\begin{cases}4a-2b\mathrm{i}-2c\mathrm{i}=0,\\a-2b\mathrm{i}=0,\\3a-2c\mathrm{i}=0.\end{cases}$$

显见,第一个方程等于第二与第三个方程之和.故上述方程组中仅有两个方程是独立的,即

$$\begin{cases}a-2bi=0,\\3a-2ci=0.\end{cases}$$

求它的一个非零解.不妨令 $a=2i$,则 $b=1,c=3$.于是 $\lambda_2=1+2i$ 对应的解是

$$e^{(1+2i)t}\begin{pmatrix}2i\\1\\3\end{pmatrix}=e^t(\cos 2t+i\sin 2t)\begin{pmatrix}2i\\1\\3\end{pmatrix}$$

$$=e^t\begin{pmatrix}-2\sin 2t\\\cos 2t\\3\cos 2t\end{pmatrix}+ie^t\begin{pmatrix}2\cos 2t\\\sin 2t\\3\sin 2t\end{pmatrix},$$

故原方程组的通解为

$$\begin{pmatrix}x(t)\\y(t)\\z(t)\end{pmatrix}=C_1e^t\begin{pmatrix}0\\1\\-1\end{pmatrix}+C_2e^t\begin{pmatrix}-2\sin 2t\\\cos 2t\\3\cos 2t\end{pmatrix}+C_3e^t\begin{pmatrix}2\cos 2t\\\sin 2t\\3\sin 2t\end{pmatrix}.$$

3.5.2 矩阵 $\boldsymbol{A}$ 的特征根有重根的情形

由定理 3.11,我们已经知道,当方程组(3.20)的系数矩阵 $\boldsymbol{A}$ 的特征根均是单根时,其基本解组的求解问题,归结到求这些特征根所对应的特征向量.然而,当矩阵 $\boldsymbol{A}$ 的特征方程有重根时,定理3.11不一定完全适用,这是因为,若 λ_i是 $\boldsymbol{A}$ 的 k_i重特征根,则由齐次线性方程组

$$(\boldsymbol{A}-\lambda_i\boldsymbol{E})\boldsymbol{T}_i=\boldsymbol{0}$$

所决定的线性无关特征向量的个数 r_i,一般将小于或等于特征根 λ_i的重数 k_i.若 $r_i=k_i$,那么矩阵 $\boldsymbol{A}$ 对应的若尔当标准形将呈现对角矩阵,其求解方法与 3.5.1 节情形相同.若 $r_i<k_i$,由线性代数的知识,此时也可以求出 k_i个线性无关的特征向量,通常称为广义特征向量,以这些特征向量作为满秩矩阵 $\boldsymbol{T}$ 的列向量,可将矩阵 $\boldsymbol{A}$ 化成若尔当标准形

$$\boldsymbol{T}^{-1}\boldsymbol{A}\boldsymbol{T}=\begin{pmatrix}\boldsymbol{J}_1&&&\\&\boldsymbol{J}_2&&\\&&\ddots&\\&&&\boldsymbol{J}_m\end{pmatrix},$$

其中未标出的元均为零元,而

$$\boldsymbol{J}_i=\begin{pmatrix}\lambda_i&1&&\\&\lambda_i&\ddots&\\&&\ddots&1\\&&&\lambda_i\end{pmatrix}\quad(i=1,2,\cdots,m)$$

是 k_i阶若尔当块,$k_1+k_2+\cdots+k_m=n$,$\lambda_1,\lambda_2,\cdots,\lambda_m$是(3.20)的特征根,它们当中可能有的彼此相同.

于是,在变换(3.21)下方程组(3.20)化成

$$\frac{\mathrm{d}\boldsymbol{Z}}{\mathrm{d}x}=\begin{pmatrix}\boldsymbol{J}_1 & & & \\ & \boldsymbol{J}_2 & & \\ & & \ddots & \\ & & & \boldsymbol{J}_m\end{pmatrix}\boldsymbol{Z}. \tag{3.25}$$

根据(3.25)的形式,它可以分解成为 m 个可以求解的小方程组.

为了说清楚这个问题,我们通过一个具体的例子,说明在重根情形下方程组(3.20)的基本解组所应具有的结构.对于一般情形,其推导是相似的.

设方程组

$$\frac{\mathrm{d}\boldsymbol{Y}}{\mathrm{d}x}=\boldsymbol{AY} \tag{3.26}$$

中 $\boldsymbol{A}$ 是 5×5 矩阵,经非奇异线性变换 $\boldsymbol{Y}=\boldsymbol{TZ}$,其中 $\boldsymbol{T}=(t_{ij})(i,j=1,2,\cdots,5)$ 且 $\det\boldsymbol{T}\neq0$,将方程组(3.26)化为

$$\frac{\mathrm{d}\boldsymbol{Z}}{\mathrm{d}x}=\boldsymbol{JZ}. \tag{3.27}$$

我们假定

$$\boldsymbol{J}=\begin{pmatrix}\lambda_1 & 1 & 0 & 0 & 0\\ 0 & \lambda_1 & 1 & 0 & 0\\ 0 & 0 & \lambda_1 & 0 & 0\\ 0 & 0 & 0 & \lambda_2 & 1\\ 0 & 0 & 0 & 0 & \lambda_2\end{pmatrix},$$

这时,方程组(3.27)可以分裂为两个独立的小方程组

$$\begin{cases}\dfrac{\mathrm{d}z_1}{\mathrm{d}x}=\lambda_1z_1+z_2,\\ \dfrac{\mathrm{d}z_2}{\mathrm{d}x}=\lambda_1z_2+z_3,\\ \dfrac{\mathrm{d}z_3}{\mathrm{d}x}=\lambda_1z_3,\end{cases} \tag{3.28}$$

$$\begin{cases}\dfrac{\mathrm{d}z_4}{\mathrm{d}x}=\lambda_2z_4+z_5,\\ \dfrac{\mathrm{d}z_5}{\mathrm{d}x}=\lambda_2z_5.\end{cases} \tag{3.29}$$

在(3.28)中自下而上逐次用初等积分法可解得

$$z_1=\left(\frac{C_3}{2!}x^2+C_2x+C_1\right)\mathrm{e}^{\lambda_1x},\quad z_2=(C_3x+C_2)\mathrm{e}^{\lambda_1x},\quad z_3=C_3\mathrm{e}^{\lambda_1x},$$

同样对(3.29)可解得

$$z_4=(C_5x+C_4)\mathrm{e}^{\lambda_2x},\quad z_5=C_5\mathrm{e}^{\lambda_2x},$$

这里 $C_1,C_2,\cdots,C_5$是任意常数.由于在方程(3.28)中不出现 z_4,z_5,在(3.29)中不出现

z_1,z_2,z_3.我们依次取

$$C_1=1,C_2=C_3=C_4=C_5=0,$$

$$C_1=0,C_2=1,C_3=C_4=C_5=0,$$

$$C_1=C_2=0,C_3=1,C_4=C_5=0,$$

$$C_1=C_2=C_3=0,C_4=1,C_5=0,$$

$$C_1=C_2=C_3=C_4=0,C_5=1,$$

可以得到方程组(3.27)的5个解如下：

$$\boldsymbol{Z}_1=\begin{pmatrix}e^{\lambda_1x}\\0\\0\\0\\0\end{pmatrix},\quad \boldsymbol{Z}_2=\begin{pmatrix}xe^{\lambda_1x}\\e^{\lambda_1x}\\0\\0\\0\end{pmatrix},\quad \boldsymbol{Z}_3=\begin{pmatrix}\dfrac{x^2}{2!}e^{\lambda_1x}\\xe^{\lambda_1x}\\e^{\lambda_1x}\\0\\0\end{pmatrix},\quad \boldsymbol{Z}_4=\begin{pmatrix}0\\0\\0\\e^{\lambda_2x}\\0\end{pmatrix},\quad \boldsymbol{Z}_5=\begin{pmatrix}0\\0\\0\\xe^{\lambda_2x}\\e^{\lambda_2x}\end{pmatrix},\tag{3.30}$$

从而

$$\boldsymbol{\Phi}(x)=\begin{pmatrix}e^{\lambda_1x}&xe^{\lambda_1x}&\dfrac{x^2}{2!}e^{\lambda_1x}&0&0\\0&e^{\lambda_1x}&xe^{\lambda_1x}&0&0\\0&0&e^{\lambda_1x}&0&0\\0&0&0&e^{\lambda_2x}&xe^{\lambda_2x}\\0&0&0&0&e^{\lambda_2x}\end{pmatrix}\tag{3.31}$$

是方程组(3.27)的一个解矩阵.又

$$\det\boldsymbol{\Phi}(0)=1\neq0,$$

所以(3.31)是方程组(3.27)的一个基本解矩阵.而(3.30)是(3.27)的一个基本解组.现在把(3.30)的每个解分别代入到线性变换 $\boldsymbol{Y}=\boldsymbol{TZ}$ 中可得原方程组(3.26)的5个解：

$$\boldsymbol{Y}_1=\begin{pmatrix}t_{11}e^{\lambda_1x}\\t_{21}e^{\lambda_1x}\\t_{31}e^{\lambda_1x}\\t_{41}e^{\lambda_1x}\\t_{51}e^{\lambda_1x}\end{pmatrix},\quad \boldsymbol{Y}_2=\begin{pmatrix}(t_{11}x+t_{12})e^{\lambda_1x}\\(t_{21}x+t_{22})e^{\lambda_1x}\\(t_{31}x+t_{32})e^{\lambda_1x}\\(t_{41}x+t_{42})e^{\lambda_1x}\\(t_{51}x+t_{52})e^{\lambda_1x}\end{pmatrix},\quad \boldsymbol{Y}_3=\begin{pmatrix}\left(\dfrac{t_{11}}{2!}x^2+t_{12}x+t_{13}\right)e^{\lambda_1x}\\\left(\dfrac{t_{21}}{2!}x^2+t_{22}x+t_{23}\right)e^{\lambda_1x}\\\left(\dfrac{t_{31}}{2!}x^2+t_{32}x+t_{33}\right)e^{\lambda_1x}\\\left(\dfrac{t_{41}}{2!}x^2+t_{42}x+t_{43}\right)e^{\lambda_1x}\\\left(\dfrac{t_{51}}{2!}x^2+t_{52}x+t_{53}\right)e^{\lambda_1x}\end{pmatrix},$$

$$\boldsymbol{Y}_4=\begin{pmatrix} t_{14}\mathrm{e}^{\lambda_2 x} \\ t_{24}\mathrm{e}^{\lambda_2 x} \\ t_{34}\mathrm{e}^{\lambda_2 x} \\ t_{44}\mathrm{e}^{\lambda_2 x} \\ t_{54}\mathrm{e}^{\lambda_2 x} \end{pmatrix},\quad \boldsymbol{Y}_5=\begin{pmatrix} (t_{14}x+t_{15})\mathrm{e}^{\lambda_2 x} \\ (t_{24}x+t_{25})\mathrm{e}^{\lambda_2 x} \\ (t_{34}x+t_{35})\mathrm{e}^{\lambda_2 x} \\ (t_{44}x+t_{45})\mathrm{e}^{\lambda_2 x} \\ (t_{54}x+t_{55})\mathrm{e}^{\lambda_2 x} \end{pmatrix}.$$

而且这 5 个解构成方程组的一个基本解组.这是因为,若把上面 5 个解写成矩阵形式

$$\boldsymbol{Y}(x)=(\boldsymbol{Y}_1(x),\boldsymbol{Y}_2(x),\boldsymbol{Y}_3(x),\boldsymbol{Y}_4(x),\boldsymbol{Y}_5(x)),$$

则显然有 $\det \boldsymbol{Y}(0)=\det \boldsymbol{T}\neq 0$.

至此我们已清楚地看到,若 $\boldsymbol{J}$ 中有一个三阶若尔当块,λ_1 是(3.26)的三重特征根,则(3.26)有三个如下形式的线性无关解:

$$\boldsymbol{Y}_i(x)=\begin{pmatrix} p_{1i}(x) \\ p_{2i}(x) \\ p_{3i}(x) \\ p_{4i}(x) \\ p_{5i}(x) \end{pmatrix}\mathrm{e}^{\lambda_1 x},\quad i=1,2,3, \tag{3.32}$$

其中每个 $p_{ki}(x)\ (i=1,2,3,k=1,2,\cdots,5)$ 是 x 的至多二次多项式.因此(3.32)也可以写成如下形式:

$$(\boldsymbol{R}_0+\boldsymbol{R}_1 x+\boldsymbol{R}_2 x^2)\mathrm{e}^{\lambda_1 x},$$

其中 $\boldsymbol{R}_0,\boldsymbol{R}_1,\boldsymbol{R}_2$ 都是五维常向量.而对于 $\boldsymbol{J}$ 中的二阶若尔当块,λ_2 是(3.26)的二重根,它所对应的(3.26)的两个线性无关解应是如下形式:

$$(\boldsymbol{R}_3+\boldsymbol{R}_4 x)\mathrm{e}^{\lambda_2 x},$$

其中 $\boldsymbol{R}_3,\boldsymbol{R}_4$ 也都是五维常向量.

最后,我们还应指出,对于方程组(3.20),若 λ_i 是 $\boldsymbol{A}$ 的一个 k_i 重特征根,则 λ_i 所对应的若尔当块可能不是一块而是几块,但是它们每一块的阶数都小于或等于 k_i,而且这些阶数的和恰好等于 k_i.这样,由以上分析我们得到

定理 3.14　设 $\lambda_1,\lambda_2,\cdots,\lambda_m$ 是矩阵 $\boldsymbol{A}$ 的 m 个不同的特征根,它们的重数分别为 $k_1,k_2,\cdots,k_m$.那么,对于每一个 λ_i,方程组(3.20)有 k_i 个形如

$$\boldsymbol{Y}_1(x)=\boldsymbol{P}_1(x)\mathrm{e}^{\lambda_i x},\boldsymbol{Y}_2(x)=\boldsymbol{P}_2(x)\mathrm{e}^{\lambda_i x},\cdots,\boldsymbol{Y}_{k_i}(x)=\boldsymbol{P}_{k_i}(x)\mathrm{e}^{\lambda_i x}$$

的线性无关解,这里向量 $\boldsymbol{P}_j(x)\ (j=1,2,\cdots,k_i)$ 的每一个分量为 x 的次数不高于 k_i-1 的多项式.取遍所有的 $\lambda_i(i=1,2,\cdots,m)$ 就得到(3.20)的基本解组.

上面的定理既告诉了我们当 $\boldsymbol{A}$ 的特征根有重根时,线性方程组(3.20)的基本解组的形式,同时也告诉了我们一种求解方法,但这种求解方法是很烦琐的.在实际求解时,常用下面的**待定系数法**求解.为此,我们需要线性代数中的一个重要结论.

引理 3.1　设 n 阶矩阵互不相同的特征根为 $\lambda_i(i=1,2,\cdots,m)$,其重数分别是 k_1,

$k_2,\cdots,k_m(k_1+k_2+\cdots+k_m=n)$,记 n 维常数列向量所组成的线性空间为 $\boldsymbol{V}$,则

(1) $\boldsymbol{V}$ 的子集合

$$\boldsymbol{V}_j=\{\boldsymbol{R}\mid(\boldsymbol{A}-\lambda_j\boldsymbol{E})^{k_j}\boldsymbol{R}=\boldsymbol{0},\boldsymbol{R}\in\boldsymbol{V}\}$$

是矩阵 $\boldsymbol{A}$ 的 $k_j(j=1,2,\cdots,m)$ 维不变子空间;

(2) $\boldsymbol{V}$ 有直和分解

$$\boldsymbol{V}=\boldsymbol{V}_1\oplus\boldsymbol{V}_2\oplus\cdots\oplus\boldsymbol{V}_m.$$

现在,在定理 3.14 相同的假设下,我们可以按下述方法求其基本解组.

定理 3.15 如果 λ_j 是(3.20)的 k_j 重特征根,则方程组(3.20)有 k_j 个形如

$$\boldsymbol{Y}(x)=(\boldsymbol{R}_0+\boldsymbol{R}_1x+\cdots+\boldsymbol{R}_{k_j-1}x^{k_j-1})\mathrm{e}^{\lambda_jx} \tag{3.33}$$

的线性无关解,其中向量 $\boldsymbol{R}_0,\boldsymbol{R}_1,\cdots,\boldsymbol{R}_{k_j-1}$ 由矩阵方程

$$\begin{cases}(\boldsymbol{A}-\lambda_j\boldsymbol{E})\boldsymbol{R}_0=\boldsymbol{R}_1,\\(\boldsymbol{A}-\lambda_j\boldsymbol{E})\boldsymbol{R}_1=2\boldsymbol{R}_2,\\\cdots\cdots\cdots\cdots\\(\boldsymbol{A}-\lambda_j\boldsymbol{E})\boldsymbol{R}_{k_j-2}=(k_j-1)\boldsymbol{R}_{k_j-1},\\(\boldsymbol{A}-\lambda_j\boldsymbol{E})^{k_j}\boldsymbol{R}_0=\boldsymbol{0}\end{cases} \tag{3.34}$$

所确定.取遍所有的 $\lambda_j(j=1,2,\cdots,m)$,则得到(3.20)的一个基本解组.

证明 由定理 3.14 知,若 λ_j 是(3.20)的 k_j 重特征根,则对应解有(3.33)的形式.将(3.33)代入方程组(3.20)有

$$\begin{aligned}&[\boldsymbol{R}_1+2\boldsymbol{R}_2x+\cdots+(k_j-1)\boldsymbol{R}_{k_j-1}x^{k_j-2}]\mathrm{e}^{\lambda_jx}+\lambda_j(\boldsymbol{R}_0+\boldsymbol{R}_1x+\cdots+\boldsymbol{R}_{k_j-1}x^{k_j-1})\mathrm{e}^{\lambda_jx}\\=&\boldsymbol{A}(\boldsymbol{R}_0+\boldsymbol{R}_1x+\cdots+\boldsymbol{R}_{k_j-1}x^{k_j-1})\mathrm{e}^{\lambda_jx},\end{aligned}$$

消去 e^{λ_jx},比较等式两端 x 的同次幂的系数(向量),有

$$\begin{cases}(\boldsymbol{A}-\lambda_j\boldsymbol{E})\boldsymbol{R}_0=\boldsymbol{R}_1,\\(\boldsymbol{A}-\lambda_j\boldsymbol{E})\boldsymbol{R}_1=2\boldsymbol{R}_2,\\\cdots\cdots\cdots\cdots\\(\boldsymbol{A}-\lambda_j\boldsymbol{E})\boldsymbol{R}_{k_j-2}=(k_j-1)\boldsymbol{R}_{k_j-1},\\(\boldsymbol{A}-\lambda_j\boldsymbol{E})\boldsymbol{R}_{k_j-1}=\boldsymbol{0}.\end{cases} \tag{3.35}$$

注意到方程组(3.35)与(3.34)是等价的.事实上,两个方程组只有最后一个方程不同,其余都相同.

这样,在方程组(3.34)中,首先由最下面的方程解出 $\boldsymbol{R}_0$,再依次利用矩阵乘法求出 $\boldsymbol{R}_1,\boldsymbol{R}_2,\cdots,\boldsymbol{R}_{k_j-1}$.由引理 3.1 得知,线性空间 $\boldsymbol{V}$ 可分解成相应不变子空间的直和,取遍所有的 $\lambda_j(j=1,2,\cdots,m)$,就可以由(3.34)的最后一式求出 n 个线性无关常向量,再由(3.34)逐次求出其余常向量,就得到(3.20)的 n 个解.记这 n 个解构成的解矩阵为 $\boldsymbol{Y}(x)$,显然,$\boldsymbol{Y}(0)$ 是由(3.34)的最后一式求出的 n 个线性无关常向量构成的,由引理 3.1 的(2),矩阵 $\boldsymbol{Y}(0)$ 中的各列构成了 n 维线性空间 $\boldsymbol{V}$ 的一组基,因此 $\det\boldsymbol{Y}(0)\neq0$,于是 $\boldsymbol{Y}(x)$ 是方程组(3.20)的一个基本解组.

例 3 求解方程组

$$\begin{cases}\dfrac{dy_1}{dx}=y_2+y_3,\\ \dfrac{dy_2}{dx}=y_1+y_3,\\ \dfrac{dy_3}{dx}=y_1+y_2.\end{cases}$$

解　系数矩阵为

$$\boldsymbol{A}=\begin{pmatrix}0&1&1\\1&0&1\\1&1&0\end{pmatrix},$$

特征方程为

$$(\lambda-2)(\lambda+1)^2=0,$$

特征根为 $\lambda_1=2,\lambda_2=\lambda_3=-1$. $\lambda_1=2$ 对应的解是

$$\boldsymbol{Y}_1(x)=e^{2x}\begin{pmatrix}1\\1\\1\end{pmatrix}.$$

下面求 $\lambda_2=\lambda_3=-1$ 所对应的两个线性无关解.由定理 3.15,其解形如

$$\boldsymbol{Y}(x)=(\boldsymbol{R}_0+\boldsymbol{R}_1x)e^{-x},$$

并且 $\boldsymbol{R}_0,\boldsymbol{R}_1$ 满足

$$\begin{cases}(\boldsymbol{A}+\boldsymbol{E})\boldsymbol{R}_0=\boldsymbol{R}_1,\\(\boldsymbol{A}+\boldsymbol{E})^2\boldsymbol{R}_0=\boldsymbol{0}.\end{cases}$$

由于

$$\boldsymbol{A}+\boldsymbol{E}=\begin{pmatrix}1&1&1\\1&1&1\\1&1&1\end{pmatrix},\quad(\boldsymbol{A}+\boldsymbol{E})^2=\begin{pmatrix}3&3&3\\3&3&3\\3&3&3\end{pmatrix},$$

那么由 $(\boldsymbol{A}+\boldsymbol{E})^2\boldsymbol{R}_0=\boldsymbol{0}$ 可解出两个线性无关向量

$$\begin{pmatrix}-1\\1\\0\end{pmatrix},\quad\begin{pmatrix}-1\\0\\1\end{pmatrix}.$$

将上述两个向量分别代入 $(\boldsymbol{A}+\boldsymbol{E})\boldsymbol{R}_0=\boldsymbol{R}_1$ 中,均得到 $\boldsymbol{R}_1$ 为零向量.于是 $\lambda_1=\lambda_2=-1$ 对应的两个线性无关解是

$$\boldsymbol{Y}_2(x)=e^{-x}\begin{pmatrix}-1\\1\\0\end{pmatrix},\quad\boldsymbol{Y}_3(x)=e^{-x}\begin{pmatrix}-1\\0\\1\end{pmatrix}.$$

最后得到通解

$$\boldsymbol{Y}(x)=C_1e^{2x}\begin{pmatrix}1\\1\\1\end{pmatrix}+C_2e^{-x}\begin{pmatrix}-1\\1\\0\end{pmatrix}+C_3e^{-x}\begin{pmatrix}-1\\0\\1\end{pmatrix}.$$

例 4 求解方程组

$$\begin{cases}\dfrac{dy_1}{dx}=3y_1+y_2-y_3,\\ \dfrac{dy_2}{dx}=-y_1+2y_2+y_3,\\ \dfrac{dy_3}{dx}=y_1+y_2+y_3.\end{cases}$$

解 系数矩阵是

$$\boldsymbol{A}=\begin{pmatrix}3&1&-1\\-1&2&1\\1&1&1\end{pmatrix},$$

特征方程为

$$(\lambda-2)^3=0,$$

有三重特征根

$$\lambda_{1,2,3}=2.$$

由定理 3.15,可设其解形如

$$\boldsymbol{Y}(x)=(\boldsymbol{R}_0+\boldsymbol{R}_1x+\boldsymbol{R}_2x^2)\mathrm{e}^{2x},$$

$\boldsymbol{R}_0,\boldsymbol{R}_1,\boldsymbol{R}_2$满足方程组

$$\begin{cases}(\boldsymbol{A}-2\boldsymbol{E})\boldsymbol{R}_0=\boldsymbol{R}_1,\\(\boldsymbol{A}-2\boldsymbol{E})\boldsymbol{R}_1=2\boldsymbol{R}_2,\\(\boldsymbol{A}-2\boldsymbol{E})^3\boldsymbol{R}_0=\boldsymbol{0}.\end{cases}$$

由于

$$\boldsymbol{A}-2\boldsymbol{E}=\begin{pmatrix}1&1&-1\\-1&0&1\\1&1&-1\end{pmatrix},\quad(\boldsymbol{A}-2\boldsymbol{E})^2=\begin{pmatrix}-1&0&1\\0&0&0\\-1&0&1\end{pmatrix}$$

$$(\boldsymbol{A}-2\boldsymbol{E})^3=\begin{pmatrix}0&0&0\\0&0&0\\0&0&0\end{pmatrix},$$

故 $\boldsymbol{R}_0$可分别取$\begin{pmatrix}1\\0\\0\end{pmatrix},\begin{pmatrix}0\\1\\0\end{pmatrix},\begin{pmatrix}0\\0\\1\end{pmatrix}$.再将它们依次代入上面的方程,相应地求得 $\boldsymbol{R}_1$为$\begin{pmatrix}1\\-1\\1\end{pmatrix}$,

$\begin{pmatrix}1\\0\\1\end{pmatrix},\begin{pmatrix}-1\\1\\-1\end{pmatrix}$,$\boldsymbol{R}_2$为$\begin{pmatrix}-\frac{1}{2}\\0\\-\frac{1}{2}\end{pmatrix},\begin{pmatrix}0\\0\\0\end{pmatrix},\begin{pmatrix}\frac{1}{2}\\0\\\frac{1}{2}\end{pmatrix}$.

于是,可得原方程组 3 个线性无关解

$$\boldsymbol{Y}_1(x)=\left(\begin{pmatrix}1\\0\\0\end{pmatrix}+\begin{pmatrix}1\\-1\\1\end{pmatrix}x+\begin{pmatrix}-\frac{1}{2}\\0\\-\frac{1}{2}\end{pmatrix}x^2\right)e^{2x},\quad \boldsymbol{Y}_2(x)=\left(\begin{pmatrix}0\\1\\0\end{pmatrix}+\begin{pmatrix}1\\0\\1\end{pmatrix}x\right)e^{2x},$$

$$\boldsymbol{Y}_3(x)=\left(\begin{pmatrix}0\\0\\1\end{pmatrix}+\begin{pmatrix}-1\\1\\-1\end{pmatrix}x+\begin{pmatrix}\frac{1}{2}\\0\\\frac{1}{2}\end{pmatrix}x^2\right)e^{2x}.$$

最后方程的通解可写成

$$\begin{pmatrix}y_1(x)\\y_2(x)\\y_3(x)\end{pmatrix}=e^{2x}\begin{pmatrix}1+x-\frac{1}{2}x^2 & x & -x+\frac{1}{2}x^2\\ -x & 1 & x\\ x-\frac{1}{2}x^2 & x & 1-x+\frac{1}{2}x^2\end{pmatrix}\begin{pmatrix}C_1\\C_2\\C_3\end{pmatrix}.$$

*3.5.3　常系数线性齐次方程组的稳定性

在弄清了常系数线性齐次方程组的基本解组形式之后,我们来介绍它的一个很重要的性质.

现已知,常系数齐次线性方程组(3.20)中的每一个解都形如(3.33).也就是说,(3.20)的解的各分量 $y_i(x)$ 都是形如 $P(x)e^{\lambda x}$ 的线性组合,其中 $P(x)$ 是 x 的多项式.于是,我们有如下结论:如果常系数齐次线性方程组(3.20)的系数矩阵的特征根均具有负的实部,则当 $x\to+\infty$ 时,(3.20)的所有解都趋于零,即

$$\lim_{x\to+\infty}y_i(x)=0,\quad i=1,2,\cdots,n.$$

这是因为,在数学分析里,我们知道,每个形如 $P(x)e^{\lambda x}$ 的项,无论 $P(x)$ 是什么多项式,只要 $\lambda<0$,就有

$$P(x)e^{\lambda x}\to 0,\quad x\to+\infty.$$

另外,如果(3.20)的系数矩阵至少有一个特征根的实部为正,则有的解就要包含当 $x\to+\infty$ 时趋于无穷的因子.因而就不可能保证当 $x\to+\infty$ 时,(3.20)的所有解都趋于零.

综上所述,我们有如下定理.

定理 3.16　如果方程组(3.20)的所有特征根都具有负实部,则它的所有解,当 $x\to+\infty$ 时,都趋于零.如果(3.20)至少有一个特征根具有正实部,则不可能使(3.20)的所有解,当 $x\to+\infty$ 时,都趋于零.

如果用我们在第五章将要介绍的稳定性的概念来说,可以证明,当(3.20)的系数矩阵的所有特征根都具有负实部时,(3.20)的零解是渐近稳定的.如果(3.20)的系数矩

阵至少有一个特征根具有正实部,则(3.20)的零解是不稳定的.

3.5.4 常系数线性非齐次方程组的求解

应用实例
两个自由度的振动问题

在本节最后,我们再来讨论一下常系数线性非齐次方程组

$$\frac{\mathrm{d}\boldsymbol{Y}}{\mathrm{d}x}=\boldsymbol{A}\boldsymbol{Y}+\boldsymbol{F}(x) \tag{3.36}$$

的通解的求法.

实际上,具体的计算方法原则上已经解决了.因为(3.36)对应的齐次线性方程组的通解,可以用前面讨论过的代数方法求得.在此基础上,它的一个特解可以通过拉格朗日常数变易法求得.而(3.36)的通解就等于它所对应的齐次方程组的通解与它的一个特解之和.下面举例说明.

例 5 求方程组

$$\begin{cases}\dfrac{\mathrm{d}x}{\mathrm{d}t}=2x+3y+5t,\\ \dfrac{\mathrm{d}y}{\mathrm{d}t}=3x+2y+8\mathrm{e}^{t}\end{cases}$$

的通解.

解 对应的齐次方程组

$$\begin{cases}\dfrac{\mathrm{d}x}{\mathrm{d}t}=2x+3y,\\ \dfrac{\mathrm{d}y}{\mathrm{d}t}=3x+2y\end{cases}$$

的通解为

$$C_1\begin{pmatrix}\mathrm{e}^{5t}\\ \mathrm{e}^{5t}\end{pmatrix}+C_2\begin{pmatrix}\mathrm{e}^{-t}\\ -\mathrm{e}^{-t}\end{pmatrix}.$$

设非齐次方程组有如下形式的特解:

$$C_1(t)\begin{pmatrix}\mathrm{e}^{5t}\\ \mathrm{e}^{5t}\end{pmatrix}+C_2(t)\begin{pmatrix}\mathrm{e}^{-t}\\ -\mathrm{e}^{-t}\end{pmatrix},$$

将其代入原方程组,得到

$$C'_1(t)\begin{pmatrix}\mathrm{e}^{5t}\\ \mathrm{e}^{5t}\end{pmatrix}+C'_2(t)\begin{pmatrix}\mathrm{e}^{-t}\\ -\mathrm{e}^{-t}\end{pmatrix}=\begin{pmatrix}5t\\ 8\mathrm{e}^{t}\end{pmatrix}.$$

解得

$$\begin{cases}C'_1(t)=\dfrac{5}{2}t\mathrm{e}^{-5t}+4\mathrm{e}^{-4t},\\ C'_2(t)=\dfrac{5}{2}t\mathrm{e}^{t}-4\mathrm{e}^{2t}.\end{cases}$$

积分得到

$$\begin{cases} C_1(t)=\left(-\dfrac{1}{2}t-\dfrac{1}{10}\right)\mathrm{e}^{-5t}-\mathrm{e}^{-4t}, \\ C_2(t)=\left(\dfrac{5}{2}t-\dfrac{5}{2}\right)\mathrm{e}^{t}-2\mathrm{e}^{2t}. \end{cases}$$

由此,可得到原方程组的一个特解

$$\begin{pmatrix} 2t-\dfrac{13}{5}-3\mathrm{e}^{t} \\ -3t+\dfrac{12}{5}+\mathrm{e}^{t} \end{pmatrix},$$

最后得到非齐次方程组的通解

$$\begin{pmatrix} x \\ y \end{pmatrix}=C_1\begin{pmatrix} \mathrm{e}^{5t} \\ \mathrm{e}^{5t} \end{pmatrix}+C_2\begin{pmatrix} \mathrm{e}^{-t} \\ -\mathrm{e}^{-t} \end{pmatrix}+\begin{pmatrix} 2t-\dfrac{13}{5}-3\mathrm{e}^{t} \\ -3t+\dfrac{12}{5}+\mathrm{e}^{t} \end{pmatrix}.$$

习 题 3.5

1. 求解下列方程组:

(1) $\begin{cases} \dfrac{\mathrm{d}x}{\mathrm{d}t}=x, \\ \dfrac{\mathrm{d}y}{\mathrm{d}t}=2y; \end{cases}$ (2) $\begin{cases} \dfrac{\mathrm{d}y}{\mathrm{d}x}=5y+4z, \\ \dfrac{\mathrm{d}z}{\mathrm{d}x}=4y+5z; \end{cases}$ (3) $\begin{cases} \dfrac{\mathrm{d}x}{\mathrm{d}t}=\alpha x+\beta y, \\ \dfrac{\mathrm{d}y}{\mathrm{d}t}=-\beta x+\alpha y. \end{cases}$

2. 求解下列方程组:

(1) $\begin{cases} \dot{x}=2x+y, \\ \dot{y}=3x+4y; \end{cases}$ (2) $\begin{cases} \dot{x}=x+y, \\ \dot{y}=3y-2x; \end{cases}$ (3) $\begin{cases} \dot{x}=x-2y-z, \\ \dot{y}=y-x+z, \\ \dot{z}=x-z; \end{cases}$ (4) $\begin{cases} \dot{x}=2x-y+z, \\ \dot{y}=x+2y-z, \\ \dot{z}=x-y+2z. \end{cases}$

3. 求解下列方程组:

(1) $\begin{cases} 2\dot{x}-5\dot{y}=4y-x, \\ 3\dot{x}-4\dot{y}=2x-y; \end{cases}$ (2) $\begin{cases} \ddot{x}=2y, \\ \ddot{y}=-2x. \end{cases}$

4. 求解下列方程组:

(1) $\begin{cases} \dfrac{\mathrm{d}x}{\mathrm{d}t}=3x+y, \\ \dfrac{\mathrm{d}y}{\mathrm{d}t}=3y; \end{cases}$ (2) $\begin{cases} \dfrac{\mathrm{d}y_1}{\mathrm{d}x}=2y_1+y_2, \\ \dfrac{\mathrm{d}y_2}{\mathrm{d}x}=2y_2, \\ \dfrac{\mathrm{d}y_3}{\mathrm{d}x}=2y_3; \end{cases}$ (3) $\begin{cases} \dfrac{\mathrm{d}y_1}{\mathrm{d}x}=2y_1+y_2, \\ \dfrac{\mathrm{d}y_2}{\mathrm{d}x}=2y_2+y_3, \\ \dfrac{\mathrm{d}y_3}{\mathrm{d}x}=2y_3; \end{cases}$ (4) $\begin{cases} \dfrac{\mathrm{d}x}{\mathrm{d}t}=-x+y+z, \\ \dfrac{\mathrm{d}y}{\mathrm{d}t}=x-y+z, \\ \dfrac{\mathrm{d}z}{\mathrm{d}t}=x+y-z. \end{cases}$

5. 求下列各方程组的通解:

(1) $\begin{cases} \dot{x}=y+2\mathrm{e}^{t}, \\ \dot{y}=x+t^2; \end{cases}$ (2) $\begin{cases} \dot{x}=2y-x+1, \\ \dot{y}=3y-2x; \end{cases}$ (3) $\begin{cases} \dot{x}=-4x-2y+\dfrac{2}{\mathrm{e}^{t}-1}, \\ \dot{y}=6x+3y-\dfrac{3}{\mathrm{e}^{t}-1}. \end{cases}$

*3.6 指数矩阵简介

下面我们介绍在理论和实际应用中都很有用的指数矩阵的概念.

首先考虑一个简单的线性齐次纯量方程$\frac{\mathrm{d}y}{\mathrm{d}x}=Ay$,其中 A 是常数.显然指数函数 e^{Ax} 是方程的一个解.

现在我们考虑常系数线性齐次方程组$\frac{\mathrm{d}\boldsymbol{y}}{\mathrm{d}x}=\boldsymbol{A}\boldsymbol{y}$,其中 $\boldsymbol{A}$ 是常数方阵.完全由形式上的类比,我们希望此方程组具有形如 $\mathrm{e}^{\boldsymbol{A}x}$的解.可是现在 $\boldsymbol{A}$ 是一个矩阵,$\mathrm{e}^{\boldsymbol{A}x}$应该怎样理解呢?

众所周知,当 A 是数的时候,我们有如下泰勒展开式:

$$\mathrm{e}^{A}=1+A+\frac{1}{2!}A^{2}+\cdots+\frac{1}{n!}A^{n}+\cdots.$$

很自然的,我们可以形式地给出如下的定义.

定义 3.2 设 $\boldsymbol{A}$ 是 n 阶常数方阵,定义矩阵 $\boldsymbol{A}$ 的指数矩阵 $\mathrm{e}^{\boldsymbol{A}}$ 如下:

$$\mathrm{e}^{\boldsymbol{A}}=\boldsymbol{I}+\boldsymbol{A}+\frac{1}{2!}\boldsymbol{A}^{2}+\cdots+\frac{1}{n!}\boldsymbol{A}^{n}+\cdots, \tag{3.37}$$

这里 $\boldsymbol{I}$ 是 n 阶单位矩阵.

可是这个定义是以无穷级数形式给出的,我们必须证明级数(3.37)是收敛的,上面的定义才有意义.利用在 3.1 节定义的矩阵范数,我们有

$$\begin{aligned}\|\mathrm{e}^{\boldsymbol{A}}\| &\leqslant \|\boldsymbol{I}\|+\|\boldsymbol{A}\|+\frac{1}{2!}\|\boldsymbol{A}^{2}\|+\cdots+\frac{1}{n!}\|\boldsymbol{A}^{n}\|+\cdots\\ &\leqslant 1+\|\boldsymbol{A}\|+\frac{1}{2!}\|\boldsymbol{A}\|^{2}+\cdots+\frac{1}{n!}\|\boldsymbol{A}\|^{n}+\cdots=\mathrm{e}^{\|\boldsymbol{A}\|}<\infty,\end{aligned}$$

所以此定义是合理的.

下面我们来证明 $\mathrm{e}^{\boldsymbol{A}x}$确实是线性方程组$\frac{\mathrm{d}\boldsymbol{y}}{\mathrm{d}x}=\boldsymbol{A}\boldsymbol{y}$ 的一个解矩阵.由定义我们有

$$\begin{aligned}\frac{\mathrm{d}}{\mathrm{d}x}\mathrm{e}^{\boldsymbol{A}x}&=\frac{\mathrm{d}}{\mathrm{d}x}\left(\boldsymbol{I}+\boldsymbol{A}x+\frac{x^{2}}{2!}\boldsymbol{A}^{2}+\cdots+\frac{x^{n}}{n!}\boldsymbol{A}^{n}+\cdots\right)\\ &=\boldsymbol{A}+x\boldsymbol{A}^{2}+\cdots+\frac{x^{n-1}}{(n-1)!}\boldsymbol{A}^{n}+\cdots\\ &=\boldsymbol{A}\left(\boldsymbol{I}+x\boldsymbol{A}+\cdots+\frac{x^{n-1}}{(n-1)!}\boldsymbol{A}^{n-1}+\cdots\right)=\boldsymbol{A}\mathrm{e}^{\boldsymbol{A}x}.\end{aligned}$$

因为当 $x=0$ 时 $e^{Ax}=\boldsymbol{I}$，所以 e^{Ax} 是方程组 $\frac{d\boldsymbol{y}}{dx}=\boldsymbol{A}\boldsymbol{y}$ 的标准基本解矩阵.

例 1　计算矩阵

$$\boldsymbol{A}=\begin{pmatrix}1 & 0\\ 0 & 2\end{pmatrix}$$

的指数矩阵 $e^{\boldsymbol{A}}$.

解　我们用两种办法来做.

首先用定义来做.显然有

$$\boldsymbol{A}^n=\begin{pmatrix}1 & 0\\ 0 & 2^n\end{pmatrix},$$

所以

$$\begin{aligned}
e^{\boldsymbol{A}} &= \boldsymbol{I}+\boldsymbol{A}+\frac{1}{2!}\boldsymbol{A}^2+\cdots+\frac{1}{n!}\boldsymbol{A}^n+\cdots\\
&=\begin{pmatrix}1 & 0\\ 0 & 1\end{pmatrix}+\begin{pmatrix}1 & 0\\ 0 & 2\end{pmatrix}+\frac{1}{2!}\begin{pmatrix}1 & 0\\ 0 & 2^2\end{pmatrix}+\cdots+\frac{1}{n!}\begin{pmatrix}1 & 0\\ 0 & 2^n\end{pmatrix}+\cdots\\
&=\begin{pmatrix}1+1+\frac{1}{2!}+\cdots+\frac{1}{n!}+\cdots & 0\\ 0 & 1+2+\frac{1}{2!}2^2+\cdots+\frac{1}{n!}2^n+\cdots\end{pmatrix}\\
&=\begin{pmatrix}e & 0\\ 0 & e^2\end{pmatrix}.
\end{aligned}$$

第二种方法，我们来求线性齐次方程组

$$\frac{d\boldsymbol{Y}}{dx}=\boldsymbol{A}\boldsymbol{Y},$$

也就是

$$\begin{cases}\dot{x}=x,\\ \dot{y}=2y\end{cases}$$

的标准基本解矩阵，它就是我们要求的指数矩阵.

显然此方程组的通解为

$$\begin{pmatrix}x\\ y\end{pmatrix}=\begin{pmatrix}C_1e^x\\ C_2e^{2x}\end{pmatrix}=\begin{pmatrix}e^x & 0\\ 0 & e^{2x}\end{pmatrix}\begin{pmatrix}C_1\\ C_2\end{pmatrix}.$$

因此，此方程组的标准基本解矩阵为

$$e^{Ax}=\begin{pmatrix}e^x & 0\\ 0 & e^{2x}\end{pmatrix}.$$

当 $x=1$ 时，就得到

$$e^{A}=\begin{pmatrix}e & 0\\ 0 & e^2\end{pmatrix}.$$

习 题 3.6

1. 证明：当且仅当 $\boldsymbol{BA}=\boldsymbol{AB}$ 时，

$$\boldsymbol{B}\mathrm{e}^{\boldsymbol{A}t}=\mathrm{e}^{\boldsymbol{A}t}\boldsymbol{B}.$$

2. 证明：当且仅当 $\boldsymbol{BA}=\boldsymbol{AB}$ 时，对所有 t 有

$$\mathrm{e}^{\boldsymbol{A}t}\mathrm{e}^{\boldsymbol{B}t}=\mathrm{e}^{(\boldsymbol{A}+\boldsymbol{B})t}.$$

3. 计算下列矩阵的指数矩阵：

(1) $\boldsymbol{A}=\begin{pmatrix}0&1\\-1&0\end{pmatrix}$；　(2) $\boldsymbol{A}=\begin{pmatrix}2&-1\\1&2\end{pmatrix}$；　(3) $\boldsymbol{A}=\begin{pmatrix}2&0&0\\0&3&0\\0&1&3\end{pmatrix}$.

本章小结

第四章
n 阶线性微分方程

本章主要介绍 n 阶线性微分方程的一般理论和求解方法.我们将把 n 阶线性微分方程化成等价的一阶线性微分方程组,这样可以把第三章的主要结论自然地应用到本章内容中,即把 n 阶线性微分方程作为一阶线性微分方程组的特例加以处理,以避免理论推导上的重复.

4.1 n 阶线性微分方程的一般理论

4.1.1 线性微分方程的一般概念

n 阶线性微分方程在自然科学与工程技术中有着极其广泛的应用.在介绍线性方程的一般理论之前,先让我们来研究两个实际例子.

例 1 弹簧振动.

设一质量为 m 的物体 B 被系于挂在顶板上一弹簧的末端(我们将假设弹簧的质量与这一物体的质量比较起来是可以忽略不计的),现在来求该物体在外力扰动时的运动微分方程式.

当物体 B 不受外力扰动时,重力被作用于物体 B 上的弹簧的弹力所平衡而处于静止位置,把物体 B 的静止位置取为坐标轴 x 的原点 O,向下方向取为正向,如图 4-1 的(a).

若有一外力 $f(t)$ 沿垂直方向作用在物体 B 上,那么物体 B 将离开静止位置 O,如图 4-1 的(b),记 $x=x(t)$ 表示物体 B 在 t 时刻关于静止位置 O 的位移,于是 $\frac{dx}{dt}, \frac{d^2x}{dt^2}$ 分别表示物体 B 的速度和加速度.

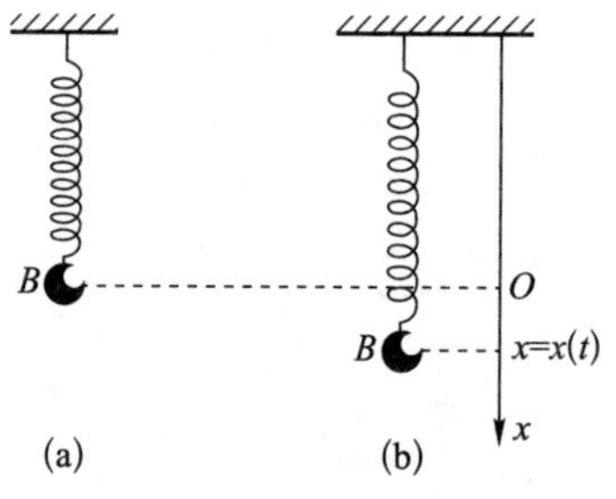

图 4-1

由牛顿第二定律 $F=ma$,m 是物体 B 的质量,$a=\frac{d^2x}{dt^2}$ 是物体 B 的加速度,而 F 是作用于物体 B 上的合外力.

这时,合外力 F 由如下几部分构成:

(1) 弹簧的恢复力 f_1.依胡克(Hooke)定律,弹簧恢复力 f_1 与物体 B 的位移 x 成正比,即

$$f_1=-cx,$$

式中比例常数 $c(>0)$ 叫做弹性系数,根据所取的坐标系,恢复力 f_1 的方向与位移 x 的方向相反,所以上式右端添一负号.

(2) 空气的阻力 f_2.当速度不太大时,空气阻力 f_2 可取为与物体 B 位移的速度成正比,亦即

$$f_2=-\mu\frac{\mathrm{d}x}{\mathrm{d}t},$$

式中比例常数 $\mu(>0)$ 叫做阻尼系数,式中右边的负号是由于阻力 f_2 的方向与物体 B 的速度 $\frac{\mathrm{d}x}{\mathrm{d}t}$ 的方向相反.

(3) 外力 $f(t)$.

因此,我们得到

$$F=-cx-\mu\frac{\mathrm{d}x}{\mathrm{d}t}+f(t),$$

从而我们得物体 B 在外力 $f(t)$ 作用下的运动微分方程式

$$m\frac{\mathrm{d}^2x}{\mathrm{d}t^2}+\mu\frac{\mathrm{d}x}{\mathrm{d}t}+cx=f(t). \tag{4.1}$$

我们将在 4.4 节详细叙述方程(4.1)所描述的弹簧振动性质.由于方程(4.1)是描述物体 B 在外力 $f(t)$ 经常作用下的运动,所以方程(4.1)亦称为阻尼强迫振动.

例 2 电振荡

在很多无线电设备(如收音机和电视机)中,我们经常见到如图 4-2 的回路.它由 4 个元件组成,即电源(设其电动势为 E),电阻 R,电感 L 以及电容器 C.为了简单起见,电容器的电容量也用 C 表示,它所储藏的电荷量为 q.这时电容器的两个极板分别带着等量但符号相反的电荷,极板间的电压等于

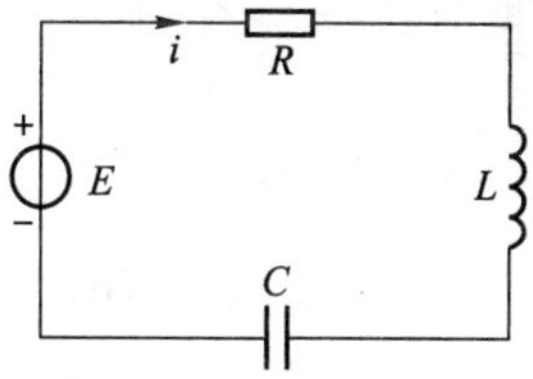

图 4-2

$$E_c=\frac{1}{C}q.$$

此外,当电路中流过交流电时,电容器极板上的电量以及它们的正负符号均随时间发生变化.根据电流定义,这时有

$$i=\frac{\mathrm{d}q}{\mathrm{d}t}.$$

根据基尔霍夫第二定律,在闭合回路中全部元件的电压的代数和等于零,即

$$E-Ri-L\frac{\mathrm{d}i}{\mathrm{d}t}-\frac{q}{C}=0,$$

整理后可得

$$L\frac{\mathrm{d}i}{\mathrm{d}t}+Ri+\frac{q}{C}=E. \tag{4.2}$$

考虑到$\frac{\mathrm{d}q}{\mathrm{d}t}=i$,上式可写成

$$L\frac{\mathrm{d}^2q}{\mathrm{d}t^2}+R\frac{\mathrm{d}q}{\mathrm{d}t}+\frac{q}{C}=E. \tag{4.3}$$

于是,得到了关于电荷量 q 的方程.

如果在式(4.2)两端对 t 求导数,并假设 E 是常量(直流电压),则可得关于电流的方程

$$L\frac{\mathrm{d}^2i}{\mathrm{d}t^2}+R\frac{\mathrm{d}i}{\mathrm{d}t}+\frac{i}{C}=0. \tag{4.4}$$

实验表明,在一定条件下,上述回路中的电流会产生周期振荡,因此我们把上述回路称为电振荡回路.

不难看出,方程(4.1),(4.3)和(4.4)都具有一个明显的特点,就是在这些方程中,未知函数及其导数是一次式,因此这些方程称为线性微分方程.又由于出现在上述方程中的导数的最高阶数为 2,故我们称上述方程为二阶线性微分方程.

一般的 n 阶线性微分方程可以写成如下形式:

$$y^{(n)}+p_1(x)y^{(n-1)}+\cdots+p_{n-1}(x)y'+p_n(x)y=f(x), \tag{4.5}$$

方程(4.5)的初值条件记为

$$y(x_0)=y_0, y'(x_0)=y_0', \cdots, y^{(n-1)}(x_0)=y_0^{(n-1)}. \tag{4.6}$$

n 阶线性微分方程与第三章讲过的一阶线性微分方程组有着密切的关系,即可以把前者化成后者,而且二者是等价的,这样就可以把前者作为后者的特例加以处理.

在方程(4.5)中,令 $y'=y_1, y''=y_2, \cdots, y^{(n-1)}=y_{n-1}$,(4.5)就可以化成一阶方程组

$$\begin{cases}\dfrac{\mathrm{d}y}{\mathrm{d}x}=y_1,\\ \dfrac{\mathrm{d}y_1}{\mathrm{d}x}=y_2,\\ \cdots\cdots\cdots\cdots\\ \dfrac{\mathrm{d}y_{n-2}}{\mathrm{d}x}=y_{n-1},\\ \dfrac{\mathrm{d}y_{n-1}}{\mathrm{d}x}=-p_1(x)y_{n-1}-\cdots-p_{n-1}(x)y_1-p_n(x)y+f(x).\end{cases} \tag{4.7}$$

(4.7)可以写成向量形式

$$\frac{\mathrm{d}\boldsymbol{Y}}{\mathrm{d}x}=\boldsymbol{A}(x)\boldsymbol{Y}+\boldsymbol{F}(x), \tag{4.8}$$

其中

$$
\boldsymbol{A}(x)=\begin{pmatrix} 0 & 1 & 0 & \cdots & 0 \\ 0 & 0 & 1 & \cdots & 0 \\ \vdots & \vdots & \vdots & & \vdots \\ 0 & 0 & 0 & \cdots & 1 \\ -p_n(x) & -p_{n-1}(x) & -p_{n-2}(x) & \cdots & -p_1(x) \end{pmatrix},\quad \boldsymbol{F}(x)=\begin{pmatrix} 0 \\ 0 \\ \vdots \\ 0 \\ f(x) \end{pmatrix},\quad \boldsymbol{Y}=\begin{pmatrix} y \\ y_1 \\ y_2 \\ \vdots \\ y_{n-1} \end{pmatrix}.
$$

方程组(4.8)的初值条件可记为

$$
\boldsymbol{Y}(x_0)=\boldsymbol{Y}_0,
$$

其中

$$
\boldsymbol{Y}_0=\begin{pmatrix} y(x_0) \\ y_1(x_0) \\ \vdots \\ y_{n-1}(x_0) \end{pmatrix}=\begin{pmatrix} y_0 \\ y_0' \\ \vdots \\ y_0^{(n-1)} \end{pmatrix}.
$$

引理 4.1 方程(4.5)与方程组(4.7)是等价的,即若 $y=\varphi(x)$ 是方程(4.5)在区间 I 上的解,则 $y=\varphi(x), y_1=\varphi'(x), \cdots, y_{n-1}=\varphi^{(n-1)}(x)$ 是方程组(4.7)在区间 I 上的解;反之,若 $y=\varphi(x), y_1=\varphi'(x), \cdots, y_{n-1}=\varphi^{(n-1)}(x)$ 是方程组(4.7)在区间 I 上的解,则 $y=\varphi(x)$ 是方程(4.5)在区间 I 上的解.

证明 设 $y=\varphi(x)$ 是方程(4.5)在区间 I 上的解.令

$$
\varphi_1(x)=\varphi'(x), \varphi_2(x)=\varphi''(x), \cdots, \varphi_{n-1}(x)=\varphi^{(n-1)}(x), \tag{4.9}
$$

则有

$$
\begin{cases} \dfrac{\mathrm{d}\varphi(x)}{\mathrm{d}x}=\varphi_1(x), \\ \dfrac{\mathrm{d}\varphi_1(x)}{\mathrm{d}x}=\varphi_2(x), \\ \cdots\cdots\cdots\cdots \\ \dfrac{\mathrm{d}\varphi_{n-1}(x)}{\mathrm{d}x}=-p_1(x)\varphi_{n-1}(x)-\cdots-p_{n-1}(x)\varphi_1(x)-p_n(x)\varphi(x)+f(x) \end{cases} \tag{4.10}
$$

在区间 I 上恒成立.这表明,$y=\varphi(x), y_1=\varphi_1(x), \cdots, y_{n-1}=\varphi_{n-1}(x)$ 是方程组(4.7)在区间 I 上的解.

反之,设 $y=\varphi(x), y_1=\varphi'(x), \cdots, y_{n-1}=\varphi^{(n-1)}(x)$ 是方程组(4.7)在区间 I 上的解.于是(4.10)式在区间 I 上恒成立.由(4.10)的前 $n-1$ 个等式可以看出,函数 $\varphi(x)$, $\varphi_1(x), \cdots, \varphi_{n-1}(x)$ 满足关系式(4.9),将它们代入到(4.10)的最后一个等式就有

$$
\varphi^{(n)}(x)+p_1(x)\varphi^{(n-1)}(x)+\cdots+p_{n-1}(x)\varphi'(x)+p_n(x)\varphi(x)=f(x)
$$

在区间 I 上恒成立,这就表明 $y=\varphi(x)$ 是方程(4.5)在区间 I 上的解.证毕.

由引理 4.1 和第三章的定理 3.1′,我们立即可以得到下面的定理.

定理 4.1 如果方程(4.5)的系数 $p_k(x)\ (k=1,2,\cdots,n)$ 及其右端函数 $f(x)$ 在区间 I 上有定义且连续,则对于 I 上的任一 x_0 及任意给定的 $y_0, y_0', \cdots, y_0^{(n-1)}$,方程(4.5)的满

足初值条件(4.6)的解在 I 上存在且唯一.

在下面的讨论中,总假设(4.5)的系数 $p_k(x)(k=1,2,\cdots,n)$ 及其右端函数 $f(x)$ 在区间 I 上连续,从而,方程(4.5)的满足初值条件(4.6)的解在整个区间 I 上总存在且唯一.

如果在(4.5)中,$f(x)$ 在区间 I 上恒等于零,(4.5)变成

$$y^{(n)}+p_1(x)y^{(n-1)}+\cdots+p_{n-1}(x)y'+p_n(x)y=0, \tag{4.11}$$

称方程(4.11)为 **n 阶线性齐次微分方程**(或简称 n 阶齐次方程),与此相应,称(4.5)为 **n 阶线性非齐次微分方程**(或简称 n 阶非齐次方程).有时,为了叙述上的方便,还称(4.11)为(4.5)的对应的齐次方程.

4.1.2　n 阶线性齐次微分方程的一般理论

由引理 4.1,齐次方程(4.11)等价于下面的一阶线性齐次微分方程组

$$\frac{\mathrm{d}\boldsymbol{Y}}{\mathrm{d}x}=\boldsymbol{A}(x)\boldsymbol{Y}, \tag{4.12}$$

这里 $\boldsymbol{A}(x)$ 和 $\boldsymbol{Y}$ 与(4.8)中的相同.于是由第三章的定理 3.2 可知,齐次方程(4.11)的所有解也构成一个线性空间.为了研究这个线性空间的性质,进而搞清楚(4.11)的解的结构,我们需要下面的定义和引理.

定义 4.1　函数组 $\varphi_1(x),\varphi_2(x),\cdots,\varphi_n(x)$ 称为在区间 I 上线性相关,如果存在一组不全为零的常数 $\alpha_1,\alpha_2,\cdots,\alpha_n$,使得

$$\alpha_1\varphi_1(x)+\alpha_2\varphi_2(x)+\cdots+\alpha_n\varphi_n(x)=0 \tag{4.13}$$

在区间 I 上恒成立.反之,如果只当 $\alpha_1=\alpha_2=\cdots=\alpha_n=0$ 时,才能使(4.13)在 I 上成立,则称函数组 $\varphi_1(x),\varphi_2(x),\cdots,\varphi_n(x)$ 在 I 上线性无关.

引理 4.2　一组 $n-1$ 阶可微的数值函数 $\varphi_1(x),\varphi_2(x),\cdots,\varphi_n(x)$ 在 I 上线性相关的充要条件是向量函数组

$$\begin{pmatrix}\varphi_1(x)\\ \varphi_1'(x)\\ \vdots\\ \varphi_1^{(n-1)}(x)\end{pmatrix},\begin{pmatrix}\varphi_2(x)\\ \varphi_2'(x)\\ \vdots\\ \varphi_2^{(n-1)}(x)\end{pmatrix},\cdots,\begin{pmatrix}\varphi_n(x)\\ \varphi_n'(x)\\ \vdots\\ \varphi_n^{(n-1)}(x)\end{pmatrix} \tag{4.14}$$

在 I 上线性相关.

证明　若 $\varphi_1(x),\varphi_2(x),\cdots,\varphi_n(x)$ 在 I 上线性相关,则存在一组不全为零的常数 $\alpha_1,\alpha_2,\cdots,\alpha_n$,使得

$$\alpha_1\varphi_1(x)+\alpha_2\varphi_2(x)+\cdots+\alpha_n\varphi_n(x)=0 \tag{4.15}$$

在 I 上恒成立.将(4.15)对 x 逐次微分,得

$$\alpha_1\varphi_1'(x)+\alpha_2\varphi_2'(x)+\cdots+\alpha_n\varphi_n'(x)=0, \tag{4.15$'$}$$

$$\cdots$$

$$\alpha_1\varphi_1^{(n-1)}(x)+\alpha_2\varphi_2^{(n-1)}(x)+\cdots+\alpha_n\varphi_n^{(n-1)}(x)=0. \tag{4.15$''$}$$

联合(4.15),(4.15)$'$,$\cdots$,(4.15)$''$就得到向量函数组(4.14)是线性相关的.反之,若向量函数组(4.14)在 I 上线性相关,则存在不全为零的常数 $\alpha_1,\alpha_2,\cdots,\alpha_n$,使得(4.15),

(4.15)′,…,(4.15)″在 I 上恒成立,(4.15)表明 $\varphi_1(x),\varphi_2(x),\cdots,\varphi_n(x)$ 在 I 上线性相关.证毕.

由引理 4.2,为了建立函数组线性相关与线性无关的判别法则,需要引入下面的定义:

定义 4.2 设函数组 $\varphi_1(x),\varphi_2(x),\cdots,\varphi_n(x)$ 中每一个函数 $\varphi_k(x)(k=1,2,\cdots,n)$ 均有 $n-1$ 阶导数,我们称行列式

$$W(x)=\begin{vmatrix}\varphi_1(x) & \varphi_2(x) & \cdots & \varphi_n(x)\\ \varphi_1'(x) & \varphi_2'(x) & \cdots & \varphi_n'(x)\\ \vdots & \vdots & & \vdots\\ \varphi_1^{(n-1)}(x) & \varphi_2^{(n-1)}(x) & \cdots & \varphi_n^{(n-1)}(x)\end{vmatrix}$$

为已知函数组的**朗斯基行列式**.

有了以上的准备工作,我们现在可以清楚地看到,齐次方程(4.11)的一般理论完全可以归结为第三章中一阶线性齐次微分方程组的一般理论来加以处理.由 3.3 节中关于齐次方程组的有关定理,可以自然地得到下面的关于齐次方程(4.11)的一系列定理.

定理 4.2 齐次方程(4.11)的 n 个解

$$\varphi_1(x),\varphi_2(x),\cdots,\varphi_n(x)$$

在其定义区间 I 上线性无关(相关)的充要条件是在 I 上存在点 x_0,使得它们构成的朗斯基行列式 $W(x_0)\neq 0(W(x_0)=0)$.

定理 4.3 如果 $\varphi_1(x),\varphi_2(x),\cdots,\varphi_n(x)$ 是方程(4.11)的 n 个线性无关解,则

$$y=C_1\varphi_1(x)+C_2\varphi_2(x)+\cdots+C_n\varphi_n(x) \tag{4.16}$$

是方程(4.11)的通解,其中 $C_1,C_2,\cdots,C_n$ 为 n 个任意常数.

通常称定理 4.3 为方程(4.11)的**基本定理**.

定义 4.3 方程(4.11)的定义在区间 I 上的 n 个线性无关解称为(4.11)的**基本解组**.

由定义 4.3,方程(4.11)的基本定理又可叙述为:方程(4.11)的通解为它的基本解组的线性组合.

例 3 易于验证函数 $y_1=\cos x,y_2=\sin x$ 是方程

$$y''+y=0$$

的解.并且由它们构成的朗斯基行列式

$$\begin{vmatrix}y_1 & y_2\\ y_1' & y_2'\end{vmatrix}=\begin{vmatrix}\cos x & \sin x\\ -\sin x & \cos x\end{vmatrix}=1\neq 0$$

在$(-\infty,+\infty)$内恒成立,因此,这两个函数是已知方程的两个线性无关解,即是一基本解组,故该方程的通解可写为

$$y(x)=C_1\cos x+C_2\sin x,$$

其中 C_1,C_2是任意常数.不难看出,对于任意的非零常数 k_1和 k_2,函数组

$$y_1=k_1\cos x,y_2=k_2\sin x$$

都是已知方程的基本解组.

基本定理表明,齐次方程(4.11)的所有解的集合是一个线性空间.进一步,我们还有

定理 4.4　n 阶齐次方程(4.11)的线性无关解的个数不超过 n 个.

定理 4.5　n 阶齐次方程(4.11)总存在定义在区间 I 上的基本解组.

最后,齐次方程(4.11)的解与它的系数之间有如下关系.

定理 4.6　设 $\varphi_1(x),\varphi_2(x),\cdots,\varphi_n(x)$ 是方程(4.11)的任意 n 个解,$W(x)$ 是它们构成的朗斯基行列式,则对区间 I 上的任一 x_0 有

$$W(x)=W(x_0)\mathrm{e}^{-\int_{x_0}^{x}p_1(t)\mathrm{d}t}. \tag{4.17}$$

上述关系式称为**刘维尔公式**.

由公式(4.17)可以再次看出齐次方程(4.11)的朗斯基行列式的两个重要性质:

(1) 方程(4.11)解的朗斯基行列式 $W(x)$ 在区间 I 上某一点为零,则在整个区间 I 上恒等于零.

(2) 方程(4.11)解的朗斯基行列式 $W(x)$ 在区间 I 上某一点不等于零,则在整个区间 I 上恒不为零.

下面给出刘维尔公式的一个简单应用.对于二阶线性齐次方程

$$y''+p(x)y'+q(x)y=0,$$

如果已知它的一个非零特解 y_1,依刘维尔公式(4.17),可用积分的方法求出与 y_1 线性无关的另一特解,从而可求出它的通解.

设 y 是已知二阶齐次方程一个解,根据公式(4.17)有

$$\begin{vmatrix} y_1 & y \\ y_1' & y' \end{vmatrix}=C\mathrm{e}^{-\int p(x)\mathrm{d}x}$$

或

$$y_1y'-yy_1'=C\mathrm{e}^{-\int p(x)\mathrm{d}x}.$$

为了积分上面这个一阶线性方程,用 $\frac{1}{y_1^2}$ 乘上式两端,整理后可得

$$\frac{\mathrm{d}}{\mathrm{d}x}\left(\frac{y}{y_1}\right)=\frac{C}{y_1^2}\mathrm{e}^{-\int p(x)\mathrm{d}x},$$

由此可得

$$\frac{y}{y_1}=\int\frac{C\mathrm{e}^{-\int p(x)\mathrm{d}x}}{y_1^2}\mathrm{d}x+C^*.$$

易见 $y=y_1\int\frac{1}{y_1^2}\mathrm{e}^{-\int p(x)\mathrm{d}x}\mathrm{d}x$ 是已知方程的另一个解,即 $C^*=0,C=1$ 所对应的解.此外,由于

$$\begin{vmatrix} y_1 & y \\ y_1' & y' \end{vmatrix}=\mathrm{e}^{-\int p(x)\mathrm{d}x}\neq 0,$$

所以所求得的解 y 与已知解 y_1 是线性无关解.从而,可得已知方程的通解

$$y=C^* y_1+Cy_1\int \frac{1}{y_1^2} e^{-\int p(x)dx}dx, \tag{4.18}$$

其中 C^* 和 C 是任意常数.

例 4　求方程

$$(1-x^2)y''-2xy'+2y=0,\ |x|<1$$

的通解.

解　容易看出,已知方程有特解 $y_1=x$.此处 $p(x)=-\dfrac{2x}{1-x^2}$,根据公式(4.18),立刻可以求得通解

$$\begin{aligned}
y &= y_1\left[C^* + C\int \frac{1}{y_1^2}e^{\int\frac{2x}{1-x^2}dx}dx\right] \\
&= x\left[C^* + C\int \frac{dx}{x^2(1-x^2)}\right] \\
&= x\left[C^* + C\int\left(\frac{1}{x^2}+\frac{1}{2}\frac{1}{1-x}+\frac{1}{2}\frac{1}{1+x}\right)dx\right] \\
&=C^* x+Cx\left(-\frac{1}{x}+\frac{1}{2}\ln\frac{1+x}{1-x}\right) \\
&=C^* x+C\left(\frac{x}{2}\ln\frac{1+x}{1-x}-1\right).
\end{aligned}$$

4.1.3　n 阶线性非齐次微分方程的一般理论

由于 n 阶非齐次方程(4.5)等价于一阶非齐次方程组(4.7),于是由第三章的定理 3.10,我们有下面的定理.

定理 4.7　n 阶线性非齐次方程(4.5)的通解等于它的对应齐次方程的通解与它本身的一个特解之和.

由此可见,求(4.5)的通解问题,就归结为求(4.5)的一个特解和对应齐次方程的一个基本解组的问题了.

和一阶非齐次线性微分方程组一样,对于非齐次方程(4.5),也能够由对应齐次方程的一个基本解组求出它本身的一个特解,即常数变易法.具体做法如下:

设 $y_1,y_2,\cdots,y_n$ 是(4.5)的对应齐次方程(4.11)的 n 个线性无关解,则函数

$$y=C_1y_1+C_2y_2+\cdots+C_ny_n$$

是(4.11)的通解,其中 $C_1,C_2,\cdots,C_n$ 是任意常数.

现在设一组函数 $C_1(x),C_2(x),\cdots,C_n(x)$,使

$$\tilde{y}=C_1(x)y_1+C_2(x)y_2+\cdots+C_n(x)y_n \tag{4.19}$$

成为非齐次方程(4.5)的解.

由非齐次方程(4.5)与一阶非齐次方程组(4.7)的等价关系和第三章的(3.18)式可知,$C_1'(x),C_2'(x),\cdots,C_n'(x)$ 满足下面的非齐次方程组:

$$\begin{pmatrix} y_1(x) & y_2(x) & \cdots & y_n(x) \\ y_1'(x) & y_2'(x) & \cdots & y_n'(x) \\ \vdots & \vdots & & \vdots \\ y_1^{(n-1)}(x) & y_2^{(n-1)}(x) & \cdots & y_n^{(n-1)}(x) \end{pmatrix} \begin{pmatrix} C_1'(x) \\ C_2'(x) \\ \vdots \\ C_n'(x) \end{pmatrix} = \begin{pmatrix} 0 \\ 0 \\ \vdots \\ f(x) \end{pmatrix}, \tag{4.20}$$

它是关于变量 $C_i'(x)(i=1,2,\cdots,n)$ 的线性代数方程组，由于它的系数行列式恰是齐次方程的 n 个线性无关解的朗斯基行列式，故它恒不为零，因此，上述方程组关于 $C_i'(x)$ 有唯一解.解出后再积分，并代入到(4.19)中，便得到(4.5)的一个特解.

例 5　求非齐次方程

$$y''+y=\frac{1}{\cos x}$$

的通解.

解　由例 3 知 $y_1=\cos x, y_2=\sin x$ 是对应齐次方程的线性无关解，故它的通解为

$$y=C_1\cos x+C_2\sin x.$$

现在求已知方程形如

$$y_1=C_1(x)\cos x+C_2(x)\sin x$$

的一个特解.由关系式(4.20)，$C_1'(x)$，$C_2'(x)$ 满足方程组

$$\begin{pmatrix} \cos x & \sin x \\ -\sin x & \cos x \end{pmatrix} \begin{pmatrix} C_1'(x) \\ C_2'(x) \end{pmatrix} = \begin{pmatrix} 0 \\ \dfrac{1}{\cos x} \end{pmatrix}$$

或写成纯量方程组

$$\begin{cases} C_1'(x)\cos x+C_2'(x)\sin x=0, \\ -C_1'(x)\sin x+C_2'(x)\cos x=\dfrac{1}{\cos x}. \end{cases}$$

解上述方程组，得

$$C_1'(x)=-\frac{\sin x}{\cos x},\quad C_2'(x)=1.$$

积分得

$$C_1(x)=\ln|\cos x|, C_2(x)=x,$$

故已知方程的通解为

$$y=C_1\cos x+C_2\sin x+\cos x\ln|\cos x|+x\sin x.$$

习　题　4.1

1. 试讨论下列各函数组在它们的定义区间上是线性相关的还是线性无关的：

(1) $\sin 2t, \cos t, \sin t$;　　　(2) $x, \tan x$;

(3) $x^2-x+3, 2x^2+x, 2x+4$;　　　　(4) e^t, te^t, t^2e^t.

2. 设在方程 $y''+p(x)y'+q(x)y=0$ 中，$p(x)$ 在某区间 I 上连续且恒不为零，试证它的任意两个线性无关的解的朗斯基行列式是区间 I 上的严格单调函数.

3. 试证明：二阶线性齐次方程的任意两个线性无关解组的朗斯基行列式之比是一个不为零的常数.

4. 已知方程 $(x-1)y''-xy'+y=0$ 的一个解 $y_1=x$，试求其通解.

5. 已知方程 $(1-\ln x)y''+\dfrac{1}{x}y'-\dfrac{1}{x^2}y=0$ 的一个解 $y_1=\ln x$，试求其通解.

6. 在方程 $y''+p(x)y'+q(x)y=0$ 中，当系数满足什么条件时，其基本解组构成的朗斯基行列式等于常数?

7. 设 $y_1(x)$ 是 n 阶线性齐次方程

$$y^{(n)}+a_1(x)y^{(n-1)}+\cdots+a_{n-1}(x)y'+a_n(x)y=0$$

的一个非零解. 试证明：利用线性变换 $y=y_1(x)z$ 可将已知方程化为 $n-1$ 阶的齐次方程.

8. 已知方程 $x^3y'''-3x^2y''+6xy'-6y=0$ 的两个特解 $y_1=x, y_2=x^2$，求其通解.

9. 设

$$\Delta(x)=\begin{vmatrix} a_{11}(x) & a_{12}(x) & a_{13}(x) \\ a_{21}(x) & a_{22}(x) & a_{23}(x) \\ a_{31}(x) & a_{32}(x) & a_{33}(x) \end{vmatrix},$$

求证：

$$\frac{d\Delta(x)}{dx}=\begin{vmatrix} a'_{11}(x) & a'_{12}(x) & a'_{13}(x) \\ a_{21}(x) & a_{22}(x) & a_{23}(x) \\ a_{31}(x) & a_{32}(x) & a_{33}(x) \end{vmatrix}+\begin{vmatrix} a_{11}(x) & a_{12}(x) & a_{13}(x) \\ a'_{21}(x) & a'_{22}(x) & a'_{23}(x) \\ a_{31}(x) & a_{32}(x) & a_{33}(x) \end{vmatrix}+\begin{vmatrix} a_{11}(x) & a_{12}(x) & a_{13}(x) \\ a_{21}(x) & a_{22}(x) & a_{23}(x) \\ a'_{31}(x) & a'_{32}(x) & a'_{33}(x) \end{vmatrix}.$$

并试证对 n 阶行列式也有类似结果.

10. 设 $p(x), q(x), f(x)$ 在 $[0,1]$ 上连续，试证明，方程 $y''+p(x)y'+q(x)y=f(x)$ 满足条件 $y(0)=y(1)=0$ 的解唯一的充要条件是：方程 $y''+p(x)y'+q(x)y=0$ 只有零解满足条件 $y(0)=y(1)=0$.

11. 用常数变易法求方程 $y''-y=\dfrac{2e^x}{e^x-1}$ 的通解.

12. 在方程 $y''+3y'+2y=f(x)$ 中，$f(x)$ 在 $[a,+\infty)$ 上连续，且 $\lim\limits_{x\to+\infty}f(x)=0$，试证明，对于方程的任一解 $y(x)$，均有 $\lim\limits_{x\to+\infty}y(x)=0$.

4.2 n 阶常系数线性齐次方程解法

本节只讨论常系数线性齐次方程

$$y^{(n)}+a_1y^{(n-1)}+\cdots+a_{n-1}y'+a_ny=0 \tag{4.21}$$

的求解问题，这里 $a_1, a_2, \cdots, a_n$ 为实常数. 由定理 4.3，我们知道(4.21)的求解问题归结为求其基本解组即可. 虽然对于一般的线性齐次微分方程，人们至今没有找到一个求其基本解组的一般方法,但是对于方程(4.21),这一问题已彻底解决.其中,一个自然的做法是把(4.21)化成与之等价的一阶线性常系数齐次微分方程组,然后按 3.5 节的有关解法及引理 4.1 和引理 4.2,就可以求得(4.21)的基本解组.但是这样的推导过程并不简洁,因此我们这里将对方程(4.21)采用下面的**待定指数函数法**求解.

首先,研究一个简单的一阶方程

$$y'+ay=0, \tag{4.22}$$

其中 a 是常数,不难求出它有特解

$$y=e^{-ax}.$$

比较(4.21)与(4.22),我们可以猜想方程(4.21)也有形如

$$y=e^{\lambda x} \tag{4.23}$$

的解,其中 λ 是待定常数.将(4.23)代入(4.21)中得到

$$(\lambda^n+a_1\lambda^{n-1}+\cdots+a_{n-1}\lambda+a_n)e^{\lambda x}=0. \tag{4.24}$$

因为 $e^{\lambda x}\neq 0$,所以有

$$P(\lambda)=\lambda^n+a_1\lambda^{n-1}+\cdots+a_{n-1}\lambda+a_n=0, \tag{4.25}$$

我们称(4.25)为方程(4.21)的**特征方程**,它的根称为**特征根**.

这样,$y=e^{\lambda x}$是方程(4.21)的解当且仅当 λ 是特征方程(4.25)的根.

下面分两种情形讨论.

4.2.1 特征根都是单根

定理 4.8 若特征方程(4.25)有 n 个互异根 $\lambda_1,\lambda_2,\cdots,\lambda_n$,则

$$y_1=e^{\lambda_1 x},y_2=e^{\lambda_2 x},\cdots,y_n=e^{\lambda_n x} \tag{4.26}$$

是方程(4.21)的一个基本解组.

证明 显然,$y_i=e^{\lambda_i x}(i=1,2,\cdots,n)$分别是(4.21)的解.它们构成的朗斯基行列式

$$W(x)=\begin{vmatrix} e^{\lambda_1 x} & e^{\lambda_2 x} & \cdots & e^{\lambda_n x} \\ \lambda_1 e^{\lambda_1 x} & \lambda_2 e^{\lambda_2 x} & \cdots & \lambda_n e^{\lambda_n x} \\ \vdots & \vdots & & \vdots \\ \lambda_1^{n-1}e^{\lambda_1 x} & \lambda_2^{n-1}e^{\lambda_2 x} & \cdots & \lambda_n^{n-1}e^{\lambda_n x}\end{vmatrix}$$

$$=e^{(\lambda_1+\lambda_2+\cdots+\lambda_n)x}\begin{vmatrix} 1 & 1 & \cdots & 1 \\ \lambda_1 & \lambda_2 & \cdots & \lambda_n \\ \vdots & \vdots & & \vdots \\ \lambda_1^{n-1} & \lambda_2^{n-1} & \cdots & \lambda_n^{n-1}\end{vmatrix}$$

$$=e^{(\lambda_1+\lambda_2+\cdots+\lambda_n)x}\prod_{1\leqslant j<i\leqslant n}(\lambda_i-\lambda_j)\neq 0,\quad x\in(-\infty,+\infty),$$

从而(4.26)是方程(4.21)的一个基本解组.上述行列式为著名的范德蒙德(Vandermonde)行列式.

例 1 求方程 $y''-5y'=0$ 的通解.

解 特征方程为

$$\lambda^2-5\lambda=0,$$

特征根为 $\lambda_1=0,\lambda_2=5$,故所求通解为

$$y=C_1+C_2e^{5x},$$

其中 C_1,C_2为任意常数.

例 2 求方程 $y''-5y'+6y=0$ 的通解及满足初值条件:当 $x=0$ 时,$y=1,y'=2$ 的特解.

解 特征方程为

$$\lambda^2-5\lambda+6=0,$$

特征根为 $\lambda_1=2,\lambda_2=3$,故所求通解为

$$y=C_1e^{2x}+C_2e^{3x},$$

其中 C_1,C_2为任意常数.

将初值条件代入方程组

$$\begin{cases}y=C_1e^{2x}+C_2e^{3x},\\ y'=2C_1e^{2x}+3C_2e^{3x},\end{cases}$$

得

$$\begin{cases}1=C_1+C_2,\\ 2=2C_1+3C_2.\end{cases}$$

由此解得 $C_2=0,C_1=1$.因而所求特解为 $y=e^{2x}$.

特征方程(4.25)可能有复根,由于其系数是实的,它的复根一定是共轭成对地出现.即此时在相异特征根 $\lambda_1,\lambda_2,\cdots,\lambda_n$中有复数,比如 $\lambda_k=a+ib(a,b$ 为实数),则 $\lambda_{k+1}=a-ib$ 也是(4.25)的根.由定理 4.8,这两个特征根所对应的解是实变量复值函数

$$y_k=e^{(a+ib)x}=e^{ax}\cos bx+ie^{ax}\sin bx,$$

$$y_{k+1}=e^{(a-ib)x}=e^{ax}\cos bx-ie^{ax}\sin bx.$$

我们可以按照 3.5 节中对常系数线性方程组的处理方法,把这两个复值解实值化,即取其实部 $e^{ax}\cos bx$ 和虚部 $e^{ax}\sin bx$ 作为这两个根所对应的解,并且它们与其余的特征根所对应的解仍然是线性无关的.

例 3 求方程 $y'''-3y''+9y'+13y=0$ 的通解.

解 特征方程为

$$\lambda^3-3\lambda^2+9\lambda+13=0 \quad 或 \quad (\lambda+1)(\lambda^2-4\lambda+13)=0.$$

由此得

$$\lambda_1=-1,\lambda_2=2+3i,\lambda_3=2-3i.$$

因此,基本解组为

$$e^{-x},e^{2x}\cos 3x,e^{2x}\sin 3x,$$

通解为

$$y=C_1e^{-x}+e^{2x}(C_2\cos 3x+C_3\sin 3x).$$

例 4 求方程 $y'''-y''+4y'-4y=0$ 的通解.

解 特征方程为

$$\lambda^3-\lambda^2+4\lambda-4=0.$$

由于

$$\lambda^3-\lambda^2+4\lambda-4=\lambda^2(\lambda-1)+4(\lambda-1)=(\lambda-1)(\lambda^2+4),$$

故特征根为

$$\lambda_1=1,\quad \lambda_2=2\mathrm{i},\quad \lambda_3=-2\mathrm{i}.$$

基本解组为

$$\mathrm{e}^x,\quad \cos 2x,\quad \sin 2x,$$

故所求通解为

$$y=C_1\mathrm{e}^x+C_2\cos 2x+C_3\sin 2x.$$

4.2.2 特征根有重根

设 λ_1是(4.25)的 $k(1<k\leqslant n)$重根(实的或复的),由定理4.8知 $\mathrm{e}^{\lambda_1 x}$是(4.21)的一个解,如何求出其余的 $k-1$ 个解呢？先看一下最简单的二阶常系数方程

$$y''+py'+qy=0,$$

并设 $p^2=4q$.

特征方程为

$$\lambda^2+p\lambda+q=0.$$

由于 $p^2=4q$,易见 $\lambda_1=-\dfrac{p}{2}$是二重特征根,它对应的解为

$$y_1=\mathrm{e}^{-\frac{p}{2}x}.$$

现求已知方程的和 y_1线性无关的另一特解.由公式(4.18),这一特解可取为

$$y_1\int\frac{\mathrm{e}^{-\int p(x)\mathrm{d}x}}{y_1^2}\mathrm{d}x=\mathrm{e}^{-\frac{p}{2}x}\int\frac{\mathrm{e}^{-px+C_1}}{\mathrm{e}^{-px}}\mathrm{d}x=\mathrm{e}^{-\frac{p}{2}x}(\mathrm{e}^{C_1}x+C_2).$$

取 $C_1=0,C_2=0$,这样,二重特征根 $\lambda_1=-\dfrac{p}{2}$ 所对应的两个线性无关解是

$$\mathrm{e}^{-\frac{p}{2}x},\quad x\mathrm{e}^{-\frac{p}{2}x}.$$

进一步,可以证明,若 λ_1是(4.25)的 k 重根,则(4.21)有形如

$$\mathrm{e}^{\lambda_1 x},x\mathrm{e}^{\lambda_1 x},\cdots,x^{k-1}\mathrm{e}^{\lambda_1 x}$$

的 k 个特解.为此,只需证明:对 $m=0,1,\cdots,k-1$,总有

$$L[x^m\mathrm{e}^{\lambda_1 x}]\equiv 0,$$

这里 L 是由方程(4.21)左端所定义的线性微分算子,即

$$L[y]=y^{(n)}+a_1y^{(n-1)}+\cdots+a_{n-1}y'+a_ny. \tag{4.27}$$

首先,我们知道,若 λ_1是(4.25)的 k 重根,则有

$$P(\lambda_1)=P'(\lambda_1)=\cdots=P^{(k-1)}(\lambda_1)=0,P^{(k)}(\lambda_1)\neq 0. \tag{4.28}$$

其次,易见

$$L[\mathrm{e}^{\lambda x}]=P(\lambda)\mathrm{e}^{\lambda x},\quad \frac{\partial^m}{\partial\lambda^m}\mathrm{e}^{\lambda x}=x^m\mathrm{e}^{\lambda x},$$

因此有

$$L[x^m e^{\lambda x}] = L\left[\frac{\partial^m e^{\lambda x}}{\partial \lambda^m}\right] = \frac{\partial^m}{\partial \lambda^m} L[e^{\lambda x}] = \frac{\partial^m}{\partial \lambda^m}(P(\lambda)e^{\lambda x})$$

$$= \left\{P^{(m)}(\lambda) + mP^{(m-1)}(\lambda)x + \frac{m(m-1)}{2!}P^{(m-2)}(\lambda)x^2 + \cdots + P(\lambda)x^m\right\}e^{\lambda x}. \qquad (4.29)$$

于是由(4.28)立刻得到

$$L[x^m e^{\lambda_1 x}] \equiv 0, \quad m = 0, 1, \cdots, k-1,$$

即函数 $e^{\lambda_1 x}, xe^{\lambda_1 x}, \cdots, x^{k-1}e^{\lambda_1 x}$ 都是(4.21)的解.

一般地,当特征方程有多个重根时,如何确定该方程的基本解组?我们有下面的定理.

定理 4.9 如果方程(4.21)有互异的特征根 $\lambda_1, \lambda_2, \cdots, \lambda_p$,它们的重数分别为 $m_1, m_2, \cdots, m_p, m_i \geqslant 1$,且 $m_1 + m_2 + \cdots + m_p = n$,则与它们对应的(4.21)的特解是

$$\begin{array}{l} e^{\lambda_1 x}, xe^{\lambda_1 x}, \cdots, x^{m_1-1}e^{\lambda_1 x}, \\ e^{\lambda_2 x}, xe^{\lambda_2 x}, \cdots, x^{m_2-1}e^{\lambda_2 x}, \\ \cdots\cdots\cdots\cdots \\ e^{\lambda_p x}, xe^{\lambda_p x}, \cdots, x^{m_p-1}e^{\lambda_p x}, \end{array} \qquad (4.30)$$

且(4.30)构成(4.21)在区间$(-\infty, +\infty)$内的基本解组.

***证明** 由上述论证,(4.30)中每一个函数都是方程(4.21)的解.现在,只需证明它们在$(-\infty, +\infty)$内线性无关即可.

使用反证法.设关系式

$$\sum_{k=1}^{p} (\alpha_0^{(k)} + \alpha_1^{(k)}x + \cdots + \alpha_{m_k-1}^{(k)}x^{m_k-1})e^{\lambda_k x} \equiv 0 \qquad (4.31)$$

在$(-\infty, +\infty)$内成立,且常数 $\alpha_i^{(k)}$ 中至少有一个不等于零,$k = 1, 2, \cdots, p, i = 1, 2, \cdots, m_k - 1$.

关系式(4.31)可以写成

$$\sum_{k=1}^{p} P_{m_k}(x)e^{\lambda_k x} \equiv 0, \qquad (4.32)$$

其中

$$P_{m_k}(x) = \alpha_0^{(k)} + \alpha_1^{(k)}x + \cdots + \alpha_{m_k-1}^{(k)}x^{m_k-1}$$

是 $m_k - 1$ 次多项式,且 $P_{m_k}(x)(k = 1, 2, \cdots, p)$ 中至少有一个在$(-\infty, +\infty)$内不恒为零.不妨设 $P_{m_p}(x)$ 不恒为零.用 $e^{-\lambda_1 x}$ 乘(4.32)式两端,得

$$P_{m_1}(x) + \sum_{k=2}^{p} P_{m_k}(x)e^{(\lambda_k - \lambda_1)x} \equiv 0.$$

对上式关于 x 求 m_1 阶导数,得

$$\sum_{k=2}^{p} P_{m_k}^1(x)e^{(\lambda_k - \lambda_1)x} \equiv 0, \qquad (4.32)'$$

并且 $P_{m_p}^1(x)$ 不恒为零.这是因为

$$[P_{m_p}(x)e^{(\lambda_p - \lambda_1)x}]^{(m_1)} = P_{m_p}^1(x)e^{(\lambda_p - \lambda_1)x},$$

故 $P_{m_p}^1(x)$ 与 $P_{m_p}(x)$ 是同次多项式.

用 $e^{-(\lambda_2-\lambda_1)x}$ 乘(4.32)′式两端，得

$$P_{m_2}^1(x)+\sum_{k=3}^{p}P_{m_k}^1(x)e^{(\lambda_k-\lambda_2)x}\equiv 0.$$

求上式关于 x 的 m_2 阶导数，得

$$\sum_{k=3}^{p}P_{m_k}^2(x)e^{(\lambda_k-\lambda_2)x}\equiv 0,$$

并且 $P_{m_p}^2(x)$ 不恒为零.

如此继续下去，最后可得

$$P_{m_p}^{p-1}(x)e^{(\lambda_p-\lambda_{p-1})x}\equiv 0.$$

由假设知，$P_{m_p}(x)$ 不恒为零，故 $P_{m_p}^{p-1}(x)$ 不恒为零，但在上式中，由于 $e^{(\lambda_p-\lambda_{p-1})x}\neq 0$，从而有 $P_{m_p}^{p-1}(x)\equiv 0$，矛盾. 故函数组(4.30)在 $(-\infty,+\infty)$ 内线性无关. 因此，函数组(4.30)是方程(4.21)的基本解组.

在(4.30)中可能出现复解，比如 $\lambda_1=a+ib$ 是(4.21)的 m_1 重特征根，则其共轭 $a-ib$ 也是(4.21)的 m_1 重特征根. 因此，此时(4.30)中含有如下的 $2m_1$ 个解

$$e^{(a+ib)x},xe^{(a+ib)x},\cdots,x^{m_1-1}e^{(a+ib)x},$$
$$e^{(a-ib)x},xe^{(a-ib)x},\cdots,x^{m_1-1}e^{(a-ib)x}.$$

与单特征根处理复值解的做法相同，我们可在(4.30)中用下面的 $2m_1$ 个实值解替换这 $2m_1$ 个复值解.

$$e^{ax}\cos bx,xe^{ax}\cos bx,\cdots,x^{m_1-1}e^{ax}\cos bx,$$
$$e^{ax}\sin bx,xe^{ax}\sin bx,\cdots,x^{m_1-1}e^{ax}\sin bx.$$

对于其他复根也同样处理，最后就得到方程(4.21)的 n 个线性无关的实解.

例 5　求方程 $y''+4y'+4y=0$ 的通解.

解　特征方程为

$$\lambda^2+4\lambda+4=0,$$

$\lambda_1=-2$ 是二重特征根，故所求通解是

$$y=e^{-2x}(C_1+C_2x).$$

例 6　求方程 $y^{(4)}-4y'''+5y''-4y'+4y=0$ 的通解.

解　特征方程是

$$\lambda^4-4\lambda^3+5\lambda^2-4\lambda+4=0.$$

由于

$$\lambda^4-4\lambda^3+5\lambda^2-4\lambda+4=(\lambda-2)^2(\lambda^2+1),$$

故特征根是

$$\lambda_{1,2}=2,\lambda_3=i,\lambda_4=-i.$$

它们对应的实解为

$$e^{2x},xe^{2x},\cos x,\sin x,$$

所求通解为

$$y=e^{2x}(C_1+C_2x)+C_3\cos x+C_4\sin x.$$

例 7 求方程 $y'''-3y''+3y'-y=0$ 的通解.

解 特征方程是

$$\lambda^3-3\lambda^2+3\lambda-1=0.$$

由于

$$\lambda^3-3\lambda^2+3\lambda-1=(\lambda-1)^3,$$

故特征根为 $\lambda_{1,2,3}=1$,所对应的解为

$$e^x,xe^x,x^2e^x,$$

故所求通解为

$$y=e^x(C_1+C_2x+C_3x^2).$$

本节所介绍的求解方程(4.21)的方法,不仅可以求出其通解和初值问题解,而且还能求出边值问题解,初值问题和边值问题都是常微分方程的定解问题.常微分方程的边值问题与求解某些偏微分方程密切相关,例如弦振动方程的求解问题就归结为下面的二阶常系数线性方程边值问题是否存在非零解.

例 8 试讨论 λ 为何值时,方程 $y''+\lambda y=0$ 存在满足 $y(0)=y(1)=0$ 的非零解.

解 当 $\lambda=0$ 时,方程的通解是

$$y=C_1+C_2x.$$

要使 $y(0)=y(1)=0$,必须 $C_1=C_2=0$,于是 $y(x)\equiv 0$.

当 $\lambda<0$ 时,方程的通解是

$$y=C_1e^{\sqrt{-\lambda}x}+C_2e^{-\sqrt{-\lambda}x}.$$

要使 $y(0)=0$,必须 $C_1+C_2=0$,即 $C_2=-C_1$,因此,要使 $y(1)=0$,即

$$0=C_1e^{\sqrt{-\lambda}}+C_2e^{-\sqrt{-\lambda}},$$

将 $C_2=-C_1$代入上式,有

$$C_1(e^{\sqrt{-\lambda}}-e^{-\sqrt{-\lambda}})=0,$$

必须有 $C_1=0$,从而 $C_2=0$,于是 $y(x)\equiv 0$.

当 $\lambda>0$ 时,方程的通解是

$$y=C_1\cos\sqrt{\lambda}x+C_2\sin\sqrt{\lambda}x.$$

要使 $y(0)=0$,必须 $C_1=0$,于是

$$y=C_2\sin\sqrt{\lambda}x.$$

要使 $y(1)=0$,只要 $\sin\sqrt{\lambda}=0$ 即可.要使 $\sin\sqrt{\lambda}=0$,当且仅当$\lambda=n^2\pi^2$,从而 $\lambda_n=n^2\pi^2$,方程有非零解 $y_n(x)=C_2\sin n\pi x(C_2\neq 0,n=\pm 1,\pm 2,\cdots)$.

习 题 4.2

1. 试求下列各方程的通解:

(1) $y''+y'+20y=0$;　　(2) $y'''-y=0$;

(3) $y^{(4)}+y=0$;　　(4) $y''-2y'+y=0$;

(5) $y^{(4)}-y''=0$;　　(6) $y'''-y''-y'+y=0$;

(7) $y^{(6)}-2y^{(4)}-y''+2y=0$.

2. 试求下面方程满足给定初值条件的解:

(1) $y''-3y'+2y=0$; $y(0)=2, y'(0)=-3$;

(2) $y''+y'=0$; $y(0)=2, y'(0)=5$;

(3) $y''+4y'+4y=0, y(2)=4, y'(2)=0$.

3. 求分别满足下列条件的方程的通解,并确定相应的方程:

(1) 已知某一三阶常系数线性齐次方程有特解 $5xe^{x}, e^{2x}$;

(2) 已知某一三阶常系数线性齐次方程有特解 $e^{-2x}, \sin 3x$;

(3) 已知某一四阶常系数线性齐次方程的特征方程只有特征根 $0, \pm i$.

4. 设 $y(x)$ 在 $(-\infty, +\infty)$ 内具有连续的二阶导数,满足

$$3y(x) = 1 - \int_0^x [y''(t) + y'(t) + 4y(t)]dt,$$

且 $y'(0)=0$,求 $y(x)$.

5. 考虑方程 $y''+py'+qy=0$,

(1) 若 $p=0$, q 为何值时,该方程存在满足 $y(0)=y(1)=0$ 的非零解?

(2) p, q 取何值时,当 $x\to+\infty$ 时,该方程的一切解都趋于零?

(3) p, q 取何值时,该方程的一切解在 $[a, +\infty)$ 上有界,其中 a 是某确定的常数?

(4) p, q 取何值时,该方程的一切解都是 x 的周期函数?

4.3　n 阶常系数线性非齐次方程解法

本节研究 n 阶常系数线性非齐次方程

$$y^{(n)}+a_1y^{(n-1)}+\cdots+a_{n-1}y'+a_ny=f(x) \tag{4.33}$$

的解法.

我们已知道,(4.33)的通解等于它的对应齐次方程的通解和它本身一个特解之和. 我们在上一节已经掌握了齐次方程通解的求法,现在问题归结到如何求(4.33)的一个特解,其方法主要有两种,一种是常数变易法,这在 4.1 节已介绍过,它是求非齐次方程特解的一般方法,但计算比较麻烦.下面介绍第二种方法,即**待定系数法**,其计算较为简便,但是主要适用于非齐次项的某些特定情形.这里,我们考虑如下两种类型的非齐次项

$$f(x)=P_m(x)e^{\alpha x},$$

$$f(x)=e^{\alpha x}[P_m^{(1)}(x)\cos\beta x+P_m^{(2)}(x)\sin\beta x],$$

其中 $P_m(x), P_m^{(1)}(x), P_m^{(2)}(x)$ 是多项式,α, β 是常数.

4.3.1　第一类型非齐次方程特解的待定系数解法

现在,考虑 $f(x)=P_m(x)e^{\alpha x}$ 时,非齐次方程(4.33)的特解的求法.先从最简单的二阶方程

$$y''+py'+qy=e^{\alpha x} \tag{4.34}$$

开始.

因为 $e^{\alpha x}$ 经过求任意阶导数再与常数线性组合后,仍是原类型函数,所以,自然猜想到(4.34)有形如

$$y=Ae^{\alpha x} \tag{4.35}$$

的特解,其中 A 为待定常数.将(4.35)代入(4.34)得到

$$A(\alpha^2+p\alpha+q)e^{\alpha x}=e^{\alpha x},$$

则

$$A=\frac{1}{\alpha^2+p\alpha+q}. \tag{4.36}$$

这样,当 α 不是特征方程

$$\lambda^2+p\lambda+q=0 \tag{4.37}$$

的根时,则用(4.36)所确定的 A 代入(4.35)便得到(4.34)的特解.

当 α 是(4.37)的单根时,即 $\alpha^2+p\alpha+q=0$,这时(4.36)无法确定 A.此时,可设特解为

$$y=Axe^{\alpha x}, \tag{4.38}$$

并将它作为形式解代入(4.34)式,得

$$A(\alpha^2+p\alpha+q)xe^{\alpha x}+A(2\alpha+p)e^{\alpha x}=e^{\alpha x}.$$

因 α 是单特征根,故可解出

$$A=\frac{1}{2\alpha+p}. \tag{4.39}$$

这时(4.34)便有形如(4.38)的特解,其中 A 由(4.39)确定.

如果 α 是(4.37)的重根,则 $\alpha=-\frac{p}{2}$,这时(4.38)的形式已不可用.此时,可设特解为

$$y=Ax^2e^{\alpha x},$$

将它作为形式解代入(4.34)得到

$$A(\alpha^2+p\alpha+q)x^2e^{\alpha x}+2A(2\alpha+p)xe^{\alpha x}+2Ae^{\alpha x}=e^{\alpha x}.$$

由于 α 是二重根,故上式左端前两个括号内的数为零,由此得到

$$A=\frac{1}{2}.$$

综上所述,可以得到如下结论:

如果 α 不是(4.37)的根,则(4.34)有形如 $Ae^{\alpha x}$ 的特解;如果 α 是(4.37)的单根,则(4.34)有形如 $Axe^{\alpha x}$ 的特解;如果 α 是(4.37)的重根,则(4.34)有形如 $Ax^2e^{\alpha x}$ 的特解.

例 1 求方程 $y''-3y'=e^{5x}$ 的通解.

解 先求齐次通解,特征方程为

$$\lambda^2-3\lambda=0,$$

特征根为

$$\lambda_1=0,\lambda_2=3,$$

故齐次方程的通解为

$$y=C_1+C_2e^{3x}.$$

由于 $\alpha=5$ 不是特征根，故已知方程有形如

$$y_1=Ae^{5x}$$

的解.将它代入原方程，得到

$$25Ae^{5x}-15Ae^{5x}=e^{5x}.$$

于是 $A=\dfrac{1}{10}$，已知方程有特解，从而得通解

$$y=C_1+C_2e^{3x}+\frac{1}{10}e^{5x}.$$

例 2 求方程 $y''-y=\dfrac{1}{2}e^x$ 的通解.

解 易见，对应齐次方程的特征方程为

$$\lambda^2-1=0,$$

特征根是 $\lambda=\pm1$，对应齐次方程的通解为

$$y=C_1e^x+C_2e^{-x}.$$

由于 $\alpha=1$ 是特征方程的根，故已知方程有形如

$$y_1=Axe^x$$

的特解.将它代入原方程，得

$$2Ae^x+Axe^x-Axe^x=\frac{1}{2}e^x,$$

从而 $A=\dfrac{1}{4}$，故 $y_1=\dfrac{1}{4}xe^x$，由此得通解

$$y=C_1e^x+C_2e^{-x}+\frac{1}{4}xe^x.$$

上述关于二阶方程的结果，可以推广到 n 阶常系数线性非齐次方程(4.33)上.

设 $P_m(x)$ 是 m 次实或复系数的多项式，

$$f(x)=e^{\alpha x}P_m(x)=e^{\alpha x}(p_0x^m+p_1x^{m-1}+\cdots+p_{m-1}x+p_m)\ (m\geqslant1). \tag{4.40}$$

(1) 当 α 不是特征根时，(4.33)有形如

$$y_1(x)=Q_m(x)e^{\alpha x}$$

的特解，其中

$$Q_m(x)=q_0x^m+q_1x^{m-1}+\cdots+q_{m-1}x+q_m.$$

(2) 当 α 是 $k(\geqslant1)$ 重特征根时，(4.33)有形如

$$y_1(x)=x^kQ_m(x)e^{\alpha x}$$

的特解，其中 $Q_m(x)$ 也是形如上述的 m 次多项式.

* 先证明(1).此时 α 不是特征根，$P(\alpha)\neq0$.只需证明存在数 $q_0,q_1,\cdots,q_m$，使得

$$L[Q_m(x)e^{\alpha x}]=P_m(x)e^{\alpha x},$$

其中 L 由(4.27)定义.由 L 的线性性,我们有

$$q_0L[x^m e^{\alpha x}]+q_1L[x^{m-1}e^{\alpha x}]+\cdots+q_{m-1}L[xe^{\alpha x}]+q_mL[e^{\alpha x}]=P_m(x)e^{\alpha x}.$$

再由公式(4.29),

$$L[x^s e^{\alpha x}]=\sum_{v=0}^{s}C_s^v P^{(v)}(\alpha)x^{s-v}e^{\alpha x},$$

上式又可写成

$$\begin{aligned}&q_0\sum_{v=0}^{m}C_m^v P^{(v)}(\alpha)x^{m-v}e^{\alpha x}+q_1\sum_{v=0}^{m-1}C_{m-1}^v P^{(v)}(\alpha)x^{m-1-v}e^{\alpha x}+\cdots+\\&q_{m-1}\sum_{v=0}^{1}C_1^v P^{(v)}(\alpha)x^{1-v}e^{\alpha x}+q_mP(\alpha)e^{\alpha x}\\=&(p_0x^m+p_1x^{m-1}+\cdots+p_{m-1}x+p_m)e^{\alpha x}.\end{aligned}$$

两端消去 $e^{\alpha x}$,并比较 x 同次幂的系数,得

$$\begin{aligned}&x^m:q_0P(\alpha)=p_0,\\&x^{m-1}:q_0C_m^1P'(\alpha)+q_1P(\alpha)=p_1,\\&\cdots\cdots\cdots\cdots\\&x^0:q_0C_m^mP^{(m)}(\alpha)+q_1C_{m-1}^{m-1}P^{(m-1)}(\alpha)+\cdots+q_mP(\alpha)=p_m.\end{aligned}$$

由于 $P(\alpha)\neq0$,故在上述方程组中可由上至下逐次确定数 $q_0,q_1,\cdots,q_m$.

再来证明(2).此时 α 为 k 重特征根,有

$$P(\alpha)=P'(\alpha)=\cdots=P^{(k-1)}(\alpha)=0,P^{(k)}(\alpha)\neq0,$$

从而用上面方法(1)无法确定 $q_0,q_1,\cdots,q_m$.

现在证明存在数 $q_0,q_1,\cdots,q_m$,使得

$$L[x^kQ_m(x)e^{\alpha x}]=P_m(x)e^{\alpha x}.$$

与上面情形(1)相似,上式可写成

$$q_0L[x^{k+m}e^{\alpha x}]+q_1L[x^{k+m-1}e^{\alpha x}]+\cdots+q_{m-1}L[x^{k+1}e^{\alpha x}]+q_mL[x^ke^{\alpha x}]=P_m(x)e^{\alpha x},$$

或写成

$$\begin{aligned}&q_0\sum_{v=0}^{k+m}C_{k+m}^v P^{(v)}(\alpha)x^{m+k-v}e^{\alpha x}+\\&q_1\sum_{v=0}^{k+m-1}C_{k+m-1}^v P^{(v)}(\alpha)x^{m+k-1-v}e^{\alpha x}+\cdots+\\&q_{m-1}\sum_{v=0}^{k+1}C_{k+1}^v P^{(v)}(\alpha)x^{k+1-v}e^{\alpha x}+q_m\sum_{v=0}^{k}C_k^v P^{(v)}(\alpha)x^{k-v}e^{\alpha x}\\=&(p_0x^m+p_1x^{m-1}+\cdots+p_{m-1}x+p_m)e^{\alpha x}.\end{aligned}$$

两端消去 $e^{\alpha x}$ 并比较同次幂系数,同时注意到

$$P(\alpha)=P'(\alpha)=\cdots=P^{(k-1)}(\alpha)=0,P^{(k)}(\alpha)\neq0,$$

就得到

$$x^m: q_0 C_{k+m}^k P^{(k)}(\alpha)=p_0,$$

$$x^{m-1}: q_0 C_{m+k}^{1+k} P^{(k+1)}(\alpha)+q_1 C_{m+k-1}^k P^{(k)}(\alpha)=p_1,$$

…………

$$x^0: q_0 C_{k+m}^{k+m} P^{(k+m)}(\alpha)+q_1 C_{k+m-1}^{k+m-1} P^{(k+m-1)}(\alpha)+\cdots+q_m C_k^k P^{(k)}(\alpha)=p_m.$$

因为 $P^{(k)}(\alpha)\neq 0$,故这个方程组可以从上到下确定出 $q_0,q_1,\cdots,q_m$.于是(2)得证.

例 3　求方程 $y''-5y'+6y=6x^2-10x+2$ 的通解.

解　先求对应齐次方程 $y''-5y'+6y=0$ 的通解.

特征方程是

$$\lambda^2-5\lambda+6=0,$$

故特征根 $\lambda_1=2,\lambda_2=3$,从而,对应齐次方程通解为

$$y=C_1e^{2x}+C_2e^{3x}.$$

因为 $\alpha=0$ 不是特征根,因而已知方程有形如

$$y_1=Ax^2+Bx+C$$

的特解.为确定系数 A,B,C,将它代入原方程中.由于

$$y_1'=2Ax+B,\ y_1''=2A,$$

故

$$2A-5(2Ax+B)+6(Ax^2+Bx+C)=6x^2-10x+2,$$

或

$$6Ax^2+(6B-10A)x+2A-5B+6C=6x^2-10x+2.$$

比较上式等号两端 x 的同次幂系数,可得

$$\begin{cases}6A=6,\\6B-10A=-10,\\2A-5B+6C=2.\end{cases}$$

解上述方程组,得

$$A=1,B=0,C=0,$$

故已知方程特解为

$$y_1=x^2.$$

已知方程的通解为

$$y=x^2+C_1e^{2x}+C_2e^{3x}.$$

例 4　求方程 $y''-5y'=-5x^2+2x$ 的通解.

解　对应齐次方程的特征方程为

$$\lambda^2-5\lambda=0,$$

特征根为 $\lambda_1=0,\lambda_2=5$,齐次方程的通解为

$$y=C_1+C_2e^{5x}.$$

由于 $\alpha=0$ 是单特征根,故已知非齐次方程有形如

$$y_1=x(Ax^2+Bx+C)$$

的特解.将它代入已知方程,并比较 x 的同次幂系数,得

$$A=\frac{1}{3},B=0,C=0,$$

故 $y_1=\frac{1}{3}x^3$.最后可得所求通解

$$y=\frac{1}{3}x^3+C_1+C_2e^{5x}.$$

例 5 求方程 $y''-4y'+4y=2e^{2x}$ 的通解.

解 由于

$$\lambda^2-4\lambda+4=0,\lambda_{1,2}=2,$$

故齐次方程通解为

$$y=e^{2x}(C_1+C_2x).$$

由于 $\alpha=2$ 是二重特征根,故已知非齐次方程有形如

$$y_1=Ax^2e^{2x}$$

的特解.将它代入已知方程,比较 x 的同次幂系数,得

$$A=1,$$

所求通解为

$$y=x^2e^{2x}+e^{2x}(C_1+C_2x).$$

4.3.2 第二类型非齐次方程特解的待定系数解法

现在,考虑

$$f(x)=e^{\alpha x}[P_m^{(1)}(x)\cos\beta x+P_m^{(2)}(x)\sin\beta x]$$

时,非齐次方程(4.33)的特解的求法.

设上式中的 $P_m^{(1)}(x)$ 与 $P_m^{(2)}(x)$ 是 x 的次数不高于 m 的多项式,但二者至少有一个的次数为 m.

根据欧拉公式,有

$$\cos\beta x=\frac{e^{i\beta x}+e^{-i\beta x}}{2},\sin\beta x=\frac{e^{i\beta x}-e^{-i\beta x}}{2i}.$$

这样一来,$f(x)$ 可改写成

$$f(x)=P_m^{(1)}(x)e^{\alpha x}\cdot\frac{e^{i\beta x}+e^{-i\beta x}}{2}+P_m^{(2)}(x)e^{\alpha x}\cdot\frac{e^{i\beta x}-e^{-i\beta x}}{2i}$$

$$=\widetilde{P}_m^{(1)}(x)e^{(\alpha+i\beta)x}+\widetilde{P}_m^{(2)}(x)e^{(\alpha-i\beta)x},\tag{4.41}$$

其中 $\widetilde{P}_m^{(1)}(x),\widetilde{P}_m^{(2)}(x)$ 是 m 次多项式.因此,(4.41)式相当于两个(4.40)形状的函数相加.再由非齐次方程的一个性质——叠加原理,情形(4.41)可化为情形(4.40).下面就来介绍叠加原理.

叠加原理 设有非齐次方程

$$L[y]=f_1(x)+f_2(x),\tag{4.42}$$

且 $y_1(x),y_2(x)$ 分别是方程

$$L[y]=f_1(x),L[y]=f_2(x)$$

的解,则函数 $y_1(x)+y_2(x)$ 是方程(4.42)的解.

证明 由于 $L[y_1(x)]=f_1(x),L[y_2(x)]=f_2(x)$,故有

$$L[y_1(x)+y_2(x)]=L[y_1(x)]+L[y_2(x)]\equiv f_1(x)+f_2(x).$$

证毕.

根据叠加原理,就可以把情形(4.41)化为(4.40)了.再根据对(4.40)讨论的结果,我们有如下的结论:

(1) 如果 $\alpha\pm\mathrm{i}\beta$ 不是特征根,则(4.33)有形如

$$y_1=Q_m^{(1)}(x)\mathrm{e}^{(\alpha+\mathrm{i}\beta)x}+Q_m^{(2)}(x)\mathrm{e}^{(\alpha-\mathrm{i}\beta)x}\tag{4.43}$$

的特解,其中 $Q_m^{(1)}(x)$ 与 $Q_m^{(2)}(x)$ 是 m 次多项式;

(2) 如果 $\alpha\pm\mathrm{i}\beta$ 是 k 重特征根,则(4.33)有形如

$$y_1=x^k[Q_m^{(1)}(x)\mathrm{e}^{(\alpha+\mathrm{i}\beta)x}+Q_m^{(2)}(x)\mathrm{e}^{(\alpha-\mathrm{i}\beta)x}]\tag{4.44}$$

的特解,其中 $Q_m^{(1)}(x)$ 与 $Q_m^{(2)}(x)$ 是 m 次多项式.

为了求得对于(4.41)的情形方程(4.33)的实特解,可以由 $\mathrm{e}^{(\alpha\pm\mathrm{i}\beta)x}$ 的定义,将(4.43)与(4.44)化成三角函数的形式.于是,对应于上述两种情形,有:

(1) 如果 $\alpha\pm\mathrm{i}\beta$ 不是特征根,则特解具有形状

$$y_1=\mathrm{e}^{\alpha x}[Q_m^{(1)}(x)\cos\beta x+Q_m^{(2)}(x)\sin\beta x],$$

其中 $Q_m^{(1)}(x),Q_m^{(2)}(x)$ 是系数待定的 m 次多项式;

(2) 如果 $\alpha\pm\mathrm{i}\beta$ 是 k 重特征根,则特解应具形状

$$y_1=x^k\mathrm{e}^{\alpha x}[Q_m^{(1)}(x)\cos\beta x+Q_m^{(2)}(x)\sin\beta x],$$

其中 $Q_m^{(1)}(x),Q_m^{(2)}(x)$ 是系数待定的 m 次多项式.

$Q_m^{(1)}(x),Q_m^{(2)}(x)$ 的系数的求法和上面类似,即把 y_1 代入原方程,再比较 x 的同次幂系数即可求得.

值得注意的是,即使在 $P_m^{(1)}(x),P_m^{(2)}(x)$ 中有一个恒为零,这时方程(4.33)的特解仍具有形式(4.43),(4.44).即不能当$P_m^{(1)}(x)\equiv 0$时,在(4.43)或(4.44)中就令 $Q_m^{(1)}(x)\equiv 0$,而 $P_m^{(2)}(x)\equiv 0$ 时,就令 $Q_m^{(2)}(x)\equiv 0$.

例 6 求方程 $y''+y'-2y=\mathrm{e}^x(\cos x-7\sin x)$ 的通解.

解 先求解对应的齐次方程:

$$y''+y'-2y=0.$$

我们有特征方程 $\lambda^2+\lambda-2=0$,解得特征根为 $\lambda_1=1,\lambda_2=-2$,故齐次方程有通解

$$y=C_1\mathrm{e}^x+C_2\mathrm{e}^{-2x}.$$

因为数 $\alpha\pm\mathrm{i}\beta=1\pm\mathrm{i}$ 不是特征根,故原方程具有形如

$$y_1=\mathrm{e}^x(A\cos x+B\sin x)$$

的特解.

将上式代入原方程，由于

$$y_1=e^x(A\cos x+B\sin x),$$

$$y_1'=e^x[(A+B)\cos x+(B-A)\sin x],$$

$$y_1''=e^x(2B\cos x-2A\sin x),$$

故

$$\begin{aligned}y''+y'-2y&=e^x(2B\cos x-2A\sin x)+e^x[(A+B)\cos x+(B-A)\sin x]-2e^x(A\cos x+B\sin x)\\&=e^x(\cos x-7\sin x),\end{aligned}$$

或

$$(3B-A)\cos x-(B+3A)\sin x=\cos x-7\sin x.$$

比较上述等式两端的 $\cos x,\sin x$ 的系数，可得

$$-A+3B=1,-3A-B=-7,$$

因此，$A=2,B=1$. 故 $y_1=e^x(2\cos x+\sin x)$. 所求通解为

$$y=e^x(2\cos x+\sin x)+C_1e^x+C_2e^{-2x}.$$

例 7 求方程 $y''+y=2\sin x$ 的通解.

解 对应的齐次方程是 $y''+y=0$，我们有

$$\lambda^2+1=0,\lambda_{1,2}=\pm i,$$

$$y=C_1\cos x+C_2\sin x.$$

由于 i 是特征方程的单根，故所求特解应具有形式

$$y_1=x(A\cos x+B\sin x).$$

现将上式代入原方程，确定系数 A,B. 由于

$$y_1=x(A\cos x+B\sin x),$$

$$y_1'=(A\cos x+B\sin x)+x(-A\sin x+B\cos x)=(A+Bx)\cos x+(B-Ax)\sin x,$$

$$y_1''=B\cos x-(A+Bx)\sin x-A\sin x+(B-Ax)\cos x=(2B-Ax)\cos x-(2A+Bx)\sin x,$$

$$y_1''+y_1=(2B-Ax)\cos x-(2A+Bx)\sin x+x(A\cos x+B\sin x)=2B\cos x-2A\sin x=2\sin x,$$

可求得 $A=-1,B=0$,

$$y_1=-x\cos x.$$

因而，所求通解为

$$y=-x\cos x+C_1\cos x+C_2\sin x.$$

例 8 求方程 $y''-6y'+5y=-3e^x+5x^2$ 的通解.

解 对应的齐次方程是 $y''-6y'+5y=0$. 我们有

$$\lambda^2-6\lambda+5=0,\lambda_1=1,\lambda_2=5,$$

故它的通解是 $y=C_1e^x+C_2e^{5x}$.

因为原方程右端由两项组成，根据叠加原理，可先分别求下述二方程

$$y''-6y'+5y=-3e^x,\quad y''-6y'+5y=5x^2$$

的特解，这两个特解之和即为原方程的一个特解.

对于第一个方程，有

$$y_1=Axe^x,A=\frac{3}{4},y_1=\frac{3}{4}xe^x.$$

对于第二个方程,有

$$y_2=Ax^2+Bx+C, A=1, B=\frac{12}{5}, C=\frac{62}{25},$$

$$y_2=x^2+\frac{12}{5}x+\frac{62}{25}.$$

因而,

$$y_1+y_2=\frac{3}{4}xe^x+x^2+\frac{12}{5}x+\frac{62}{25}$$

为原方程的一个特解,其通解为

$$y=\frac{3}{4}xe^x+x^2+\frac{12}{5}x+\frac{62}{25}+C_1e^x+C_2e^{5x}.$$

习 题 4.3

1. 求下列方程的通解:

(1) $y''-7y'+12y=5$;
(2) $y''+4y=8$;
(3) $y''+y'+y=3e^{2x}$;
(4) $y''-6y'+9y=4e^{3x}$;
(5) $y''-8y'+7y=3x^2+7x+8$;
(6) $y''-2y'+4y=(x+2)e^{3x}$;
(7) $y''+6y'+13y=(x^2-5x+2)e^x$;
(8) $y''+y=5\sin 2x$;
(9) $y''-2y'+10y=x\cos 2x$;
(10) $y''+9y=18\cos 3x-30\sin 3x$.

2. 设 $f(x)$ 是定义在 $(-\infty,+\infty)$ 内的连续函数且满足

$$f(x)=e^x-\int_0^x(x-t)f(t)\,dt,$$

求 $f(x)$.

3. 设 $f(x)$ 二阶连续可导,$f(0)=0, f'(0)=1$,且

$$[xy(x+y)-f(x)y]dx+[f'(x)+x^2y]dy=0$$

是全微分方程,求 $f(x)$ 及此全微分方程的通解.

4. 设 $f(x)$ 二阶连续可导,且使得曲线积分

$$\int_\gamma [f'(x)+6f(x)+e^{-2x}]y\,dx+f'(x)\,dy$$

与路径无关,求 $f(x)$.

5. 考虑方程 $y''+8y'+7y=q(x)$,其中 $q(x)$ 在 $[0,+\infty)$ 上连续.

(1) 若 $q(x)$ 在 $[0,+\infty)$ 上有界,则该方程的任一解在 $[0,+\infty)$ 上有解;

(2) 若 $\lim\limits_{x\to+\infty}q(x)=0$,则该方程任一解 $y(x)$ 满足 $\lim\limits_{x\to+\infty}y(x)=0$.

4.4 二阶常系数线性方程与振动现象

本节主要具体求解在 4.1 节提出的,描述弹簧振动的方程

$$m\frac{d^2x}{dt^2}+\mu\frac{dx}{dt}+cx=f(t),\tag{4.1}$$

并且研究其解的物理意义.

如果 $f(t)\equiv 0$,即假定没有外力 $f(t)$,这时得到方程

$$m\frac{d^2x}{dt^2}+\mu\frac{dx}{dt}+cx=0,\tag{4.1$'$}$$

此时称弹簧的振动为**阻尼自由振动**.

如果 $f(t)\equiv 0$ 且 $\mu=0$,即假定没有外力且忽略阻力,这时得到方程

$$m\frac{d^2x}{dt^2}+cx=0,\tag{4.1$''$}$$

此时称弹簧的振动为**无阻尼自由振动**或**简谐运动**.

下面我们分别求解方程(4.1),(4.1)′及(4.1)″,并阐明在各个情况下解的物理意义.

4.4.1 无阻尼自由振动——简谐振动

令 $k^2=\frac{c}{m}$,方程(4.1)″变为

$$\frac{d^2x}{dt^2}+k^2x=0,$$

这是一个二阶常系数齐次方程.特征方程为 $\lambda^2+k^2=0$,特征根是 $\lambda_{1,2}=\pm \mathrm{i}k$,它的通解为

$$x=C_1\cos kt+C_2\sin kt,\tag{4.45}$$

其中 C_1,C_2是任意常数.

为了阐明上式的物理意义,像三角学中常做的那样,我们把上式改写成如下形式:

$$x=\sqrt{C_1^2+C_2^2}\left(\frac{C_1}{\sqrt{C_1^2+C_2^2}}\cos kt+\frac{C_2}{\sqrt{C_1^2+C_2^2}}\sin kt\right),$$

或记为

$$x=A\sin(kt+\alpha),\tag{4.46}$$

其中

$$A=\sqrt{C_1^2+C_2^2},\quad \sin\alpha=\frac{C_1}{\sqrt{C_1^2+C_2^2}},\quad \cos\alpha=\frac{C_2}{\sqrt{C_1^2+C_2^2}}.$$

由此可见,物体在平衡位置附近作简谐振动(图 4-3).

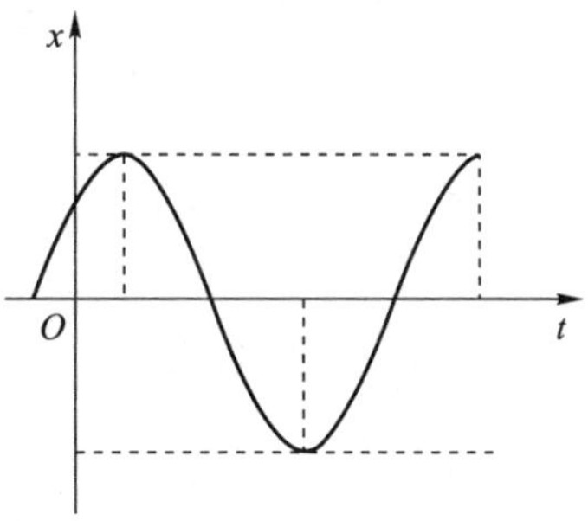

图 4-3

量 A 称为**振幅**,幅角 $kt+\alpha$ 称为**振动的位相**(或简称**位相**),位相在 $t=0$ 时所取之值,即 α,称为**初位相**,$k=\sqrt{\frac{c}{m}}$ 是**固有振动频率**,$T=\frac{2\pi}{k}=2\pi\sqrt{\frac{m}{c}}$ 为周期.易见,k 仅与弹簧的刚度和物体的质量有关.将(4.46)对 t 微分,可以得到物体运动的速度

$$v=\frac{\mathrm{d}x}{\mathrm{d}t}=Ak\cos(kt+\alpha).$$

为了确定振幅及初位相,必须给出初值条件.例如,假设在初始时刻 $t=0$ 时,物体的位置是 $x=x_0$,速度是 $v=v_0$.这时有

$$x_0=A\sin\alpha, v_0=Ak\cos\alpha,$$

从而

$$A=\sqrt{x_0^2+\frac{v_0^2}{k^2}}, \alpha=\arctan\frac{kx_0}{v_0}.$$

由上述公式可以看出,振幅 A 与初位相 α 和振动的周期及频率不同,它们都和系统的初始状态有关.

4.4.2　阻尼自由振动

如果令 $\frac{c}{m}=k^2$, $\frac{\mu}{m}=2n$,则方程(4.1)′就变为

$$\frac{\mathrm{d}^2x}{\mathrm{d}t^2}+2n\frac{\mathrm{d}x}{\mathrm{d}t}+k^2x=0 \tag{4.47}$$

的形式.它是一个二阶常系数线性齐次方程.它的特征方程是

$$\lambda^2+2n\lambda+k^2=0,$$

特征根是

$$\lambda_{1,2}=-n\pm\sqrt{n^2-k^2}. \tag{4.48}$$

现在分三种情况讨论.

(1) $n^2-k^2<0$,这时对应于介质阻尼相对不太大的情形.如果令 $k^2-n^2=k_1^2$,则(4.48)为

$$\lambda_{1,2}=-n\pm\mathrm{i}k_1$$

的形式.这时,方程(4.47)的通解为

$$x=\mathrm{e}^{-nt}(C_1\cos k_1t+C_2\sin k_1t).$$

用类似(4.46)的方法可将它化为

$$x=A\mathrm{e}^{-nt}\sin(k_1t+\alpha). \tag{4.49}$$

设初值条件为:当 $t=0$ 时,$x=x_0$,$v=v_0$.为了确定出相应的 A 及 α,先来计算

$$v=\frac{\mathrm{d}x}{\mathrm{d}t}=Ak_1\mathrm{e}^{-nt}\cos(k_1t+\alpha)-An\mathrm{e}^{-nt}\sin(k_1t+\alpha).$$

将 $t=0$ 代入 x 及 v 的表达式中,可得

$$x_0=A\sin\alpha,\quad v_0=Ak_1\cos\alpha-An\sin\alpha.$$

把第二个方程的两端除以第一个方程相应的两端,得

$$\frac{v_0}{x_0}=k_1\cot\alpha-n,$$

从而 $\cot\alpha=\frac{v_0+nx_0}{k_1x_0}$, $\tan\alpha=\frac{k_1x_0}{v_0+nx_0}$,于是

$$\alpha=\arctan\frac{k_1x_0}{v_0+nx_0}.$$

因为

$$\sin\alpha=\frac{\tan\alpha}{\sqrt{1+\tan^2\alpha}}=\frac{\dfrac{k_1x_0}{v_0+nx_0}}{\sqrt{1+\dfrac{k_1^2x_0^2}{(v_0+nx_0)^2}}}=\frac{k_1x_0}{\sqrt{k_1^2x_0^2+(v_0+nx_0)^2}},$$

则

$$A=\frac{x_0}{\sin\alpha}=\frac{\sqrt{k_1^2x_0^2+(v_0+nx_0)^2}}{k_1}.$$

(4.49)式表明,这时所发生的是阻尼振动.实际上,振幅 Ae^{-nt} 是时间 t 的递减函数,且当 $t\to+\infty$ 时,$Ae^{-nt}\to 0$(图 4-4).

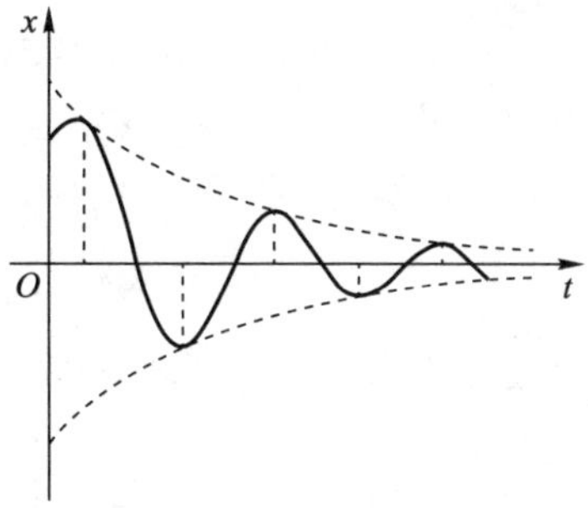

图 4-4

振动的“周期”由

$$T=\frac{2\pi}{k_1}=\frac{2\pi}{\sqrt{k^2-n^2}}$$

确定.

振动频率 $k_1=\sqrt{k^2-n^2}$ 较简谐振动的频率要小($k_1<k$),它也与物体的初始状态无关.

(2) $n^2-k^2=0$,这时通解为

$$x=e^{-nt}(C_1+C_2t),\tag{4.50}$$

此时运动不具振动性质,且当 $t\to+\infty$ 时,$x\to 0$(图 4-5).

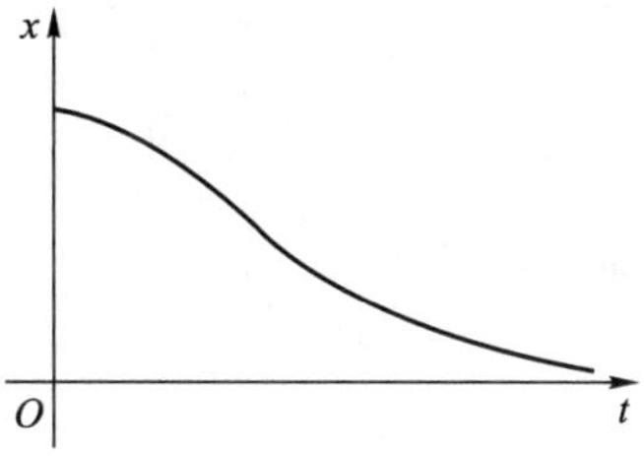

图 4-5

(3) $n^2-k^2>0$,这时对应于介质阻尼相对较大的情形.令 $n^2-k^2=h^2$,特征根为

$$\lambda_{1,2}=-n\pm h=-(n\mp h).$$

因为 $h<n$,故这时两个特征根均为负,通解为

$$x=C_1e^{-(n+h)t}+C_2e^{-(n-h)t}.$$

易见,此时运动不是周期的,因而不具振动性质,且当 $t\to+\infty$ 时,$x\to 0$.

4.4.3 阻尼强迫振动

设作用于物体的外力为

$$f(t)=Q\sin pt,$$

其中 p,Q 均为常量.这时,方程(4.1)具形式

$$\frac{d^2x}{dt^2}+2n\frac{dx}{dt}+k^2x=q\sin pt,\tag{4.51}$$

其中 $2n=\dfrac{\mu}{m},k^2=\dfrac{c}{m},q=\dfrac{Q}{m}$.

这是一个二阶常系数线性非齐次方程.它所对应的齐次方程是(4.47).我们假定介质阻尼不太大,即 $n^2-k^2<0$,这时齐次方程有形如

$$X=Ae^{-nt}\sin(k_1t+\alpha)$$

的通解,其中 $k_1=\sqrt{k^2-n^2}$.这个解所确定的是一个衰减的自由振动.

根据(4.51)右端的形式,它有形如

$$x_1=M\cos pt+N\sin pt$$

的特解,其中 M,N 均为常数.

为求出 M,N,将 x_1 代入(4.51)比较系数即可.为此先来计算

$$k^2x_1=(M\cos pt+N\sin pt)k^2,$$

$$2nx_1'=(-Mp\sin pt+Np\cos pt)2n,$$

$$x_1''=-Mp^2\cos pt-Np^2\sin pt.$$

将上述各式代入(4.51),比较系数可得方程组

$$\begin{cases}M(k^2-p^2)+2pnN=0,\\-2npM+(k^2-p^2)N=q.\end{cases}$$

因为

$$\begin{vmatrix}k^2-p^2 & 2pn\\-2np & k^2-p^2\end{vmatrix}=(k^2-p^2)^2+4n^2p^2,$$

$$\begin{vmatrix}0 & 2pn\\q & k^2-p^2\end{vmatrix}=-2npq,\begin{vmatrix}k^2-p^2 & 0\\-2np & q\end{vmatrix}=q(k^2-p^2),$$

故有

$$M=\frac{-2npq}{(k^2-p^2)^2+4n^2p^2},N=\frac{q(k^2-p^2)}{(k^2-p^2)^2+4n^2p^2}.$$

因而,所求特解为

$$x_1=\frac{q}{(k^2-p^2)^2+4n^2p^2}[-2np\cos pt+(k^2-p^2)\sin pt],$$

上述表达式可以写成如下形式

$$x_1=\frac{q}{\sqrt{(k^2-p^2)^2+4n^2p^2}}\left[\frac{-2np}{\sqrt{(k^2-p^2)^2+4n^2p^2}}\cos pt+\frac{k^2-p^2}{\sqrt{(k^2-p^2)^2+4n^2p^2}}\sin pt\right].$$

若令

$$\frac{q}{\sqrt{(k^2-p^2)^2+4n^2p^2}}=B,\frac{2np}{\sqrt{(k^2-p^2)^2+4n^2p^2}}=\sin\delta,\quad\frac{k^2-p^2}{\sqrt{(k^2-p^2)^2+4n^2p^2}}=\cos\delta,\tag{4.52}$$

则

$$x_1=B\sin(pt-\delta),\tag{4.53}$$

表达式

$$\delta=\arctan\frac{2np}{k^2-p^2}$$

称为相位差.(4.51)的通解为

$$x=Ae^{-nt}\sin(k_1t+\alpha)+B\sin(pt-\delta). \tag{4.54}$$

在前面已经看到,当 $t\to+\infty$ 时,上式的第一项趋于零.因而(4.54)的主要项应是它的第二项

$$x_1=\frac{q}{\sqrt{(k^2-p^2)^2+4n^2p^2}}\sin(pt-\delta). \tag{4.54'}$$

下面主要来研究这一项.

首先,不难发现,(4.54)′的振幅与 t 无关并且和周期性外力 $Q\sin pt$ 的振幅成比例$\left(\text{因为 } q=\frac{Q}{m}\right)$.其次,由于

$$B'(p)=\frac{2qp(k^2-2n^2-p^2)}{[(k^2-p^2)^2+4n^2p^2]^{\frac{3}{2}}},$$

易见,如果 $k^2>2n^2$,当 $p=\tilde{p}=\sqrt{k^2-2n^2}$ 时,$B(p)$ 取极大值(图 4-6).这时振幅的极大值为

$$B=\frac{q}{2n\sqrt{k^2-n^2}}; \tag{4.55}$$

如果 $k^2<2n^2$,$B(p)$ 不取极值.

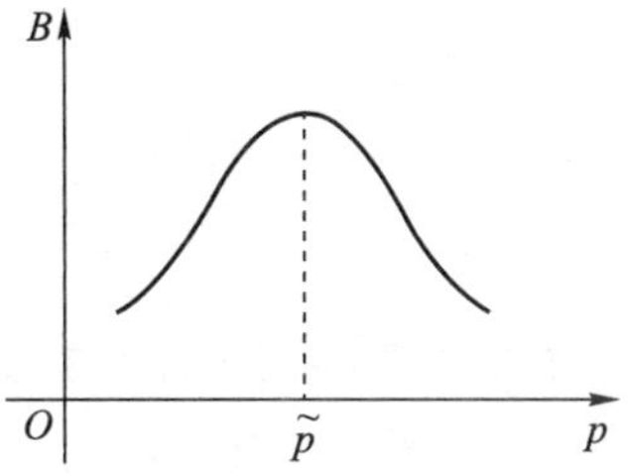

图 4-6

我们称 $\tilde{p}=\sqrt{k^2-2n^2}$ 为共振频率.这时产生的现象称为共振现象.(4.55)所确定的 B 称为共振振幅.

如果 n 很小,则 $\tilde{p}\approx k$.(4.55)表明,当 $n\to0$ 时,$B\to+\infty$.即当阻尼很小时,若系统的固有频率 k 接近于外力的频率,共振振幅可以变得很大.特别地,当 $n=0$(即 $\mu=0$)时,振动为无阻尼强迫振动.

在发生共振时,一个振动系统在不太大的外力作用下会产生很大振幅的振动,以致引起破坏性的效果.因此,在工程技术中往往要尽量避免共振现象的发生.当然,只要我们掌握共振的规律,也可以利用共振为我们服务.例如:收音机的调频就是利用共振的作用,乐器的构造也是利用共振的原理.

习　题　4.4

1. 一质量为 $p=4$ kg 的物体挂在弹簧下端,它使弹簧的长度增长 1 cm,假定弹簧的上端有一转动机产生铅直调和振动 $y=2\sin 30t$ cm,并在初始时刻 $t=0$ 时,重物处于静止状态,试求该重物的运动规律.

2. 一质量为 m 的质点由静止开始沉入液体中,当下沉时,液体的反作用与下沉的速度成正比,求此质点的运动规律.

3. 在 LC 电路中(如图 4-7 所示),先将开关拨到"1"处,对电容器进行充电到电源电压 U_0,然后

再将开关拨到“2”处,如果 $C=2\times10^{-9}$ F,$L=5\times10^{-4}$ H,求此 LC 电路中的电流 $i(t)$ 和电容器两端的电压 $u_C(t)$.

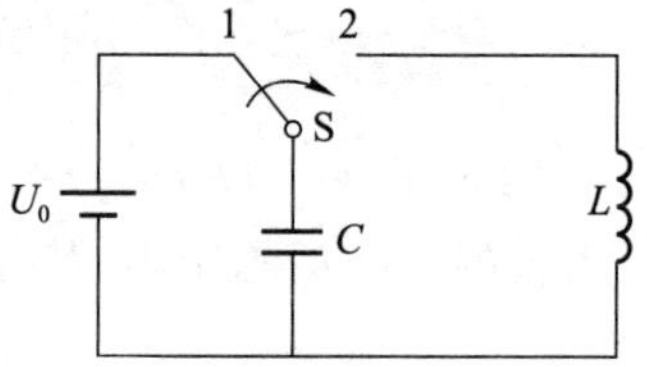

图 4-7

4. 设 $\varphi(t)$ 是 $x''+k^2x=f(t)$ 的解,其中 k 为常数,$f(t)$ 在 $[0,+\infty)$ 上连续.证明:

(1) 当 $k\neq0$ 时,能够选择常数 c_1,c_2 的值,使得

$$\varphi(t)=c_1\cos kt+\frac{c_2}{k}\sin kt+\frac{1}{k}\int_0^t\sin[k(t-s)]f(s)\mathrm{d}s,\quad t\in[0,+\infty);$$

(2) 当 $k=0$ 时,该方程的通解可表为

$$\varphi(t)=c_1+c_2t+\int_0^t(t-s)f(s)\mathrm{d}s,\quad t\in[0,+\infty),$$

其中 c_1,c_2 为任意常数.

4.5　拉普拉斯变换

我们已经介绍了 n 阶常系数线性方程

$$y^{(n)}+a_1y^{(n-1)}+\cdots+a_{n-1}y'+a_ny=f(x)\tag{4.56}$$

的通解结构和求解方法.但是,在实际问题中往往还要求(4.56)满足初值条件

$$y(x_0)=y_0,y'(x_0)=y_0',\cdots,y^{(n-1)}(x_0)=y_0^{(n-1)}\tag{4.57}$$

的解.为此,当然可以先求出(4.56)的通解,然后再由初值条件(4.57)来确定其中的任意常数.这一节,我们将再向读者介绍另外一种求解初值问题的方法,即拉普拉斯(Laplace)变换法.因为它无需先求出已知方程的通解,而是直接求出它的特解.因而在运算上得到很大简化.

这一方法的基本思想是,先通过拉普拉斯变换将已知方程化成代数方程,求出代数方程的解,再通过拉普拉斯逆变换(实际上是查拉普拉斯变换表),便可得到所求初值问题的解.

4.5.1　拉普拉斯变换的定义和性质

拉普拉斯变换法应用很广,它同样可用来求解某些偏微分方程和积分方程问题.下面,我们仅对拉普拉斯变换的基本概念、基本性质以及如何用来求解常微分方程初值问题等作简单介绍.

定义 4.4　设函数 $f(x)$ 在区间 $[0,+\infty)$ 上有定义,如果含参变量 s 的无穷积分

$\int_0^{+\infty} e^{-st}f(t)\,dt$ 对 s 的某一取值范围是收敛的,则称

$$F(s)=\int_0^{+\infty} e^{-st}f(t)\,dt \tag{4.58}$$

为函数的**拉普拉斯变换**,称 $f(t)$ 为**原函数**,称 $F(s)$ 为**像函数**,并记为

$$L[f(t)]=F(s).$$

在拉普拉斯变换的一般理论中,积分(4.58)的参变量 s 是复数.为简单起见,在以下讨论中假设 s 是实数.因为这样对于解决许多问题已经足够了.

定理 4.10 如果函数 $f(t)$ 在区间 $[0,+\infty)$ 上逐段连续,且存在数 $M>0,s_0\geqslant 0$,使得对于一切 $t\geqslant 0$ 有 $|f(t)|<Me^{s_0t}$,则当 $s>s_0$ 时,$F(s)$ 存在.

证明 当 $s>s_0$ 时,有

$$\left|\int_0^{+\infty} e^{-st}f(t)\,dt\right| \leqslant \int_0^{+\infty} e^{-st}|f(t)|\,dt\leqslant M\int_0^{+\infty} e^{-(s-s_0)t}dt=\frac{M}{s-s_0}.$$

例 1 求函数 $f(t)=1$ 的拉普拉斯变换.

解 由定义(4.58)有

$$L[1]=\int_0^{+\infty} e^{-st}dt=\begin{cases}\dfrac{1}{s}, & s>0,\\ \infty, & s\leqslant 0.\end{cases}$$

例 2 求函数 $f(t)=t$ 的拉普拉斯变换.

解 由定义(4.58)有

$$L[t]=\int_0^{+\infty} e^{-st}t\,dt=\begin{cases}\dfrac{1}{s^2}, & s>0,\\ \infty, & s\leqslant 0.\end{cases}$$

例 3 求函数 $f(t)=t^n$ 的拉普拉斯变换,其中 n 是正整数,$s>0$.

解 由定义(4.58)有

$$L[t^n]=\int_0^{+\infty} e^{-st}t^n\,dt=\frac{n!}{s^{n+1}}.$$

例 4 求函数 $f(t)=e^{at}$ 的拉普拉斯变换.

解 $$L[e^{at}]=\int_0^{+\infty} e^{-st}e^{at}dt=\int_0^{+\infty} e^{-(s-a)t}dt=\begin{cases}\dfrac{1}{s-a}, & s>a,\\ \infty, & s\leqslant a.\end{cases}$$

通过上面几个例子的讨论,我们可以看出 $F(s)$ 的定义域是随 $f(t)$ 改变的.为了使用拉普拉斯变换求解初值问题,我们还需要证明它的如下几个性质.

定理 4.11(线性性质) 设函数 $f(t)$ 和 $g(t)$ 满足定理 4.10 的条件,则在它们像函数定义域的共同部分上有

$$L[\alpha f(t)+\beta g(t)]=\alpha L[f(t)]+\beta L[g(t)],$$

其中 α 和 β 是常数.

证明容易,留给读者做练习.

例 5 求函数 $\sin\omega t,\cos\omega t$ 的拉普拉斯变换.

解 由欧拉公式 $e^{i\omega t}=\cos\omega t+i\sin\omega t$.由定理 4.11 有

$$L[\cos\omega t+i\sin\omega t]=L[\cos\omega t]+iL[\sin\omega t]=L[e^{i\omega t}]=\begin{cases}\dfrac{1}{s-i\omega}=\dfrac{s+i\omega}{s^2+\omega^2}, & s>0,\\ \text{没有定义}, & s\leqslant 0.\end{cases}$$

令上式两端的实部与虚部对应相等,得到

$$L[\cos\omega t]=\frac{s}{s^2+\omega^2},\quad L[\sin\omega t]=\frac{\omega}{s^2+\omega^2},\quad s>0.$$

定理 4.12(原函数的微分性质) 如果 $f'(t),f''(t),\cdots,f^{(n)}(t)$ 均满足定理 4.10 的条件,则

$$L[f'(t)]=sL[f(t)]-f(0),$$

或更一般地,有

$$L[f^{(n)}(t)]=s^nL[f(t)]-s^{n-1}f(0)-s^{n-2}f'(0)-\cdots-f^{(n-1)}(0).$$

今用数学归纳法来证明.当 $n=1$ 时

$$L[f'(t)]=\int_0^{+\infty}e^{-st}f'(t)\,dt=\int_0^{+\infty}e^{-st}\,df(t)$$

$$=e^{-st}f(t)\Big|_0^{+\infty}+s\int_0^{+\infty}e^{-st}f(t)\,dt=sL[f(t)]-f(0).$$

设 $n=k$ 时有

$$L[f^{(k)}(t)]=s^kL[f(t)]-s^{k-1}f(0)-\cdots-f^{(k-1)}(0).$$

下面来计算 $L[f^{(k+1)}(t)]$.根据定义有

$$\begin{aligned}L[f^{(k+1)}(t)]&=L[(f^{(k)}(t))']=sL[f^{(k)}(t)]-f^{(k)}(0)\\&=s[s^kL[f(t)]-s^{k-1}f(0)-\cdots-f^{(k-1)}(0)]-f^{(k)}(0)\\&=s^{k+1}L[f(t)]-s^kf(0)-\cdots-f^{(k)}(0).\end{aligned}$$

于是由数学归纳法完成定理的证明.

定理 4.13(像函数的微分性质) 如果 $L[f(t)]=F(s)$,则

$$F'(s)=-\int_0^{+\infty}te^{-st}f(t)\,dt=-L[tf(t)].$$

或一般地有

$$F^{(n)}(s)=(-1)^n\int_0^{+\infty}t^ne^{-st}f(t)\,dt=(-1)^nL[t^nf(t)].$$

证明

$$F'(s)=\frac{d}{ds}\int_0^{+\infty}e^{-st}f(t)\,dt=\int_0^{+\infty}\frac{\partial}{\partial s}e^{-st}f(t)\,dt=-\int_0^{+\infty}te^{-st}f(t)\,dt=-L[tf(t)].$$

应用数学归纳法进而可得

$$F^{(n)}(s)=(-1)^n\int_0^{+\infty}t^ne^{-st}f(t)\,dt=(-1)^nL[t^nf(t)].$$

例 6 求函数 $f(t)=t^ne^{at}$ 的拉普拉斯变换.

解 应用定理 4.13 及例 4,有

$$L[t^ne^{at}]=(-1)^n\frac{d^n}{ds^n}\left(\frac{1}{s-a}\right)=\frac{n!}{(s-a)^{n+1}}\quad(s>a).$$

例 7 求 $L[t\sin\omega t]$及 $L[t\cos\omega t]$.

解 依定理 4.13 及例 5,可得

$$L[t\sin\omega t]=-\frac{\mathrm{d}}{\mathrm{d}s}\left(\frac{\omega}{s^2+\omega^2}\right)=\frac{2\omega s}{(s^2+\omega^2)^2},$$

$$L[t\cos\omega t]=-\frac{\mathrm{d}}{\mathrm{d}s}\left(\frac{s}{s^2+\omega^2}\right)=\frac{s^2-\omega^2}{(s^2+\omega^2)^2}.$$

定理 4.14 如果 $F(s)=L[f(t)]$,则

$$L[\mathrm{e}^{at}f(t)]=F(s-a).$$

证明 事实上,依定义有

$$L[\mathrm{e}^{at}f(t)]=\int_0^{+\infty}\mathrm{e}^{-st}\mathrm{e}^{at}f(t)\,\mathrm{d}t=\int_0^{+\infty}\mathrm{e}^{-(s-a)t}f(t)\,\mathrm{d}t=F(s-a).$$

例 8 求 $L[\mathrm{e}^{at}\cos\omega t]$及 $L[\mathrm{e}^{at}\sin\omega t]$.

解 依定理 4.14 及例 5,有

$$L[\mathrm{e}^{at}\cos\omega t]=\frac{s-a}{(s-a)^2+\omega^2},\quad L[\mathrm{e}^{at}\sin\omega t]=\frac{\omega}{(s-a)^2+\omega^2}.$$

4.5.2 用拉普拉斯变换求解初值问题

下面应用拉普拉斯变换来求解二阶常系数线性方程初值问题

$$\frac{\mathrm{d}^2y}{\mathrm{d}t^2}+p\frac{\mathrm{d}y}{\mathrm{d}t}+qy=f(t),\quad y(0)=y_0,y'(0)=y_0'.$$

设

$$Y(s)=L[y(t)],\quad F(s)=L[f(t)],$$

方程两端同取拉普拉斯变换,得到

$$L[y''(t)+py'(t)+qy(t)]=L[f(t)].$$

依定理 4.11,有

$$L[y''(t)]+pL[y'(t)]+qL[y(t)]=L[f(t)]=F(s),$$

或

$$(s^2Y(s)-sy_0-y_0')+p(sY(s)-y_0)+qY(s)=F(s).$$

由上述方程解得

$$Y(s)=\frac{(s+p)y_0}{s^2+ps+q}+\frac{y_0'}{s^2+ps+q}+\frac{F(s)}{s^2+ps+q}.$$

上式给出了初值问题的解 $y(t)$的拉普拉斯变换 $Y(s)$.它表明,为了求出 $y(t)$,必须研究如何根据 $Y(s)$来求 $y(t)$的问题,即如何根据像函数 $Y(s)$来求原函数 $y(t)$的问题.由像函数求原函数的运算称为**拉普拉斯逆变换**,记为

$$L^{-1}[Y(s)]=y(t).$$

在具体使用拉普拉斯变换求解初值问题时,不是直接去求 $Y(s)$的逆变换(因为这样做要计算一个非常复杂的复变函数积分),而是先将 $Y(s)$用部分分式方法分解成最简分式,使得其中每一分式的原函数均可在拉普拉斯变换表上查到.我们把这张表放在本

节最后.

例 9 解方程

$$\ddot{x}-3\dot{x}+2x=2e^{3t},\quad x(0)=0,\dot{x}(0)=0.$$

解 设 $L[x(t)]=X(s)$,$x(t)$是已知初值问题的解.对已知方程两端同时使用拉普拉斯变换,可分别得到

$$L[\ddot{x}-3\dot{x}+2x]=L[\ddot{x}]-3L[\dot{x}]+2L[x]=X(s)[s^2-3s+2]=X(s)(s-1)(s-2),$$

$$L[2e^{3t}]=2L[e^{3t}]=\frac{2}{s-3},$$

故有

$$X(s)=\frac{2}{(s-1)(s-2)(s-3)},$$

使用部分分式法,可得

$$X(s)=\frac{1}{s-1}-\frac{2}{s-2}+\frac{1}{s-3}.$$

由例 4 知

$$L[e^t]=\frac{1}{s-1},L[e^{2t}]=\frac{1}{s-2},L[e^{3t}]=\frac{1}{s-3},$$

故所求的初值解为

$$x(t)=e^t-2e^{2t}+e^{3t}.$$

例 10 解方程

$$\ddot{x}+x=\sin t,x(0)=0,\dot{x}(0)=-\frac{1}{2}.$$

解 由于

$$L[\ddot{x}+x]=L[\sin t],$$

从而

$$s^2X(s)+\frac{1}{2}+X(s)=\frac{1}{s^2+1},$$

$$X(s)(s^2+1)=\frac{1}{s^2+1}-\frac{1}{2}=-\frac{s^2-1}{2(s^2+1)},$$

故

$$X(s)=-\frac{1}{2}\frac{s^2-1}{(s^2+1)^2}.$$

由例 7,$L[t\cos t]=\dfrac{s^2-1}{(s^2+1)^2}$,故所求初值解为

$$x(t)=-\frac{1}{2}t\cos t.$$

例 11 解方程

$$\ddot{x}-x=4\sin t+5\cos 2t,\quad x(0)=-1,\dot{x}(0)=-2.$$

解 对方程两边同时进行拉普拉斯变换,得到

$$s^2X(s)+s+2-X(s)=\frac{4}{s^2+1}+\frac{5s}{s^2+4},$$

$$X(s)(s^2-1)=\frac{4}{s^2+1}+\frac{5s}{s^2+4}-s-2,$$

或

$$X(s)=\frac{4}{(s^2-1)(s^2+1)}+\frac{5s}{(s^2-1)(s^2+4)}-\frac{s}{s^2-1}-\frac{2}{s^2-1}.$$

由于

$$\frac{4}{(s^2-1)(s^2+1)}=\frac{2}{s^2-1}-\frac{2}{s^2+1},\quad \frac{5s}{(s^2-1)(s^2+4)}=\frac{s}{s^2-1}-\frac{s}{s^2+4},$$

故

$$X(s)=\frac{2}{s^2-1}-\frac{2}{s^2+1}+\frac{s}{s^2-1}-\frac{s}{s^2+4}-\frac{2}{s^2-1}-\frac{s}{s^2-1}=-\frac{2}{s^2+1}-\frac{s}{s^2+4},$$

最后可得

$$x(t)=-2\sin t-\cos 2t.$$

例 12 解方程

$$\ddot{y}+4\dot{y}+29y=0,\quad y(0)=0,\quad \dot{y}(0)=15.$$

解 对方程两边同时进行拉普拉斯变换,得到

$$L[\ddot{y}+4\dot{y}+29y]=0,$$

$$s^2Y(s)-15+4Y(s)s+29Y(s)=0,$$

$$Y(s)(s^2+4s+29)=15,$$

或

$$Y(s)=\frac{15}{s^2+4s+29}=3\cdot\frac{5}{(s+2)^2+5^2},$$

最后可得

$$y(t)=3e^{-2t}\sin 5t.$$

例 13 解方程

$$\ddot{x}-2\dot{x}+x=t^2e^t,\quad x(0)=\dot{x}(0)=0.$$

解 对方程两边同时进行拉普拉斯变换,得到

$$L[\ddot{x}-2\dot{x}+x]=L[t^2e^t],$$

$$X(s)(s^2-2s+1)=\frac{2}{(s-1)^3},$$

或

$$X(s)=\frac{2}{(s^2-2s+1)(s-1)^3}=\frac{2}{(s-1)^5}.$$

由于 $L[t^n e^{at}]=\dfrac{n!}{(s-a)^{n+1}}, L\left[\dfrac{t^n}{n!}e^{at}\right]=\dfrac{1}{(s-a)^{n+1}}$,

故

$$L\left[\frac{t^4}{4!}e^t\right]=\frac{1}{(s-1)^5}.$$

因而,最后可得

$$x(t)=2\cdot\frac{t^4}{4!}e^t=\frac{t^4}{12}e^t.$$

为了使用方便起见,现将在求解常系数线性微分方程的初值问题时常用的拉普拉斯变换列表如下,供读者参考.

拉普拉斯变换表

序号	原函数 $f(t)$	像函数 $F(s)=\int_0^{+\infty} e^{-st}f(t)\,dt$	$F(s)$的定义域
1	1	$\frac{1}{s}$	$s>0$
2	t	$\frac{1}{s^2}$	$s>0$
3	t^n(n 是正整数)	$\frac{n!}{s^{n+1}}$	$s>0$
4	e^{at}	$\frac{1}{s-a}$	$s>a$
5	te^{at}	$\frac{1}{(s-a)^2}$	$s>a$
6	$t^n e^{at}$(n 是正整数)	$\frac{n!}{(s-a)^{n+1}}$	$s>a$
7	$\sin \omega t$	$\frac{\omega}{s^2+\omega^2}$	$s>0$
8	$\cos \omega t$	$\frac{s}{s^2+\omega^2}$	$s>0$
9	$\sinh \omega t$	$\frac{\omega}{s^2-\omega^2}$	$s>\omega$
10	$\cosh \omega t$	$\frac{s}{s^2-\omega^2}$	$s>\omega$
11	$t\sin \omega t$	$\frac{2s\omega}{(s^2+\omega^2)^2}$	$s>0$
12	$t\cos \omega t$	$\frac{s^2-\omega^2}{(s^2+\omega^2)^2}$	$s>0$
13	$e^{at}\sin \omega t$	$\frac{\omega}{(s-a)^2+\omega^2}$	$s>a$

续表

序号	原函数 $f(t)$	像函数 $F(s)=\int_0^{+\infty} e^{-st}f(t)\,dt$	$F(s)$的定义域
14	$e^{at}\cos \omega t$	$\frac{s-a}{(s-a)^2+\omega^2}$	$s>a$
15	$te^{at}\sin \omega t$	$\frac{2\omega(s-a)}{[(s-a)^2+\omega^2]^2}$	$s>a$
16	$te^{at}\cos \omega t$	$\frac{(s-a)^2-\omega^2}{[(s-a)^2+\omega^2]^2}$	$s>a$

习 题 4.5

1. 用拉普拉斯变换求解下列初值问题：

(1) $\dot{x}-x=e^{2t}, x(0)=0$;

(2) $\ddot{x}+2\dot{x}+x=e^{-t}, x(0)=\dot{x}(0)=0$;

(3) $\dddot{x}+3\ddot{x}+3\dot{x}+x=1, x(0)=\dot{x}(0)=\ddot{x}(0)=0$;

(4) $\ddot{x}+a^2x=b\sin at, x(0)=x_0, \dot{x}(0)=x_0'$;

(5) $\ddot{y}-3\dot{y}+2y=e^{3t}, y(0)=1, \dot{y}(0)=0$;

(6) $\ddot{y}-2\dot{y}+y=te^t, y(0)=0, \dot{y}(0)=0$.

2. 应用拉普拉斯变换求解下列方程组：

(1) $\begin{cases}\dot{x}+y=-p\sin \omega t,\\ x-\dot{y}=-p\cos \omega t,\\ x(0)=1, y(0)=0;\end{cases}$
(2) $\begin{cases}\dot{x}+x+y=t^2,\\ \dot{y}+y+z=2t,\\ \dot{z}+z=t;\end{cases}$

(3) $\begin{cases}\ddot{x}+\ddot{y}+x+y=\sin t,\\ \dot{x}+2\dot{y}=e^{-t};\end{cases}$
(4) $\begin{cases}\ddot{x}+6x+7y=0,\\ \ddot{y}+3x+2y=2t.\end{cases}$

4.6 幂级数解法大意

二阶线性方程

$$p_0(x)y''+p_1(x)y'+p_2(x)y=0 \tag{4.59}$$

在近代物理学以及工程技术中有着很广泛的应用，但是，当它的系数 $p_0(x), p_1(x), p_2(x)$ 不为常数时，它的解往往不能用“有限形式”表示出来. 于是，人们必须寻求新的解法，其中幂级数解法就是很重要的一种，它不但对于求解方程有意义，而且还由此引出了很多新的超越函数，在理论上是很重要的.

这一节基本上属于常微分方程解析理论的范围，我们只能做初步的介绍，主要是列举下面的两个定理，而不予以证明.

定理 4.15　如果 $p_0(x),p_1(x),p_2(x)$ 在某点 x_0 的邻域内解析，即它们可展成 $(x-x_0)$ 的幂级数且 $p_0(x_0)\neq 0$，则(4.59)的解在 x_0 的邻域内也能展开成为 $(x-x_0)$ 的幂级数

$$y=\sum_{n=0}^{\infty} a_n(x-x_0)^n. \tag{4.60}$$

定理 4.16　如果 $p_0(x),p_1(x),p_2(x)$ 在某点 x_0 的邻域内解析，而 x_0 为 $p_0(x)$ 的 s 重零点，是 $p_1(x)$ 的不低于 $s-1$ 重的零点(若 $s>1$)，是 $p_2(x)$ 的不低于 $s-2$ 重的零点(若 $s>2$)，则方程(4.59)至少有一个形如

$$y=(x-x_0)^r\sum_{n=0}^{\infty} a_n(x-x_0)^n \tag{4.61}$$

的广义幂级数解，其中 r 是某一实数.

下面举两个例子来说明如何应用这两个定理.

例 1　求 $y''-xy=0$ 的通解.

解　由于 $p_0(x)=1,p_2(x)=-x$ 在 $x=0$ 点解析，且 $p_0(0)\neq 0$，依定理 4.15 可假设它有级数解

$$y=a_0+a_1x+\cdots+a_nx^n+\cdots.$$

将它对 x 微分两次，得

$$y''=2\cdot 1a_2+3\cdot 2a_3x+\cdots+n(n-1)a_nx^{n-2}+(n+1)na_{n+1}x^{n-1}+(n+2)(n+1)a_{n+2}x^n+\cdots.$$

将 y 及 y'' 的表达式代入原方程中，得

$$[2\cdot 1a_2+3\cdot 2a_3x+\cdots+n(n-1)a_nx^{n-2}+(n+1)na_{n+1}x^{n-1}+$$
$$(n+2)(n+1)a_{n+2}x^n+\cdots]-x[a_0+a_1x+\cdots+a_nx^n+\cdots]\equiv 0.$$

比较上述等式两端 x 的同次幂的系数，得

$$2\cdot 1a_2=0,\quad 3\cdot 2a_3-a_0=0,\quad 4\cdot 3a_4-a_1=0,\quad 5\cdot 4a_5-a_2=0,\cdots,$$

从而

$$a_2=0,\quad a_3=\frac{a_0}{3\cdot 2},\quad a_4=\frac{a_1}{4\cdot 3},\quad a_5=\frac{a_2}{5\cdot 4},\cdots,$$

或一般地可推得

$$a_{3k}=\frac{a_0}{2\cdot 3\cdot 5\cdot 6\cdot\cdots\cdot(3k-1)3k},$$

$$a_{3k+1}=\frac{a_0}{3\cdot 4\cdot 6\cdot 7\cdot\cdots\cdot 3k(3k+1)},$$

$$a_{3k+2}=0,$$

其中 a_0,a_1 是任意的. 因而

$$y=a_0\left[1+\frac{x^3}{2\cdot 3}+\frac{x^6}{2\cdot 3\cdot 5\cdot 6}+\cdots+\frac{x^{3n}}{2\cdot 3\cdot 5\cdot 6\cdot\cdots\cdot(3n-1)3n}+\cdots\right]+$$
$$a_1\left[x+\frac{x^4}{3\cdot 4}+\frac{x^7}{3\cdot 4\cdot 6\cdot 7}+\cdots+\frac{x^{3n+1}}{3\cdot 4\cdot 6\cdot 7\cdot\cdots\cdot 3n(3n+1)}+\cdots\right].$$

这个幂级数的收敛半径是无限大的,因而级数的和(其中包括两个任意常数 a_0 及 a_1)便是所要求的通解.

例 2 求方程

$$x^2y''+xy'+(x^2-n^2)y=0$$

在 $x=0$ 的邻域内的幂级数解,其中 n 是常数.

这个方程称为贝塞尔(Bessel)方程,它的解一般不能用初等函数来表示,它定义出一类新的超越函数,称为**贝塞尔函数**,在无线电电子学、工程技术及天文学中有着广泛的应用.

解 由于 $p_0(0)=0$,我们来求形如

$$y=\sum_{p=0}^{\infty} a_p x^{r+p} \quad (a_0\neq 0)$$

的解.

将上述级数逐项微分两次,并代入原方程中,得

$$x^2\sum_{p=0}^{\infty} a_p(r+p)(r+p-1)x^{r+p-2}+x\sum_{p=0}^{\infty} a_p(r+p)x^{r+p-1}+(x^2-n^2)\sum_{p=0}^{\infty} a_p x^{r+p}\equiv 0.$$

比较 x 的同次幂的系数,得

$$\begin{cases} a_0[r^2-n^2]=0, \\ a_1[(r+1)^2-n^2]=0, \\ a_2[(r+2)^2-n^2]+a_0=0, \\ a_3[(r+3)^2-n^2]+a_1=0, \\ \cdots\cdots\cdots\cdots \\ a_p[(r+p)^2-n^2]+a_{p-2}=0, \\ \cdots\cdots\cdots\cdots \end{cases} \tag{4.62}$$

因为 $a_0\neq 0$,则有 $r^2-n^2=0$,从而 $r=\pm n$.为确定起见,暂令 $r=n\geqslant 0$,由(4.62)中的第二个方程可得

$$a_1=0,a_{2p+1}=0,a_2=-\frac{a_0}{(n+2)^2-n^2}=-\frac{a_0}{2^2(n+1)},$$

$$a_4=-\frac{a_2}{(n+4)^2-n^2}=-\frac{a_2}{2^2(n+2)\cdot 2}=\frac{a_0}{2^4(n+1)(n+2)1\cdot 2},$$

$$\cdots$$

$$a_{2p}=\frac{(-1)^p a_0}{2^{2p}\cdot p!\,(n+1)(n+2)\cdots(n+p)},\cdots.$$

因此,在 $r=n>0$ 时,得到贝塞尔方程的解

$$y=a_0\sum_{p=0}^{\infty}\frac{(-1)^p x^{2p+n}}{2^{2p}p!\ (n+1)(n+2)\cdots(n+p)}.$$

若将任意常数 a_0 取为

$$a_0=\frac{1}{2^n\Gamma(n+1)},$$

其中

$$\Gamma(p)=\int_0^{+\infty}\mathrm{e}^{-x}x^{p-1}\mathrm{d}x.$$

我们知道在 $p>0$ 时，$\Gamma(p+1)=p\Gamma(p)$，这个解就具有更为简单的形式

$$y=\sum_{p=0}^{+\infty}\frac{(-1)^p\left(\dfrac{x}{2}\right)^{2p+n}}{p!\ \Gamma(n+p+1)}.$$

通常称上述级数为 n 阶第一类贝塞尔函数，并用 $\mathrm{J}_n(x)$ 表示.

当 $r=-n<0$ 时，完全类似可得

$$a_{2p+1}=0,\quad a_{2p}=\frac{(-1)^p a_0}{2^{2p}p!\ (-n+1)(-n+2)\cdots(-n+p)}(n\text{ 不为整数}).$$

若取

$$a_0=\frac{1}{2^{-n}\Gamma(-n+1)},$$

这时得到 $-n$ 阶第一类贝塞尔函数，记为

$$\mathrm{J}_{-n}(x)=\sum_{p=0}^{\infty}\frac{(-1)^p\left(\dfrac{x}{2}\right)^{2p-n}}{p!\ \Gamma(-n+p+1)}(n\text{ 不为整数}).$$

由于级数 $\mathrm{J}_n(x)$，$\mathrm{J}_{-n}(x)$ 在 $(0,+\infty)$ 内收敛，故都是原方程的解，且当 n 不是整数时，易知它们是线性无关的.

于是原方程的通解为

$$y=C_1\mathrm{J}_n(x)+C_2\mathrm{J}_{-n}(x)\ (n\text{ 不为整数}),$$

其中 C_1，C_2 为任意常数.

当 n 为整数时，虽然仍可由(4.62)求出 $a_{2p}(p=n+1,n+2,\cdots)$，a_{2n} 为任意常数，但容易看出，由此得到的 J_{-n} 与 J_n 线性相关.为了求出与 $\mathrm{J}_n(x)$ 线性无关的另一个特解，要用其他的方法.所求得的特解称为第二类贝塞尔函数，在此不准备介绍了.

综上所述，使用定理 4.15 和 4.16 求解方程(4.59)的过程如下.首先，将 $p_0(x)$，$p_1(x)$，$p_2(x)$ 展成 $(x-x_0)$ 的幂级数，再根据 $p_0(x_0)\neq 0$ 或 $p_0(x_0)=0$ 两种情况，分别在形式上假定(4.59)具有形如(4.60)或(4.61)的解.在 $p_0(x_0)\neq 0$ 时，将(4.60)代入原方程(这时，要形式上微分幂级数(4.60))，并令等式两端 x 的同次幂级数相等(即使用所谓无限的待定系数法)，从而得到关于(4.60)的系数 a_k 的方程，解出 a_k 代入(4.60)中，便可得到(4.59)的形式解.求出(4.60)的收敛区间，由于在收敛区间上可以进行逐项积分与微分，这表明在前面将(4.60)代入(4.59)中时所进行的逐项微分运算是合理的.即最

后所得到的幂级数(4.60)在收敛区间内确实是我们所要求的解.在 $p_0(x_0)=0$ 时,解法过程一样,将(4.61)代入(4.59),比较 x 的最低次幂的系数可得 r 之值,再比较其他同次幂的系数,便可求得 a_k 之值.

这种方法也适用于高阶线性齐次与非齐次方程,对有关内容感兴趣的读者可参阅其他教材.

习 题 4.6

试用幂级数解法求解下列方程:

(1) $y''+xy'+y=0$;

(2) $y''+x^2y'=0$;

(3) $2xy''+(1-2x)y'-y=0$;

(4) $y''+\frac{1}{2x}y'+\frac{1}{4x}y=0$.

本章小结

第五章 定性和稳定性理论简介

在 19 世纪中叶,通过刘维尔的工作,人们已经知道绝大多数的微分方程不能用初等积分法求解.这个结果对于微分方程理论的发展产生了极大影响,使微分方程的研究发生了一个转折.既然初等积分法有着不可克服的局限性,那么是否可以不求微分方程的解,而是从微分方程本身来推断其解的性质呢?定性理论与稳定性理论正是在这种背景下发展起来了.前者由法国数学家庞加莱(Poincaré)在 19 世纪 80 年代所创立,后者由俄国数学家李雅普诺夫(Liapunov)在同年代创立.它们共同的特点就是在不求出方程解的情况下,直接根据微分方程自身的结构与特点,来研究其解的性质.由于这种方法的有效性,近 100 多年以来它们已经成为常微分方程发展的主流.本章对定性理论和稳定性理论的一些基本概念和基本方法作一简单介绍.

5.1 稳定性概念

考虑微分方程

$$\frac{\mathrm{d}\boldsymbol{x}}{\mathrm{d}t}=\boldsymbol{f}(t,\boldsymbol{x}), \tag{5.1}$$

其中函数 $\boldsymbol{f}(t,\boldsymbol{x})$ 对 $\boldsymbol{x}\in D\subseteq\mathbf{R}^n$ 和 $t\in(-\infty,+\infty)$ 连续,对 $\boldsymbol{x}$ 满足局部利普希茨条件.

设方程(5.1)对初值 $(t_0,\boldsymbol{x}_1)$ 存在唯一解 $\boldsymbol{x}=\boldsymbol{\varphi}(t,t_0,\boldsymbol{x}_1)$,而其他解记作 $\boldsymbol{x}=\boldsymbol{x}(t,t_0,\boldsymbol{x}_0)$.假设(5.1)的上述初值问题的解在 $[t_0,+\infty)$ 有定义.现在的问题是:当 $\|\boldsymbol{x}_0-\boldsymbol{x}_1\|$ 很小时,$\|\boldsymbol{x}(t,t_0,\boldsymbol{x}_0)-\boldsymbol{\varphi}(t,t_0,\boldsymbol{x}_1)\|$ 的变化是否也很小?本章向量 $\boldsymbol{x}=(x_1,\cdots,x_n)^{\mathrm{T}}$ 的范数取 $\|\boldsymbol{x}\|=\left(\sum\limits_{i=1}^{n}x_i^2\right)^{\frac{1}{2}}$.

如果所考虑的解的存在区间是有限闭区间,那么这是解对初值的连续依赖性,第二章的定理 2.10 已有结论.现在要考虑的是解的存在区间是无穷区间,那么解对初值不一定有连续依赖性(见下面的例 3),这就产生了李雅普诺夫意义下的稳定性概念.

如果对于任意给定的 $\varepsilon>0$ 和 $t_0\geqslant 0$,都存在 $\delta=\delta(\varepsilon,t_0)>0$,使得只要

$$\|\boldsymbol{x}_0-\boldsymbol{x}_1\|<\delta,$$

就有

$$\|\boldsymbol{x}(t,t_0,\boldsymbol{x}_0)-\boldsymbol{\varphi}(t,t_0,\boldsymbol{x}_1)\|<\varepsilon$$

对一切 $t\geqslant t_0$成立，则称(5.1)的解 $\boldsymbol{x}=\boldsymbol{\varphi}(t,t_0,\boldsymbol{x}_1)$是**稳定的**.否则是**不稳定的**.

假设 $\boldsymbol{x}=\boldsymbol{\varphi}(t,t_0,\boldsymbol{x}_1)$是稳定的，而且存在 $\delta_1(0<\delta_1\leqslant\delta)$，使得只要

$$\|\boldsymbol{x}_0-\boldsymbol{x}_1\|<\delta_1,$$

就有

$$\lim_{t\to\infty}(\boldsymbol{x}(t,t_0,\boldsymbol{x}_0)-\boldsymbol{\varphi}(t,t_0,\boldsymbol{x}_1))=0,$$

则称(5.1)的解 $\boldsymbol{x}=\boldsymbol{\varphi}(t,t_0,\boldsymbol{x}_1)$是**渐近稳定的**.

为了简化讨论，通常把解 $\boldsymbol{x}=\boldsymbol{\varphi}(t,t_0,\boldsymbol{x}_0)$ 的稳定性化成零解的稳定性.下面记 $\boldsymbol{x}(t)=\boldsymbol{x}(t,t_0,\boldsymbol{x}_0)$，$\boldsymbol{\varphi}(t)=\boldsymbol{\varphi}(t,t_0,\boldsymbol{x}_1)$，作如下变量代换.

令

$$\boldsymbol{y}=\boldsymbol{x}(t)-\boldsymbol{\varphi}(t), \tag{5.2}$$

则

$$\begin{aligned}\frac{\mathrm{d}\boldsymbol{y}}{\mathrm{d}t}&=\frac{\mathrm{d}\boldsymbol{x}(t)}{\mathrm{d}t}-\frac{\mathrm{d}\boldsymbol{\varphi}(t)}{\mathrm{d}t}=\boldsymbol{f}(t,\boldsymbol{x}(t))-\boldsymbol{f}(t,\boldsymbol{\varphi}(t))\\&=\boldsymbol{f}(t,\boldsymbol{\varphi}(t)+\boldsymbol{y})-\boldsymbol{f}(t,\boldsymbol{\varphi}(t)):=\boldsymbol{F}(t,\boldsymbol{y}).\end{aligned}$$

于是在变换(5.2)下，将方程(5.1)化成

$$\frac{\mathrm{d}\boldsymbol{y}}{\mathrm{d}t}=\boldsymbol{F}(t,\boldsymbol{y}), \tag{5.3}$$

其中 $\boldsymbol{F}(t,\boldsymbol{y})=\boldsymbol{f}(t,\boldsymbol{\varphi}(t)+\boldsymbol{y})-\boldsymbol{f}(t,\boldsymbol{\varphi}(t))$.这样关于(5.1)的解$\boldsymbol{x}=\boldsymbol{\varphi}(t)$的稳定性问题就化为(5.3)的零解 $\boldsymbol{y}=\boldsymbol{0}$ 的稳定性问题了.因此，我们可以在下文中只考虑(5.1)的零解 $\boldsymbol{x}=\boldsymbol{0}$ 的稳定性，即假设 $\boldsymbol{f}(t,\boldsymbol{0})\equiv\boldsymbol{0}$，并有如下定义：

定义 5.1 若对任意 $\varepsilon>0$ 和 $t_0\geqslant0$，存在 $\delta=\delta(\varepsilon,t_0)>0$，使当 $\|\boldsymbol{x}_0\|<\delta$ 时有

$$\|\boldsymbol{x}(t,t_0,\boldsymbol{x}_0)\|<\varepsilon \tag{5.4}$$

对所有的 $t\geqslant t_0$成立，则称(5.1)的零解是稳定的.反之是不稳定的.

定义 5.2 若(5.1)的零解是稳定的，且存在 $0<\delta_1<\delta$(δ 为定义 5.1 中的 δ)，当 $\|\boldsymbol{x}_0\|<\delta_1$时有

$$\lim_{t\to\infty}\boldsymbol{x}(t,t_0,\boldsymbol{x}_0)=\boldsymbol{0},$$

则称(5.1)的零解是渐近稳定的.

例 1 考察系统

$$\begin{cases}\dfrac{\mathrm{d}x}{\mathrm{d}t}=y,\\[2mm]\dfrac{\mathrm{d}y}{\mathrm{d}t}=-x\end{cases}$$

的零解的稳定性.

解 不妨取初始时刻 $t_0=0$，下同.对于一切 $t\geqslant0$，方程组满足初值条件 $x(0)=x_0$，$y(0)=y_0(x_0^2+y_0^2\neq0)$的解为

$$\begin{cases}x(t)=x_0\cos t+y_0\sin t,\\y(t)=-x_0\sin t+y_0\cos t.\end{cases}$$

对任意 $\varepsilon>0$，取 $\delta=\varepsilon$，则当 $(x_0^2+y_0^2)^{\frac{1}{2}}<\delta$ 时，有

$$[x^2(t)+y^2(t)]^{\frac{1}{2}}=[(x_0\cos t+y_0\sin t)^2+(-x_0\sin t+y_0\cos t)^2]^{\frac{1}{2}}$$
$$=(x_0^2+y_0^2)^{\frac{1}{2}}<\delta=\varepsilon,$$

故该系统的零解是稳定的.

然而，由于

$$\lim_{t\to\infty}[x^2(t)+y^2(t)]^{\frac{1}{2}}=(x_0^2+y_0^2)^{\frac{1}{2}}\neq 0,$$

所以该系统的零解不是渐近稳定的.

例 2 考察系统

$$\begin{cases}\dfrac{dx}{dt}=-x,\\ \dfrac{dy}{dt}=-y\end{cases}$$

的零解的稳定性.

解 在 $t\geqslant 0$ 上，初值为 $(0,x_0,y_0)$ 的解为

$$\begin{cases}x(t)=x_0e^{-t},\\ y(t)=y_0e^{-t},\end{cases}$$

其中 $x_0^2+y_0^2\neq 0$.

对任意 $\varepsilon>0$，取 $\delta=\varepsilon$，则当 $(x_0^2+y_0^2)^{\frac{1}{2}}<\delta$ 时，有

$$[x^2(t)+y^2(t)]^{\frac{1}{2}}=(x_0^2e^{-2t}+y_0^2e^{-2t})^{\frac{1}{2}}\leqslant(x_0^2+y_0^2)^{\frac{1}{2}}<\delta=\varepsilon,\quad t\geqslant 0,$$

故该系统的零解是稳定的.

又因为

$$\lim_{t\to\infty}[x^2(t)+y^2(t)]^{\frac{1}{2}}=\lim_{t\to\infty}(x_0^2e^{-2t}+y_0^2e^{-2t})^{\frac{1}{2}}=0,$$

可见该系统的零解是渐近稳定的.

例 3 考察系统

$$\begin{cases}\dfrac{dx}{dt}=x,\\ \dfrac{dy}{dt}=y\end{cases}$$

的零解的稳定性.

解 方程组以 $(0,x_0,y_0)$ 为初值的解为

$$\begin{cases}x(t)=x_0e^{t},\\ y(t)=y_0e^{t},\end{cases}\qquad t\geqslant 0,$$

其中 $x_0^2+y_0^2\neq 0$. 故

$$[x^2(t)+y^2(t)]^{\frac{1}{2}}=(x_0^2e^{2t}+y_0^2e^{2t})^{\frac{1}{2}}=(x_0^2+y_0^2)^{\frac{1}{2}}e^{t}.$$

由于函数 e^t 随 t 的递增而无限地增大.因此,对于任意 $\varepsilon>0$,不管 $(x_0^2+y_0^2)^{\frac{1}{2}}$ 取得怎样小,只要 t 取得适当大时,就不能保证 $[x^2(t)+y^2(t)]^{\frac{1}{2}}$ 小于预先给定的正数 ε,所以该系统的零解是不稳定的.

例 4 考虑常系数线性微分方程组

$$\frac{\mathrm{d}\boldsymbol{x}}{\mathrm{d}t}=\boldsymbol{A}\boldsymbol{x}, \tag{5.5}$$

其中 $\boldsymbol{x}\in\mathbf{R}^n$,$\boldsymbol{A}$ 是 $n\times n$ 矩阵.证明:若 $\boldsymbol{A}$ 的所有特征根都具严格负实部,则(5.5)的零解是渐近稳定的.

证明 不失一般性,我们取初始时刻 $t_0=0$,设 $\boldsymbol{\Phi}(t)$ 是(5.5)的标准基本解矩阵,由第三章内容知满足 $\boldsymbol{x}(0)=\boldsymbol{x}_0$ 的解 $\boldsymbol{x}(t)$ 可写成

$$\boldsymbol{x}(t)=\boldsymbol{\Phi}(t)\boldsymbol{x}_0. \tag{5.6}$$

由 $\boldsymbol{A}$ 的所有特征根都具负实部知

$$\lim_{t\to+\infty}\|\boldsymbol{\Phi}(t)\|=0. \tag{5.7}$$

于是存在 $t_1>0$,使得当 $t>t_1$ 时有 $\|\boldsymbol{\Phi}(t)\|<1$.从而对任意 $\varepsilon>0$,取 $\delta_0=\varepsilon$,则当 $\|\boldsymbol{x}_0\|<\delta_0$ 时,由(5.6)有

$$\|\boldsymbol{x}(t)\|\leqslant\|\boldsymbol{\Phi}(t)\|\ \|\boldsymbol{x}_0\|\leqslant\|\boldsymbol{x}_0\|<\varepsilon,t\geqslant t_1. \tag{5.8}$$

当 $t\in[0,t_1]$ 时,由解对初值的连续依赖性,对上述 $\varepsilon>0$,存在 $\delta_1>0$,当 $\|\boldsymbol{x}_0\|<\delta_1$ 时,

$$\|\boldsymbol{x}(t)-\boldsymbol{0}\|<\varepsilon,t\in[0,t_1]. \tag{5.9}$$

取 $\delta=\min\{\delta_0,\delta_1\}$,综合上面讨论知,当 $\|\boldsymbol{x}_0\|<\delta$ 时有

$$\|\boldsymbol{x}(t)\|<\varepsilon,\quad t\in[0,+\infty), \tag{5.10}$$

即 $\boldsymbol{x}=\boldsymbol{0}$ 是稳定的.

由(5.7)知对任意 $\boldsymbol{x}_0$,有 $\lim\limits_{t\to+\infty}\boldsymbol{\Phi}(t)\boldsymbol{x}_0=\boldsymbol{0}$,故 $\boldsymbol{x}=\boldsymbol{0}$ 是渐近稳定的.

5.2 李雅普诺夫第二方法

上一节我们介绍了稳定性概念,但是据此来判明系统解的稳定性,其应用范围是极其有限的.

李雅普诺夫创立了处理稳定性问题的两种方法:**第一方法**要利用微分方程的级数解,在他之后没有得到大的发展;**第二方法**是在不求方程解的情况下,借助一个所谓的**李雅普诺夫函数** $V(\boldsymbol{x})$ 和通过微分方程所计算出来的导数 $\frac{\mathrm{d}V(\boldsymbol{x})}{\mathrm{d}t}$ 的符号性质,就能直接推断出解的稳定性,因此又称为**直接法**.本节主要介绍李雅普诺夫第二方法.

为了便于理解,我们只考虑自治系统

$$\frac{\mathrm{d}\boldsymbol{x}}{\mathrm{d}t}=\boldsymbol{F}(\boldsymbol{x}),\quad \boldsymbol{x}\in\mathbf{R}^n. \tag{5.11}$$

假设 $\boldsymbol{F}(\boldsymbol{x})=(\boldsymbol{F}_1(\boldsymbol{x}),\cdots,\boldsymbol{F}_n(\boldsymbol{x}))^{\mathrm{T}}$ 在 $G=\{\boldsymbol{x}\in\mathbf{R}^n \mid \|\boldsymbol{x}\|\leqslant K\}$ 上连续,满足局部利普希茨条件,且 $\boldsymbol{F}(\boldsymbol{0})=\boldsymbol{0}$.

为介绍李雅普诺夫基本定理,先引入李雅普诺夫函数概念.

定义 5.3 若函数

$$V(\boldsymbol{x}):G\to\mathbf{R}$$

满足 $V(\boldsymbol{0})=0$, $V(\boldsymbol{x})$ 和 $\dfrac{\partial V}{\partial x_i}(i=1,2,\cdots,n)$ 都连续,且若存在 $0<H\leqslant K$,使在 $D=\{\boldsymbol{x}\mid\|\boldsymbol{x}\|\leqslant H\}$ 上 $V(\boldsymbol{x})\geqslant 0(\leqslant 0)$,则称 $V(\boldsymbol{x})$ 是常正(负)的;若在 D 上除 $\boldsymbol{x}=\boldsymbol{0}$ 外总有 $V(\boldsymbol{x})>0(<0)$,则称 $V(\boldsymbol{x})$ 是正(负)定的;既不是常正又不是常负的函数称为变号函数.

通常我们称函数 $V(\boldsymbol{x})$ 为**李雅普诺夫函数**.易知:

函数 $V=x_1^2+x_2^2$ 在 (x_1,x_2) 平面上为正定的;

函数 $V=-(x_1^2+x_2^2)$ 在 (x_1,x_2) 平面上为负定的;

函数 $V=x_1^2-x_2^2$ 在 (x_1,x_2) 平面上为变号函数;

函数 $V=x_1^2$ 在 (x_1,x_2) 平面上是常正函数.

李雅普诺夫函数有明显的几何意义.

首先看正定函数 $V=V(x_1,x_2)$.

在三维空间 (x_1,x_2,V) 中, $V=V(x_1,x_2)$ 是一个位于坐标面 x_1Ox_2 即 $V=0$ 上方的曲面.它与坐标面 x_1Ox_2 只在一个点,即原点 $O(0,0,0)$ 接触(图 5-1(a)).如果用水平面 $V=C$(正常数)与 $V=V(x_1,x_2)$ 相交,并将截口垂直投影到 x_1Ox_2 平面上,就得到一组一个套一个的闭曲线族 $V(x_1,x_2)=C$(图 5-1(b)).由于 $V=V(x_1,x_2)$ 连续可微且 $V(0,0)=0$,故在 $x_1=x_2=0$ 的充分小的邻域中, $V(x_1,x_2)$ 可以任意小.即在这些邻域中存在 C 值可任意小的闭曲线 $V=C$.

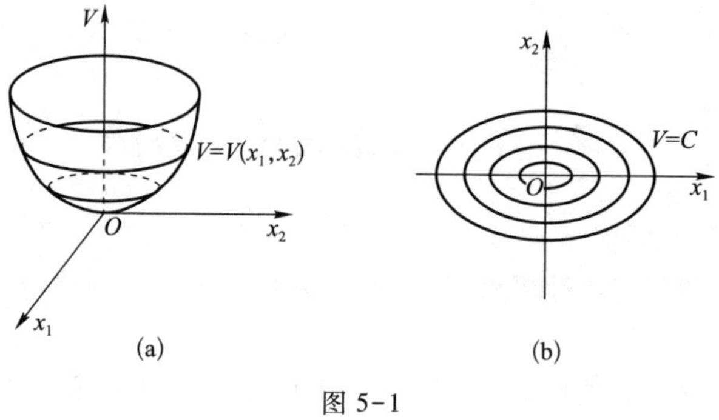

图 5-1

对于负定函数 $V=V(x_1,x_2)$ 可作类似的几何解释,只是曲面 $V=V(x_1,x_2)$ 将在坐标面 x_1Ox_2 的下方.

对于变号函数 $V=V(x_1,x_2)$,自然应对应于这样的曲面,在原点 O 的任意邻域,它既有在 x_1Ox_2 平面上方的点,又有在其下方的点.

定理 5.1 对系统(5.11),若在区域 D 上存在李雅普诺夫函数 $V(\boldsymbol{x})$ 满足

(1) 正定,

(2) $\left.\frac{\mathrm{d}V}{\mathrm{d}t}\right|_{(5.11)}=\sum_{i=1}^{n}\frac{\partial V}{\partial x_i}\boldsymbol{F}_i(\boldsymbol{x})$常负，

则(5.11)的零解是稳定的.

证明 对任意 $\varepsilon>0(\varepsilon<H)$，记

$$\Gamma=\{\boldsymbol{x}\mid \|\boldsymbol{x}\|=\varepsilon\},$$

则由 $V(\boldsymbol{x})$正定、连续和 Γ 是有界闭集知

$$b=\min_{\boldsymbol{x}\in\Gamma}V(\boldsymbol{x})>0.$$

由 $V(\boldsymbol{0})=0$ 和 $V(\boldsymbol{x})$连续知，存在 $\delta>0(\delta<\varepsilon)$，使当 $\|\boldsymbol{x}\|\leqslant\delta$ 时，$V(\boldsymbol{x})<b$，于是有 $\|\boldsymbol{x}\|\leqslant\delta$ 时，

$$\boldsymbol{x}(t,t_0,\boldsymbol{x}_0)<\varepsilon,t\geqslant t_0. \tag{5.12}$$

若上述不等式不成立，由 $\|\boldsymbol{x}\|<\delta<\varepsilon$ 和 $\boldsymbol{x}(t,t_0,\boldsymbol{x}_0)$的连续性知，存在 $t_1>t_0$，当 $t\in[t_0,t_1)$ 时，$\boldsymbol{x}(t,t_0,\boldsymbol{x}_0)<\varepsilon$，而 $\boldsymbol{x}(t_1,t_0,\boldsymbol{x}_0)=\varepsilon$.那么由 b 的定义，有

$$V(\boldsymbol{x}(t_1,t_0,\boldsymbol{x}_0))\geqslant b. \tag{5.13}$$

另一方面，由条件(2)知$\frac{\mathrm{d}V(\boldsymbol{x}(t,t_0,\boldsymbol{x}_0))}{\mathrm{d}t}\leqslant 0$ 在$[t_0,t_1]$上成立，

即 $t\in[t_0,t_1]$时

$$V(\boldsymbol{x}(t,t_0,\boldsymbol{x}_0))\leqslant V(\boldsymbol{x}_0)<b,$$

自然有 $V(\boldsymbol{x}(t_1,t_0,\boldsymbol{x}_0))<b$.与(5.13)矛盾，即(5.12)成立.(图 5-2 为$n=2$ 的情况.)

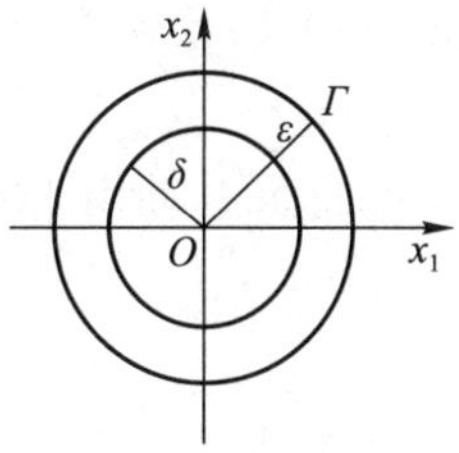

图 5-2

例 1 考虑无阻尼线性振动方程

$$\ddot{x}+\omega^2x=0 \tag{5.14}$$

的平衡位置的稳定性.

解 把(5.14)化为等价系统

$$\begin{cases}\dot{x}=y,\\ \dot{y}=-\omega^2x.\end{cases} \tag{5.15}$$

(5.14)的平衡位置即(5.15)的零解.作 V 函数

$$V(x,y)=\frac{1}{2}\left(x^2+\frac{1}{\omega^2}y^2\right),$$

于是有

$$\left.\frac{\mathrm{d}V}{\mathrm{d}t}\right|_{(5.15)}=\left.\left(x\dot{x}+\frac{1}{\omega^2}y\dot{y}\right)\right|_{(5.15)}=0,$$

由定理 5.1 知(5.15)的零解是稳定的，即(5.14)的平衡位置是稳定的.

引理 若 $V(\boldsymbol{x})$是正定(或负定)的李雅普诺夫函数，且对连续有界函数 $\boldsymbol{x}(t)$有

$$\lim_{t\to\infty}V(\boldsymbol{x}(t))=0,$$

则$\lim\limits_{t\to\infty}\boldsymbol{x}(t)=\boldsymbol{0}$.

证明由读者自己完成.

定理 5.2　对系统(5.11),若在区域 D 上存在李雅普诺夫函数 $V(\boldsymbol{x})$ 满足

(1) 正定,

(2) $\left.\dfrac{\mathrm{d}V}{\mathrm{d}t}\right|_{(5.11)}=\sum\limits_{i=1}^{n}\dfrac{\partial V}{\partial x_i}\boldsymbol{F}_i(\boldsymbol{x})$ 负定,

则(5.11)的零解渐近稳定.

证明　由定理 5.1 知(5.11)的零解是稳定的.取 $\bar{\delta}$ 为定理5.1 的证明过程中的 δ,于是当 $\|\boldsymbol{x}\|\leqslant\bar{\delta}$ 时,$V(\boldsymbol{x}(t,t_0,\boldsymbol{x}_0))$ 单调下降.若 $\boldsymbol{x}_0=\boldsymbol{0}$,则由唯一性知 $\boldsymbol{x}(t,t_0,\boldsymbol{x}_0)\equiv\boldsymbol{0}$,自然有

$$\lim_{t\to+\infty}\boldsymbol{x}(t,t_0,\boldsymbol{x}_0)=\boldsymbol{0}.$$

不妨设 $\boldsymbol{x}_0\neq\boldsymbol{0}$.由初值问题解的唯一性,对任意 t,$\boldsymbol{x}(t,t_0,\boldsymbol{x}_0)\neq\boldsymbol{0}$.从而由 $V(\boldsymbol{x})$ 的正定性知 $V(\boldsymbol{x}(t,t_0,\boldsymbol{x}_0))>0$ 总成立,那么存在$a\geqslant0$使

$$\lim_{t\to+\infty}V(\boldsymbol{x}(t,t_0,\boldsymbol{x}_0))=a.$$

假设 $a>0$,联系到 $V(\boldsymbol{x}(t,t_0,\boldsymbol{x}_0))$ 的单调性有

$$a<V(\boldsymbol{x}(t,t_0,\boldsymbol{x}_0))<V(\boldsymbol{x}_0)$$

对 $t>t_0$成立.从而由 $V(\boldsymbol{0})=0$ 知存在 $h>0$,使 $t\geqslant t_0$时

$$h<\|\boldsymbol{x}(t,t_0,\boldsymbol{x}_0)\|<\varepsilon \tag{5.16}$$

成立.

由条件(2)有

$$M=\max_{h\leqslant\|\boldsymbol{x}\|\leqslant\varepsilon}\frac{\mathrm{d}V}{\mathrm{d}t}<0,$$

故从(5.16)知

$$\frac{\mathrm{d}V(\boldsymbol{x}(t,t_0,\boldsymbol{x}_0))}{\mathrm{d}t}\leqslant M.$$

对上述不等式两端从 t_0到 $t>t_0$积分得

$$V(\boldsymbol{x}(t,t_0,\boldsymbol{x}_0))-V(\boldsymbol{x}_0)\leqslant M(t-t_0),$$

该不等式意味着

$$\lim_{t\to+\infty}V(\boldsymbol{x}(t,t_0,\boldsymbol{x}_0))=-\infty,$$

矛盾.故 $a=0$,即

$$\lim_{t\to+\infty}V(\boldsymbol{x}(t,t_0,\boldsymbol{x}_0))=0.$$

由于零解是稳定的,所以 $\boldsymbol{x}(t,t_0,\boldsymbol{x}_0)$ 在$[t_0,+\infty)$上有界,再由引理知 $\lim\limits_{t\to+\infty}\boldsymbol{x}(t,t_0,\boldsymbol{x}_0)=\boldsymbol{0}$.定理证毕.

例 2　证明方程组

$$\begin{cases}\dot{x}=-y+x(x^2+y^2-1),\\ \dot{y}=x+y(x^2+y^2-1)\end{cases} \tag{5.17}$$

的零解渐近稳定.

证明 作李雅普诺夫函数

$$V(x,y)=\frac{1}{2}(x^2+y^2),$$

有

$$\left.\frac{\mathrm{d}V}{\mathrm{d}t}\right|_{(5.17)}=(x\dot{x}+y\dot{y})\,\big|_{(5.17)}=(x^2+y^2)(x^2+y^2-1).$$

在区域 $D=\{(x,y)\mid x^2+y^2<1\}$ 上 $V(x,y)$ 正定，$\left.\dfrac{\mathrm{d}V}{\mathrm{d}t}\right|_{(5.17)}$ 负定，故由定理 5.2 知其零解渐近稳定.

最后，我们给出不稳定性定理而略去证明.

定理 5.3 对系统(5.11)若在区域 D 上存在李雅普诺夫函数 $V(\boldsymbol{x})$ 满足

(1) $\left.\dfrac{\mathrm{d}V}{\mathrm{d}t}\right|_{(5.11)}=\sum\limits_{i=1}^{n}\dfrac{\partial V}{\partial x_i}\boldsymbol{F}_i(\boldsymbol{x})$ 正定，

(2) $V(\boldsymbol{x})$ 不是常负函数，

则系统(5.11)的零解是不稳定的.

习 题 5.2

1. 对于方程组 $\begin{cases}\dot{x}_1=-x_1x_2^4,\\ \dot{x}_2=x_2x_1^4,\end{cases}$ 试说明 $V(x_1,x_2)=x_1^4+x_2^4$ 是正定的，而 $\dfrac{\mathrm{d}V}{\mathrm{d}t}$ 是常负的.

2. 讨论方程组 $\begin{cases}\dot{x}_1=-4x_2-x_1^3,\\ \dot{x}_2=3x_1-x_2^3\end{cases}$ 零解的稳定性.

3. 讨论方程组 $\begin{cases}\dot{x}_1=-Ax_1-x_2^2,\\ \dot{x}_2=Ax_2-x_1^2x_2\end{cases}$ 零解的稳定性.

5.3 平面自治系统的基本概念

本节考虑平面自治系统

$$\begin{cases}\dot{x}=P(x,y),\\ \dot{y}=Q(x,y),\end{cases}\tag{5.18}$$

以下总假定函数 $P(x,y)$, $Q(x,y)$ 在区域

$$D:|x|<H,\ |y|<H\qquad (H\leqslant+\infty)$$

内连续并满足初值解的存在唯一性定理的条件.

5.3.1　相平面、相轨线与相图

我们把 xOy 平面称为(5.18)的相平面，而把(5.18)的解 $x=x(t)$，$y=y(t)$ 在 xOy 平面上的轨迹称为(5.18)的**轨线**或**相轨线**.轨线族在相平面上的图像称为(5.18)的**相图**.

易于看出，解 $x=x(t)$，$y=y(t)$ 在相平面上的轨线，正是这个解在 (t,x,y) 三维空间中的积分曲线在相平面上的投影.我们以后会看到，用轨线来研究(5.18)的解通常要比用积分曲线方便得多.

下面通过一个例子来说明方程组的积分曲线和轨线的关系.

例 1
$$\begin{cases}\dfrac{\mathrm{d}x}{\mathrm{d}t}=-y,\\[2mm]\dfrac{\mathrm{d}y}{\mathrm{d}t}=x.\end{cases}$$

很明显，方程组有特解 $x=\cos t$，$y=\sin t$.它在 (x,y,t) 三维空间中的积分曲线是一条螺旋线(如图 5-3(a))，它经过点(0,1,0).当 t 增加时，螺旋线向上方盘旋.上述解在 xOy 平面上的轨线是圆 $x^2+y^2=1$，它恰为上述积分曲线在 xOy 平面上的投影.当 t 增加时，轨线的方向如图 5-3(b)所示.

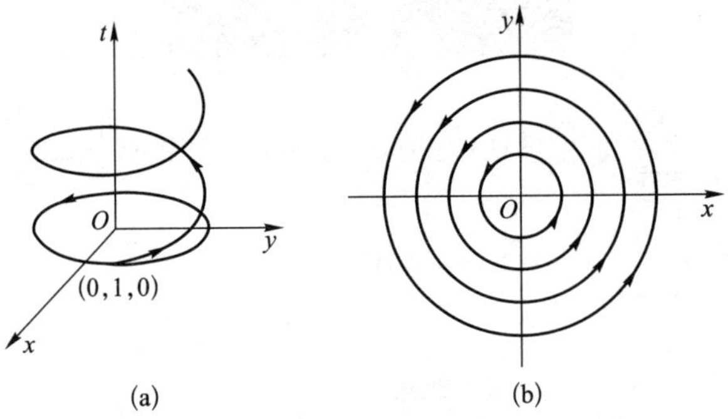

图 5-3

另外，易知对于任意常数 α，函数 $x=\cos(t+\alpha)$，$y=\sin(t+\alpha)$ 也是方程组的解.它们的积分曲线是经过点 $(-\alpha,1,0)$ 的螺旋线.但是，它们与解 $x=\cos t$，$y=\sin t$ 有同一条轨线 $x^2+y^2=1$.

同时，我们可以看出，$x=\cos(t+\alpha)$，$y=\sin(t+\alpha)$ 的积分曲线可以由 $x=\cos t$，$y=\sin t$ 的积分曲线沿 t 轴向下平移距离 α 而得到.由于 α 的任意性，可知轨线 $x^2+y^2=1$ 对应着无穷多条积分曲线.

为了画出方程组在相平面上的相图，我们求出方程组通解

$$\begin{cases}x=A\cos(t+\alpha),\\y=A\sin(t+\alpha),\end{cases}$$

其中 A,α 为任意常数.于是，方程组的轨线就是圆族(图 5-3(b)).

特别地，$x=0$，$y=0$ 是方程的解，它的轨线是原点 $O(0,0)$.

5.3.2 平面自治系统的三个基本性质

性质 1 积分曲线的平移不变性

设 $x=x(t),y=y(t)$ 是自治系统(5.18)的一个解,则对于任意常数 τ,函数

$$x=x(t+\tau),y=y(t+\tau)$$

也是(5.18)的解.

事实上,我们有恒等式

$$\frac{\mathrm{d}x(t+\tau)}{\mathrm{d}t}\equiv\frac{\mathrm{d}x(t+\tau)}{\mathrm{d}(t+\tau)}\equiv P(x(t+\tau),y(t+\tau)),$$

$$\frac{\mathrm{d}y(t+\tau)}{\mathrm{d}t}\equiv\frac{\mathrm{d}y(t+\tau)}{\mathrm{d}(t+\tau)}\equiv Q(x(t+\tau),y(t+\tau)).$$

由这个事实可以推出:将(5.18)的积分曲线沿 t 轴作任意平移后,仍然是(5.18)的积分曲线,从而它们所对应的轨线也相同.于是,自治系统(5.18)的一条轨线对应着无穷多个解.

性质 2 轨线的唯一性

如果 $P(x,y),Q(x,y)$ 满足初值问题解的存在唯一性定理条件,则过相平面上的区域 D 的任一点 $p_0(x_0,y_0)$,(5.18)存在一条且唯一一条轨线.

事实上,假设在相平面的 p_0 点附近有两条不同的轨线段 l_1 和 l_2 都通过 p_0 点,则在 (t,x,y) 空间中至少存在两条不同的积分曲线段 Γ_1 和 Γ_2(它们有可能属于同一条积分曲线),使得它们在相空间中的投影分别是 l_1 和 l_2(见图 5-4,这时不妨设 $t_1<t_2$).现在把 Γ_1 所在的积分曲线沿 t 轴向右平移 t_2-t_1,则由性质 1 知道,平移后得到的 $\widetilde{\Gamma}$ 仍是系统(5.18)的积分曲线,并且它与 Γ_2 至少有一个公共点.因此,利用解的唯一性,$\widetilde{\Gamma}$ 和 Γ_2 应完全重合,从而它们在相空间中有相同的投影.另一方面,Γ_1 与 $\widetilde{\Gamma}$ 在相空间显然也有相同的投影,这蕴含 Γ_1 和 Γ_2 在相平面中的 p_0 点附近有相同的投影,而这与上面的假设矛盾.

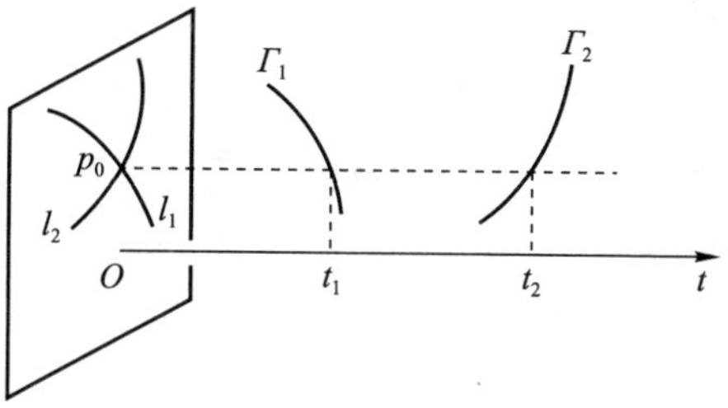

图 5-4

性质 1 和性质 2 说明,相平面上每条轨线都是沿 t 轴可平移重合的一族积分曲线的投影,而且只是这族积分曲线的投影.

此外,由性质 1 同样还可知道,系统(5.18)的解 $x(t,t_0,x_0,y_0),y(t,t_0,x_0,y_0)$ 的一

个平移 $x(t-t_0,0,x_0,y_0)$，$y(t-t_0,0,x_0,y_0)$ 仍是(5.18)的解，并且它们满足同样的初值条件，从而由解的唯一性知

$$x(t-t_0,0,x_0,y_0)=x(t,t_0,x_0,y_0),$$
$$y(t-t_0,0,x_0,y_0)=y(t,t_0,x_0,y_0).$$

因此，在(5.18)的解族中我们只须考虑相应于初始时刻 $t_0=0$ 的解，并简记为

$$x(t,x_0,y_0)=x(t,0,x_0,y_0),y(t,x_0,y_0)=y(t,0,x_0,y_0).$$

***性质 3 群性质**

系统(5.18)的解满足关系式

$$x(t_2,x(t_1,x_0,y_0),y(t_1,x_0,y_0))=x(t_1+t_2,x_0,y_0),\tag{5.19}$$
$$y(t_2,x(t_1,x_0,y_0),y(t_1,x_0,y_0))=y(t_1+t_2,x_0,y_0).$$

其几何含义是：在相平面上，如果从点 $p_0=(x_0,y_0)$ 出发的轨线经过时间 t_1 到达点 $p_1=(x_1,y_1)=(x(t_1,x_0,y_0),y(t_1,x_0,y_0))$，再经过时间 t_2 到达点 $p_2=(x(t_2,x_1,y_1),y(t_2,x_1,y_1))$，那么从点 $p_0=(x_0,y_0)$ 出发的轨线经过时间 t_1+t_2 也到达点 p_2.

事实上，由平移不变性（性质 1），$(x(t+t_1,x_0,y_0),y(t+t_1,x_0,y_0))$ 是系统(5.18)的解，而且易知它与解 $(x(t,x_1,y_1),y(t,x_1,y_1))$ 在 $t=0$ 时的初值都等于 $(x_1,y_1)=(x(t_1,x_0,y_0),y(t_1,x_0,y_0))$. 由解的唯一性，这两个解应该相等. 取 $t=t_2$ 就得到(5.19).

对于固定的 $t\in\mathbf{R}$，定义平面到自身的变换 ϕ_t 如下：

$$\phi_t(x_0,y_0)=(x(t,x_0,y_0),y(t,x_0,y_0)).$$

也就是 ϕ_t 把点 (x_0,y_0) 映到由该点出发的轨线经过时间 t 到达的点. 在集合 $\Phi=\{\phi_t\mid t\in\mathbf{R}\}$ 中引入乘法运算∘，令

$$(\phi_{t_1}\circ\phi_{t_2})(x_0,y_0)=\phi_{t_1}(\phi_{t_2}(x_0,y_0)).$$

由(5.19)知 $\phi_{t_1}\circ\phi_{t_2}=\phi_{t_1+t_2}$，所以乘法运算∘在集合 Φ 中是封闭的，而且满足结合律，故二元组 $(\Phi,\circ)$ 构成一个群. 容易验证，其单位元为 ϕ_0，而 ϕ_t 的逆元为 ϕ_{-t}. 这就是群性质名称的由来. 这个平面到自身的变换群也称作由方程(5.18)所生成的**动力系统**. 有时也把方程(5.18)就叫做一个动力系统. 由此所开展的研究工作就有了动力系统这个重要的研究方向.

5.3.3 常点、奇点与闭轨

现在考虑自治系统(5.18)的轨线类型. 显然，(5.18)的一个解 $x=x(t)$，$y=y(t)$ 所对应的轨线可分为自身不相交和自身相交的两种情形. 其中轨线自身相交是指，存在不同时刻 t_1,t_2，使得 $x(t_1)=x(t_2)$，$y(t_1)=y(t_2)$. 这样的轨线又有以下两种可能形状：

(1) 若对一切 $t\in(-\infty,+\infty)$ 有

$$x(t)\equiv x_0,y(t)\equiv y_0,(x_0,y_0)\in D,$$

则称 $x=x_0$，$y=y_0$ 为(5.18)的一个**定常解**. 它所对应的积分曲线是 (t,x,y) 空间中平行于 t 轴的直线 $x=x_0$，$y=y_0$. 对应此解的轨线是相平面中一个点 (x_0,y_0). 我们称 (x_0,y_0) 为**奇点**（或平衡点）. 不是奇点的相平面中的点称为**常点**. 显然 (x_0,y_0) 是(5.18)的一个奇点的充要条件是

$$P(x_0,y_0)=Q(x_0,y_0)=0.$$

(2) 若存在 $T>0$,使得对一切 t 有

$$x(t+T)=x(t),y(t+T)=y(t),$$

则称 $x=x(t),y=y(t)$ 为(5.18)的一个**周期解**,T 为**周期**.它所对应的轨线显然是相平面中的一条闭曲线,称为**闭轨**.

由以上讨论和(5.18)轨线的唯一性,我们有如下结论:自治系统(5.18)的一条轨线只可能是下列三种类型之一:

奇点,闭轨,自不相交的非闭轨线.

平面定性理论的研究目标就是:在不求解的情况下,仅从(5.18)右端函数的性质出发,在相平面上描绘出其轨线的分布图,称为**相图**.如何完成这一任务呢?现在我们从运动的观点给出(5.18)的另一种几何解释:

如果把(5.18)看成描述平面上一个运动质点的运动方程,那么(5.18)在相平面上每一点(x,y)确定了一个速度向量

$$\boldsymbol{V}(x,y)=(P(x,y),Q(x,y)). \tag{5.20}$$

因而,(5.18)在相平面上定义了一个**速度场**或称**向量场**.而(5.18)的轨线就是相平面上一条与向量场(5.20)相吻合的光滑曲线.这样积分曲线与轨线的显著区别是:积分曲线可以不考虑方向,而轨线是一条有向曲线,通常用箭头在轨线上标明对应于时间 t 增大时的运动方向.

进一步,在方程(5.18)中消去 t,得到方程

$$\frac{\mathrm{d}y}{\mathrm{d}x}=\frac{Q(x,y)}{P(x,y)}. \tag{5.21}$$

由(5.21)易见,经过相平面上每一个常点只有唯一轨线,而且可以证明:常点附近的轨线拓扑等价于平行直线.这样,只有在奇点处,向量场的方向不确定.

因此,在平面定性理论中,通常从奇点入手,弄清楚奇点附近的轨线分布情况.然后,再弄清(5.18)是否存在闭轨,因为一条闭轨线可以把平面分成其内部和外部,再由轨线的唯一性,对应内部的轨线不能走到外部,同样对应外部的轨线也不能进入内部.这样对理解系统整体的性质会起很大的作用.

习 题 5.3

通过求解,画出下列各方程的相图,并确定奇点的稳定性:

(1) $\begin{cases}\dfrac{\mathrm{d}x}{\mathrm{d}t}=-2x,\\ \dfrac{\mathrm{d}y}{\mathrm{d}t}=-3y;\end{cases}$

(2) $\begin{cases}\dfrac{\mathrm{d}x}{\mathrm{d}t}=3x,\\ \dfrac{\mathrm{d}y}{\mathrm{d}t}=x+3y;\end{cases}$

(3) $\begin{cases}\dfrac{\mathrm{d}x}{\mathrm{d}t}=y,\\ \dfrac{\mathrm{d}y}{\mathrm{d}t}=-x;\end{cases}$

(4) $\begin{cases}\dfrac{\mathrm{d}x}{\mathrm{d}t}=2x+3y,\\ \dfrac{\mathrm{d}y}{\mathrm{d}t}=x+3y.\end{cases}$

5.4　平面定性理论简介

本节将对如何获得平面系统(5.18)的整体相图结构作一简单介绍.

5.4.1　线性系统初等奇点附近的轨线分布

前面我们已经得到,奇点是动力系统

$$\begin{cases}\dfrac{\mathrm{d}x}{\mathrm{d}t}=P(x,y),\\ \dfrac{\mathrm{d}y}{\mathrm{d}t}=Q(x,y)\end{cases}\tag{5.18}$$

的一类特殊轨线.它对于研究(5.18)的相图有重要的意义.为此,我们在本节先研究一类最简单的自治系统——平面线性自治系统的奇点与它附近的轨线的关系.平面线性自治系统的一般形式为

$$\begin{cases}\dfrac{\mathrm{d}x}{\mathrm{d}t}=a_{11}x+a_{12}y,\\ \dfrac{\mathrm{d}y}{\mathrm{d}t}=a_{21}x+a_{22}y.\end{cases}\tag{5.22}$$

我们假定其系数矩阵

$$\boldsymbol{A}=\begin{pmatrix}a_{11} & a_{12}\\ a_{21} & a_{22}\end{pmatrix}$$

为非奇异矩阵,即其行列式 $\det \boldsymbol{A}\neq 0$(即 $\boldsymbol{A}$ 不以零为特征根).

显然,(5.22)只有一个奇点(0,0).我们研究(5.22)在(0,0)附近的轨线分布.因为(5.22)是可解的,我们的作法是先求出系统的通解,然后消去参数 t,得到轨线方程.从而了解在奇点(0,0)附近的轨线分布情况.根据奇点附近轨线分布的形式,可以确定奇点有四种类型,即结点、鞍点、焦点和中心.

为了讨论问题方便,我们把方程写成向量形式.令

$$\boldsymbol{X}=\begin{pmatrix}x\\ y\end{pmatrix},\text{则}\frac{\mathrm{d}\boldsymbol{X}}{\mathrm{d}t}=\begin{pmatrix}\dfrac{\mathrm{d}x}{\mathrm{d}t}\\ \dfrac{\mathrm{d}y}{\mathrm{d}t}\end{pmatrix}.$$

此时方程组(5.22)可以写成向量形式

$$\frac{\mathrm{d}\boldsymbol{X}}{\mathrm{d}t}=\boldsymbol{A}\boldsymbol{X}.\tag{5.23}$$

1. 系数矩阵为标准形的平面线性系统的奇点附近轨线分布

我们研究线性系统(5.23)在奇点(0,0)附近轨线分布的方法是:首先应用线性变

换,把系统(5.23)化成标准形,并从化成标准形的方程中求出解来,确定其轨线分布,然后再回过头来考虑系统(5.23)在奇点附近的轨线分布.

根据线性代数中关于矩阵的定理,存在非奇异矩阵 $\boldsymbol{T}$,使得

$$\boldsymbol{J}=\boldsymbol{T}\boldsymbol{A}\boldsymbol{T}^{-1}(\boldsymbol{J}\text{ 为若尔当标准形}).$$

令 $\widetilde{\boldsymbol{X}}=\begin{pmatrix}\widetilde{x}\\ \widetilde{y}\end{pmatrix}$,作代换 $\widetilde{\boldsymbol{X}}=\boldsymbol{T}\boldsymbol{X}(\boldsymbol{X}=\boldsymbol{T}^{-1}\widetilde{\boldsymbol{X}})$,则

$$\frac{\mathrm{d}\widetilde{\boldsymbol{X}}}{\mathrm{d}t}=\boldsymbol{T}\frac{\mathrm{d}\boldsymbol{X}}{\mathrm{d}t}=\boldsymbol{T}\boldsymbol{A}\boldsymbol{T}^{-1}\widetilde{\boldsymbol{X}}=\boldsymbol{J}\widetilde{\boldsymbol{X}}.$$

于是系统(5.23)化成为

$$\frac{\mathrm{d}\widetilde{\boldsymbol{X}}}{\mathrm{d}t}=\boldsymbol{J}\widetilde{\boldsymbol{X}}.\tag{5.24}$$

由线性变换的理论可知,标准形 $\boldsymbol{J}$ 的形式由系数矩阵 $\boldsymbol{A}$ 的特征根的情况决定:

(1) $\boldsymbol{A}$ 的特征根为相异实根 λ,μ 时,

$$\boldsymbol{J}=\begin{pmatrix}\lambda & 0\\ 0 & \mu\end{pmatrix};$$

(2) $\boldsymbol{A}$ 的特征根为重根 λ 时,由 $\boldsymbol{A}$ 的初等因子的不同情形,$\boldsymbol{A}$ 的标准形 $\boldsymbol{J}$ 可能有两种,为方便计,写成:

$$\boldsymbol{J}=\begin{pmatrix}\lambda & 0\\ 0 & \lambda\end{pmatrix}\quad\text{或}\quad \boldsymbol{J}=\begin{pmatrix}\lambda & 0\\ 1 & \lambda\end{pmatrix};$$

(3) $\boldsymbol{A}$ 的特征根为共轭复根 $\alpha\pm\mathrm{i}\beta$ 时,

$$\boldsymbol{J}=\begin{pmatrix}\alpha & \beta\\ -\beta & \alpha\end{pmatrix}$$

(因 $\det \boldsymbol{A}\neq 0$,特征根不能为零).

考察(5.24),为了书写方便,去掉上标,把(5.24)写成

$$\frac{\mathrm{d}\boldsymbol{X}}{\mathrm{d}t}=\boldsymbol{J}\boldsymbol{X}.\tag{5.24$'$}$$

下面就 $\boldsymbol{J}$ 的不同情况来研究(5.24)(即系统(5.24)′)的轨线分布.

(1) 当

$$\boldsymbol{J}=\begin{pmatrix}\lambda & 0\\ 0 & \mu\end{pmatrix}\quad(\lambda\neq\mu)$$

时,系统(5.24)′可写成纯量形式

$$\begin{cases}\dfrac{\mathrm{d}x}{\mathrm{d}t}=\lambda x,\\[2mm] \dfrac{\mathrm{d}y}{\mathrm{d}t}=\mu y.\end{cases}\tag{5.25}$$

求它的通解,得

$$x=C_1\mathrm{e}^{\lambda t},y=C_2\mathrm{e}^{\mu t}.\tag{5.26}$$

消去参数 t，得轨线方程

$$y=C|x|^{\frac{\mu}{\lambda}}(C\text{ 为任意常数}).\tag{5.27}$$

这里假定 $|\mu|>|\lambda|$，即 μ 表示特征根中绝对值较大的一个（显然，这不妨碍对一般性的讨论，如 $|\mu|<|\lambda|$，则只要互换 x 轴和 y 轴）.

① λ,μ 同号

这时由于 $\frac{\mu}{\lambda}>0$，轨线(5.27)是抛物线形的（参看图 5-5 及图 5-6）. 同时，由(5.26)知 x 轴的正、负半轴及 y 轴的正、负半轴也都是(5.25)的轨线. 由于原点(0,0)是(5.25)的奇点以及轨线的唯一性，轨线(5.27)及四条半轴轨线均不能过原点. 但是由(5.26)可以看出，当 $\mu<\lambda<0$ 时，轨线在 $t\to+\infty$ 时趋于原点（图 5-5）；当 $\mu>\lambda>0$ 时，轨线在 $t\to-\infty$ 时趋于原点（图 5-6）. 另外，我们有

$$\frac{\mathrm{d}y}{\mathrm{d}x}=\frac{C_2\mu\mathrm{e}^{\mu t}}{C_1\lambda\mathrm{e}^{\lambda t}}=\frac{C_2\mu}{C_1\lambda}\mathrm{e}^{(\mu-\lambda)t}.$$

于是，当 $\mu<\lambda<0$ 时，轨线（除 y 轴正、负半轴外）的切线斜率在 $t\to+\infty$ 时趋于零，即轨线以 x 轴为其切线的极限位置. 当 $\mu>\lambda>0$ 时，轨线（除 y 轴正、负半轴外）的切线斜率在 $t\to-\infty$ 时趋于零，即轨线以 x 轴为其切线的极限位置.

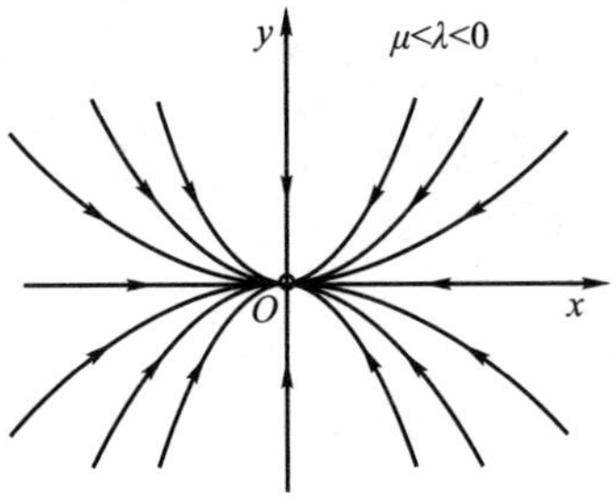

图 5-5

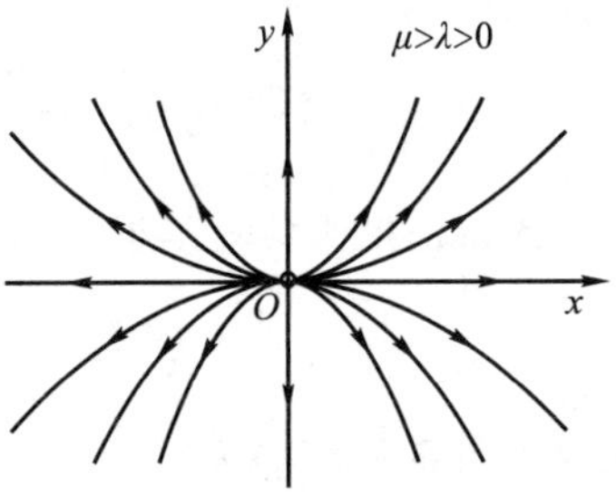

图 5-6

如果在某奇点附近的轨线具有如图 5-5 的分布情形，我们就称这奇点为**稳定结点**. 因此，当 $\mu<\lambda<0$ 时，原点 O 是(5.25)的稳定结点.

如果在某奇点附近的轨线具有如图 5-6 的分布情形，我们就称这奇点为**不稳定结点**. 因此，当 $\mu>\lambda>0$ 时，原点 O 是(5.25)的不稳定结点.

② λ,μ 异号

这时，由于 $\frac{\mu}{\lambda}<0$，轨线(5.27)是双曲线形的（参看图 5-7 及图 5-8）. 四个坐标半轴也是轨线.

先讨论 $\lambda<0<\mu$ 的情形. 由(5.26)易于看出当 $t\to+\infty$ 时，动点 (x,y) 沿 x 轴正、负半轴轨线趋于奇点(0,0)，而沿 y 轴正、负半轴轨线远离奇点(0,0). 而其余的轨线均在一度接近奇点(0,0)后又远离奇点（图 5-7）.

对 $\mu<0<\lambda$ 的情形可以类似地加以讨论,轨线分布情形如图 5-8.

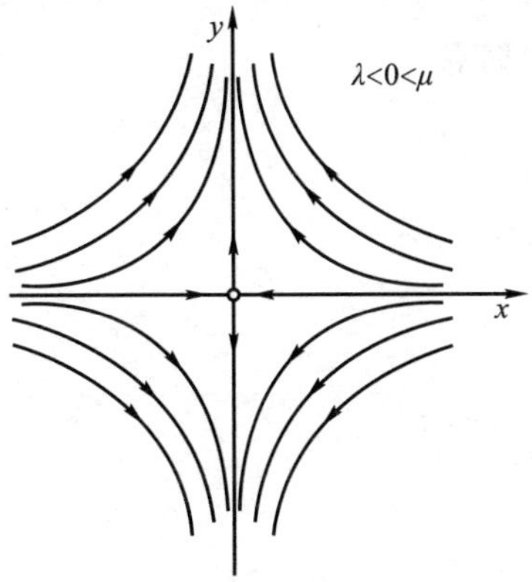

图 5-7

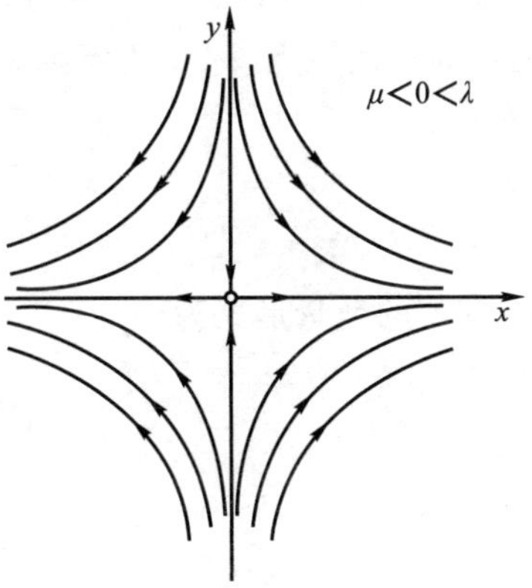

图 5-8

如果在某奇点附近的轨线具有如图 5-7 或图 5-8 的分布情形,我们称此奇点为**鞍点**.因此,当 λ,μ 异号时,原点 O 是(5.25)的鞍点.

(2) 当

$$\boldsymbol{J}=\begin{pmatrix}\lambda & 0\\ 0 & \lambda\end{pmatrix}$$

时,把系统(5.24)′写成纯量形式就得到

$$\begin{cases}\dfrac{\mathrm{d}x}{\mathrm{d}t}=\lambda x,\\[2ex] \dfrac{\mathrm{d}y}{\mathrm{d}t}=\lambda y.\end{cases}\tag{5.28}$$

积分此方程,得通解

$$x=C_1\mathrm{e}^{\lambda t},y=C_2\mathrm{e}^{\lambda t}.\tag{5.29}$$

消去参数 t,得轨线方程

$$y=Cx\quad(C\text{ 为任意常数}).$$

根据 λ 的符号,轨线图像如图 5-9 和图 5-10.轨线为从奇点出发的半射线.

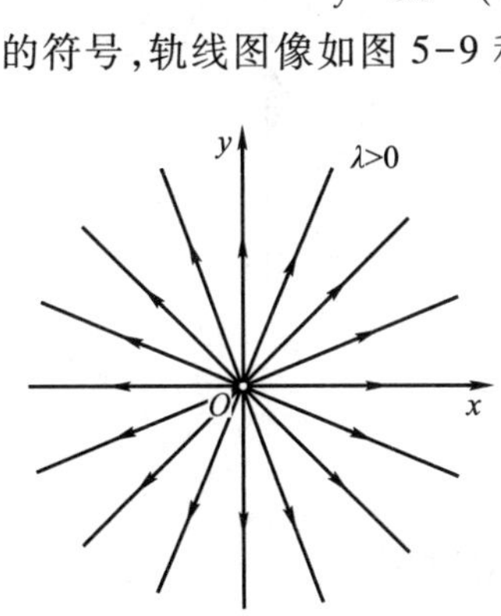

图 5-9

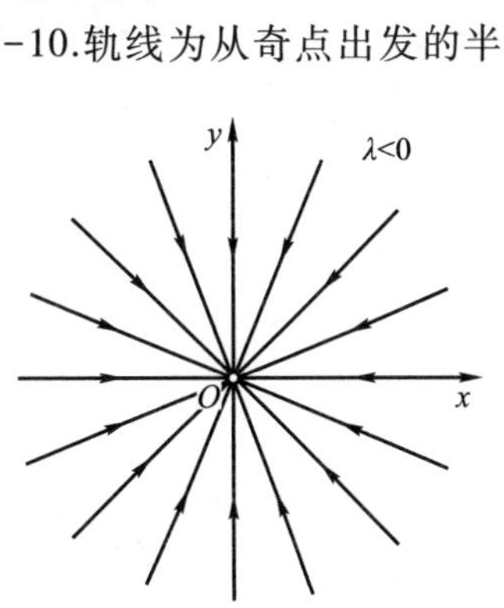

图 5-10

如果在奇点附近的轨线具有这样的分布，就称这奇点为**临界结点**.由通解(5.29)可以看出：当 $\lambda<0$ 时，轨线在 $t\to+\infty$ 时趋近于原点，称奇点 O 为**稳定的临界结点**；当 $\lambda>0$ 时，轨线的正向远离原点，称 O 为**不稳定的临界结点**.

当

$$\boldsymbol{J}=\begin{pmatrix}\lambda & 0\\ 1 & \lambda\end{pmatrix}$$

时，系统(5.24)′的纯量形式为

$$\begin{cases}\dfrac{\mathrm{d}x}{\mathrm{d}t}=\lambda x,\\[2ex] \dfrac{\mathrm{d}y}{\mathrm{d}t}=x+\lambda y.\end{cases}$$

它的通解为

$$x=C_1\mathrm{e}^{\lambda t},y=(C_1t+C_2)\mathrm{e}^{\lambda t}.$$

消去参数 t，得到轨线方程

$$C_1\lambda y=(C_1\ln|x|+C_0)x.$$

易于知道有关系

$$\lim_{x\to0}y=0,\lim_{x\to0}y'=\infty,$$

所以当轨线接近原点时，以 y 轴为其切线的极限位置.此外，y 轴正、负半轴也都是轨线.轨线在原点附近的分布情形如图 5-11 及图 5-12 所示.如果在奇点附近轨线具有这样的分布，就称它是**退化结点**.当 $\lambda<0$ 时，轨线在 $t\to+\infty$ 时趋于奇点，称此奇点为**稳定的退化结点**；当 $\lambda>0$ 时，轨线在 $t\to+\infty$ 时远离奇点，称此奇点为**不稳定的退化结点**.

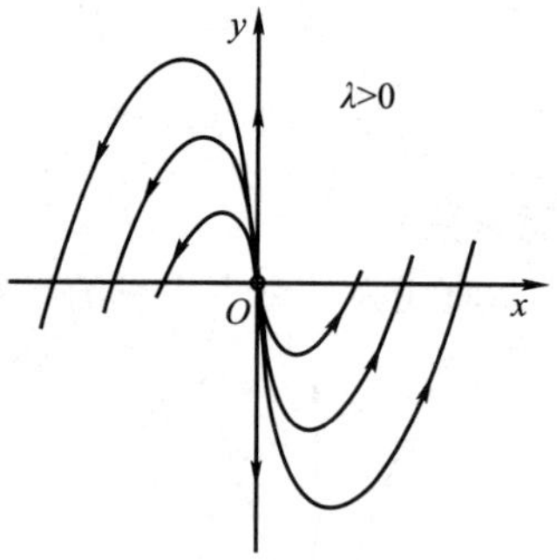

图 5-11

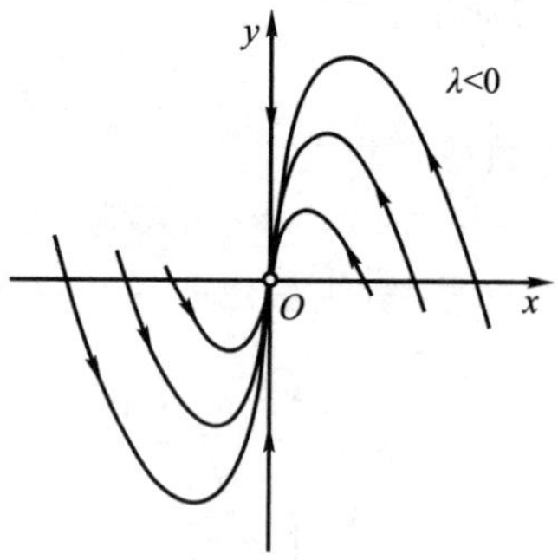

图 5-12

(3) 当

$$\boldsymbol{J}=\begin{pmatrix}\alpha & \beta\\ -\beta & \alpha\end{pmatrix}\quad(\beta\neq0)$$

时，把系统(5.24)′写成纯量形式

$$\begin{cases}\dfrac{\mathrm{d}x}{\mathrm{d}t}=\alpha x+\beta y,\\ \dfrac{\mathrm{d}y}{\mathrm{d}t}=-\beta x+\alpha y.\end{cases}\tag{5.30}$$

我们来积分上述方程组.将第一个方程乘以 x,第二个方程乘以 y,然后相加,得

$$x\frac{\mathrm{d}x}{\mathrm{d}t}+y\frac{\mathrm{d}y}{\mathrm{d}t}=\alpha(x^2+y^2),$$

或写成

$$\frac{\mathrm{d}(x^2+y^2)}{2(x^2+y^2)}=\alpha\mathrm{d}t,$$

因而得到

$$\sqrt{x^2+y^2}=C_1\mathrm{e}^{\alpha t}\text{或}\rho=C_1\mathrm{e}^{\alpha t}.$$

其次,对方程(5.30)第一个方程乘以 y,第二个方程乘以 x,然后相减,得

$$y\frac{\mathrm{d}x}{\mathrm{d}t}-x\frac{\mathrm{d}y}{\mathrm{d}t}=\beta(x^2+y^2),$$

或写成

$$\mathrm{d}\left(\arctan\frac{y}{x}\right)=-\beta\mathrm{d}t.$$

于是得

$$\arctan\frac{y}{x}=-\beta t+C_2,$$

或

$$\theta=-\beta t+C_2.$$

消去参数 t,得到轨线的极坐标方程

$$\rho=C\mathrm{e}^{-\frac{\alpha}{\beta}\theta}.\tag{5.31}$$

如 $\alpha\neq0$,则它为对数螺线族,每条螺线都以坐标原点 O 为渐近点.在奇点附近轨线具有这样的分布,称此奇点为**焦点**.

由于 $\rho=C_1\mathrm{e}^{\alpha t}$,所以当 $\alpha<0$ 时,随着 t 的无限增大,相点沿着轨线趋近于坐标原点,这时,称原点是**稳定焦点**(见图 5-13),而当 $\alpha>0$ 时,相点沿着轨线远离原点,这时,称原点是**不稳定焦点**(见图 5-14).

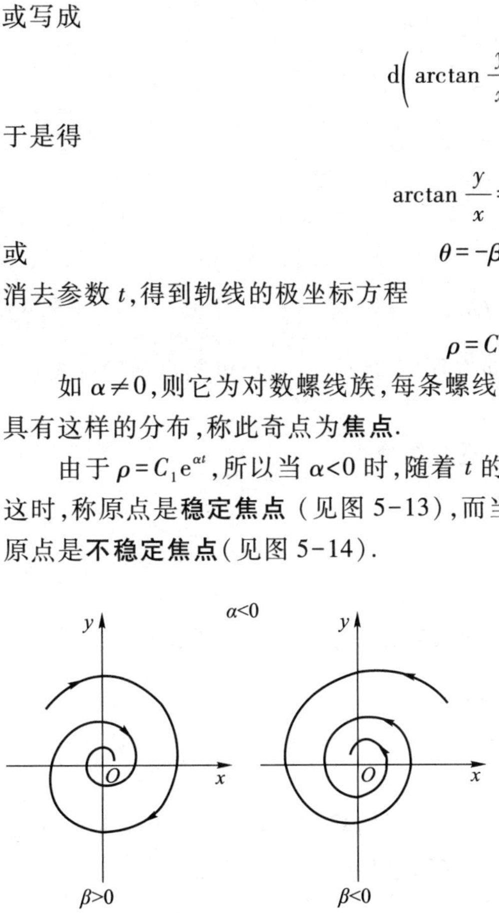

图 5-13

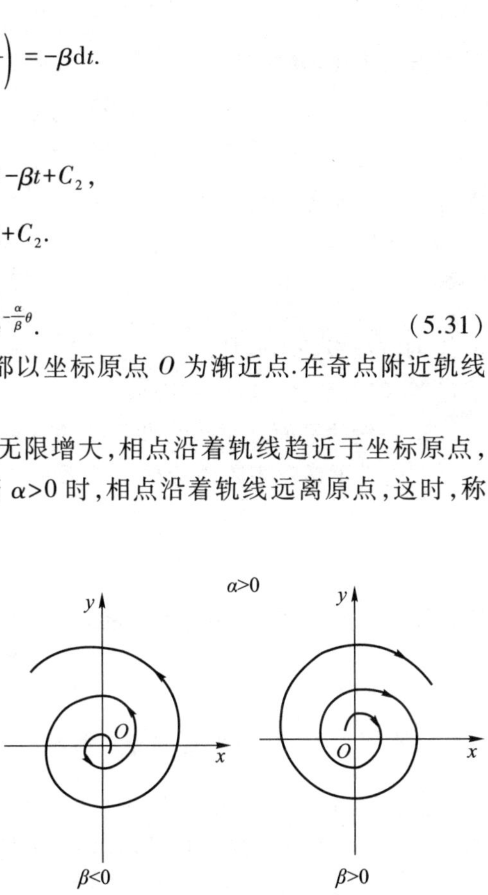

图 5-14

如 $\alpha=0$,则轨线方程(5.31)成为

$$\rho=C \quad 或 \quad x^2+y^2=C^2,$$

它是以坐标原点为中心的圆族.在奇点附近轨线具有这样的分布,称奇点为**中心**.此时,由 β 的符号来确定轨线方向.当 $\beta<0$ 时,轨线的方向是逆时针的;当 $\beta>0$ 时,轨线的方向是顺时针的(见图 5-15 及图 5-16).

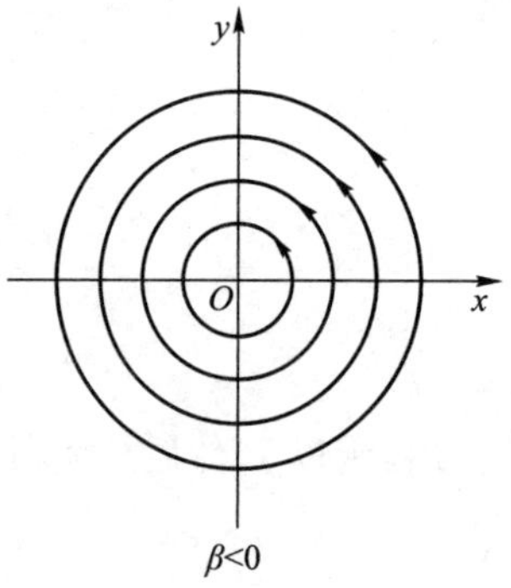

图 5-15

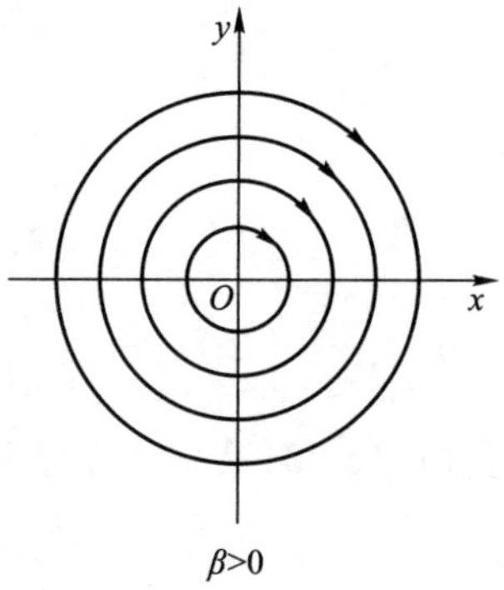

图 5-16

综上所述,方程组

$$\frac{\mathrm{d}\boldsymbol{X}}{\mathrm{d}t}=\boldsymbol{AX} \quad (\det \boldsymbol{A}\neq 0) \tag{5.23}$$

经过线性变换 $\widetilde{\boldsymbol{X}}=\boldsymbol{TX}$ 可化成标准形

$$\frac{\mathrm{d}\widetilde{\boldsymbol{X}}}{\mathrm{d}t}=\boldsymbol{J}\widetilde{\boldsymbol{X}}. \tag{5.24}$$

由 $\boldsymbol{A}$ 的特征根的不同情况,方程(5.24)(亦即方程(5.24)′)的奇点可能出现四种类型:结点型、鞍点型、焦点型、中心型.

2. 一般的平面常系数线性系统的奇点附近轨线分布

上面讲了系数矩阵为标准形的系统

$$\frac{\mathrm{d}\widetilde{\boldsymbol{X}}}{\mathrm{d}t}=\boldsymbol{J}\widetilde{\boldsymbol{X}} \tag{5.24}$$

的轨线在奇点 $O(0,0)$ 附近的分布情况,现在回来研究一般的平面线性系统

$$\frac{\mathrm{d}\boldsymbol{X}}{\mathrm{d}t}=\boldsymbol{AX} \tag{5.23}$$

的轨线在奇点 $O(0,0)$ 附近的分布情况.

我们知道,(5.23)可以从(5.24)经逆变换 $\boldsymbol{X}=\boldsymbol{T}^{-1}\widetilde{\boldsymbol{X}}$ 得到,而且,由于 $\boldsymbol{T}$ 是非奇异变换,$\boldsymbol{T}^{-1}$ 也是非奇异变换,因而也就是一个仿射变换,它具有下述不变性:

(1) 坐标原点不变;

(2) 直线变成直线;

(3) 如果当 $t\to+\infty$（或 $t\to-\infty$）时，曲线 $(x(t),y(t))$ 趋向原点，则当 $t\to+\infty$（或 $t\to-\infty$）时，变换后的曲线 $(\tilde{x}(t),\tilde{y}(t))$ 也趋向原点；

(4) 如果当 $t\to+\infty$（或 $t\to-\infty$）时，曲线 $(x(t),y(t))$ 盘旋地趋向原点，则当 $t\to+\infty$（或 $t\to-\infty$）时，变换后的曲线 $(\tilde{x}(t),\tilde{y}(t))$ 也盘旋地趋向原点；

(5) 闭曲线 $(x(t),y(t))$ 经过变换后所得曲线 $(\tilde{x}(t),\tilde{y}(t))$ 仍为闭曲线.

由此可见，方程(5.24)在各种情况下的轨线，经过线性变换 $\boldsymbol{T}^{-1}$ 后得到方程(5.23)的轨线，其结点型、鞍点型、焦点型以及中心型的轨线分布是不变的，这就是轨线结构的不变性.并且，由于变换后轨线趋向原点的方向不变，所以结点、焦点的稳定性也不改变.

于是，系统(5.23)的奇点 $O(0,0)$，当 $\det \boldsymbol{A}\neq 0$ 时，根据 $\boldsymbol{A}$ 的特征根的不同情况可有如下的类型：

- 实根
  - 相异（非零）实根
    - 同号——结点
    - 异号——鞍点
  - 重（非零）实根
    - 临界结点
    - 退化结点
- 复根
  - 实部不为零——焦点
  - 实部为零——中心

因为 $\boldsymbol{A}$ 的特征根完全由 $\boldsymbol{A}$ 的系数确定，所以由 $\boldsymbol{A}$ 的系数可以确定出奇点的类型.因此，下面来研究 $\boldsymbol{A}$ 的系数与奇点分类的关系.

方程(5.22)的系数矩阵的特征方程为

$$\begin{vmatrix} a_{11}-\lambda & a_{12} \\ a_{21} & a_{22}-\lambda \end{vmatrix}=0,$$

即 $\lambda^2-(a_{11}+a_{22})\lambda+a_{11}a_{22}-a_{12}a_{21}=0$.为了书写方便，令

$$\sigma=-(a_{11}+a_{22}),\Delta=a_{11}a_{22}-a_{12}a_{21},$$

于是特征方程可写为

$$\lambda^2+\sigma\lambda+\Delta=0,$$

特征根为

$$\lambda_{1,2}=\frac{-\sigma\pm\sqrt{\sigma^2-4\Delta}}{2}.$$

下面就分特征根为相异实根、重根及复根三种情况加以研究：

(1) $\sigma^2-4\Delta>0$

① $\Delta>0$

$\sigma<0$ 二根同正
$\sigma>0$ 二根同负 —— 奇点为结点；

② $\Delta<0$ 二根异号——奇点为鞍点；

(2) $\sigma^2-4\Delta=0$

$$\left.\begin{array}{l}\sigma<0\ \text{正的重根}\\ \sigma>0\ \text{负的重根}\end{array}\right\}\text{——奇点为临界结点或退化结点；}$$

(3) $\sigma^2-4\Delta<0$

$\sigma\neq0$ 复数根的实部不为零，奇点为焦点；

$\sigma=0$ 复数根的实部为零，奇点为中心.

综合上面的结论，由曲线 $\sigma^2=4\Delta$，Δ 轴及 σ 轴把 $\sigma O\Delta$ 平面分成几个区域，不同的区域对应着不同类型的奇点(图 5-17).

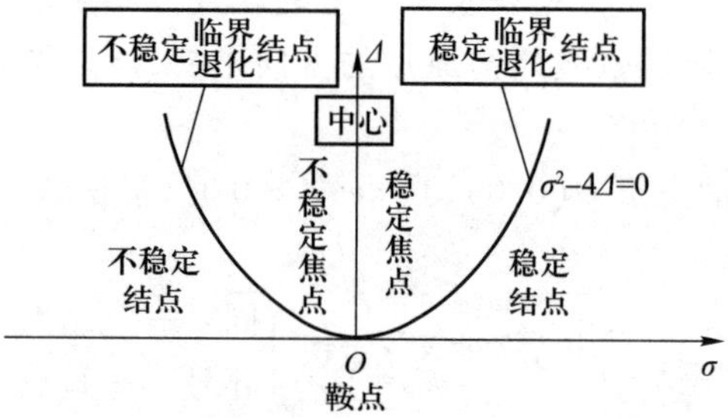

图 5-17

5.4.2　平面非线性自治系统奇点附近的轨线分布

以上是平面线性系统(5.23)的轨线在奇点 $O(0,0)$ 附近的分布情况.下面再根据以上的讨论，介绍一点研究一般的平面系统

$$\begin{cases}\dfrac{\mathrm{d}x}{\mathrm{d}t}=P(x,y),\\[2mm] \dfrac{\mathrm{d}y}{\mathrm{d}t}=Q(x,y)\end{cases}\tag{5.18}$$

的轨线在奇点附近的分布的方法.

我们不妨假设原点 $O(0,0)$ 是(5.18)的奇点，即 $P(0,0)=Q(0,0)=0$.这并不失一般性.因为，如果 (x_0,y_0) 为(5.18)的一个奇点，只要作变换

$$x=x_0+x',y=y_0+y',$$

就可以把奇点 (x_0,y_0) 移到原点 $(0,0)$.

设(5.18)的右端函数 $P(x,y)$，$Q(x,y)$ 在奇点 $O(0,0)$ 附近连续可微，并可以将(5.18)的右端写成

$$\begin{cases}\dfrac{\mathrm{d}x}{\mathrm{d}t}=a_{11}x+a_{12}y+\varphi(x,y),\\[2mm] \dfrac{\mathrm{d}y}{\mathrm{d}t}=a_{21}x+a_{22}y+\psi(x,y),\end{cases}$$

其中

$$a_{11}=P'_x(0,0),a_{12}=P'_y(0,0),$$
$$a_{21}=Q'_x(0,0),a_{22}=Q'_y(0,0).$$

我们把平面线性系统

$$\begin{cases}\dfrac{\mathrm{d}x}{\mathrm{d}t}=a_{11}x+a_{12}y,\\ \dfrac{\mathrm{d}y}{\mathrm{d}t}=a_{21}x+a_{22}y\end{cases}\tag{5.22}$$

称为一般平面自治系统(5.18)的**一次近似**.当

$$\begin{vmatrix}a_{11} & a_{12}\\ a_{21} & a_{22}\end{vmatrix}\neq 0$$

时,称 $O(0,0)$ 为系统(5.18)的初等奇点,否则称它为**高阶奇点**.(5.22)的奇点的情况已讨论清楚.一个常用的方法是将(5.18)与(5.22)比较,对"摄动"$\varphi(x,y)$ 及 $\psi(x,y)$ 加上一定的条件,就可以保证对于某些类型的奇点,(5.18)在 $O(0,0)$ 的邻域的轨线分布情形与(5.22)的轨线分布情形相同.我们只介绍如下的一个常见的结果而不加证明.

定理 5.4 如果在一次近似(5.22)中,有

$$\begin{vmatrix}a_{11} & a_{12}\\ a_{21} & a_{22}\end{vmatrix}\neq 0,$$

$O(0,0)$ 为其结点(不包括退化结点及临界结点)、鞍点或焦点,又 $\varphi(x,y)$ 及 $\psi(x,y)$ 在 $O(0,0)$ 的邻域连续可微,且满足

$$\lim_{x^2+y^2\to 0}\frac{\varphi(x,y)}{\sqrt{x^2+y^2}}=0,\quad \lim_{x^2+y^2\to 0}\frac{\psi(x,y)}{\sqrt{x^2+y^2}}=0,\tag{5.32}$$

则系统(5.18)的轨线在 $O(0,0)$ 附近的分布情形与(5.22)的完全相同.

当 $O(0,0)$ 为(5.22)的退化结点、临界结点或中心时,条件(5.32)不足以保证(5.18)在 $O(0,0)$ 的邻域的轨线分布与(5.22)的轨线分布情形相同,还必须加强这个条件,我们不再列举了.

5.4.3 极限环的概念

为了说明极限环的概念,先看看下面的例子.

例 1 考察方程组

$$\begin{cases}\dfrac{\mathrm{d}x}{\mathrm{d}t}=-y-x(x^2+y^2-1),\\ \dfrac{\mathrm{d}y}{\mathrm{d}t}=x-y(x^2+y^2-1)\end{cases}\tag{5.33}$$

的轨线分布.

解 将方程(5.33)的第一个方程两端乘 x,第二个方程两端乘 y,然后相加得到

$$x\frac{\mathrm{d}x}{\mathrm{d}t}+y\frac{\mathrm{d}y}{\mathrm{d}t}=-(x^2+y^2)(x^2+y^2-1).\tag{5.34}$$

作极坐标变换

$$x=r\cos\theta,y=r\sin\theta,$$

由 $x^2+y^2=r^2$,两端同时进行微分可得

$$r\frac{\mathrm{d}r}{\mathrm{d}t}=x\frac{\mathrm{d}x}{\mathrm{d}t}+y\frac{\mathrm{d}y}{\mathrm{d}t},$$

所以(5.34)可写成

$$r\frac{\mathrm{d}r}{\mathrm{d}t}=-r^2(r^2-1),$$

或

$$\frac{\mathrm{d}r}{\mathrm{d}t}=-r(r^2-1). \tag{5.35}$$

其次,将方程组(5.33)的第一个方程乘 y,第二个方程乘 x,然后相减,得

$$y\frac{\mathrm{d}x}{\mathrm{d}t}-x\frac{\mathrm{d}y}{\mathrm{d}t}=-(x^2+y^2). \tag{5.36}$$

由 $\theta=\arctan\frac{y}{x}$,两端同时进行微分,可得$\frac{\mathrm{d}\theta}{\mathrm{d}t}=1$.于是原方程(5.33)经变换后化为

$$\begin{cases}\dfrac{\mathrm{d}r}{\mathrm{d}t}=-r(r^2-1),\\ \dfrac{\mathrm{d}\theta}{\mathrm{d}t}=1.\end{cases} \tag{5.37}$$

易于看出,方程组(5.37)有两个特解

$$r=0,r=1,$$

其中 $r=0$ 对应(5.33)的奇点,而 $r=1$ 对应于(5.33)的一个周期解,它所对应的闭轨线是以原点为中心以 1 为半径的圆.

进一步求方程组的通解,得

$$\begin{cases}\dfrac{r^2}{1-r^2}=Ae^{2t},\\ \theta-\theta_0=t,\end{cases}$$

其中 $A=\frac{r_0^2}{1-r_0^2}$,或为

$$\begin{cases}r^2=\dfrac{Ae^{2t}}{Ae^{2t}+1},\\ \theta=\theta_0+t.\end{cases}$$

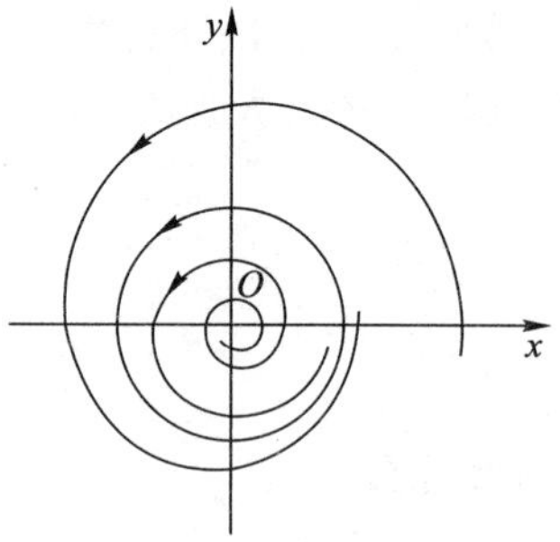

图 5-18

于是方程(5.33)的轨线分布如图 5-18 所示.

从方程组(5.33)的相图上可看出,轨线分布是这样的:

(1) (0,0)为奇点,$x^2+y^2=1$ 为一闭轨线;

(2) 闭轨线 $x^2+y^2=1$ 的内部和外部的轨线,当 $t\to+\infty$ 时分别盘旋地趋近于该闭轨线 $x^2+y^2=1$.

我们在 5.3 节也提到过闭轨线,但当时的闭轨线是一族连续分布的闭轨线.而且,当时没出现当 $t\to\pm\infty$ 时其他轨线趋近于闭轨线的情况.因此,上例中的闭轨线以及它

附近的轨线的分布情形,是一种新的结构.我们作如下的定义.

定义 5.4 设系统

$$\begin{cases}\dfrac{dx}{dt}=P(x,y),\\ \dfrac{dy}{dt}=Q(x,y)\end{cases} \tag{5.18}$$

具有闭轨线 C.假如在 C 的充分小邻域中,除 C 之外,轨线全不是闭轨线,且这些非闭轨线当 $t\to+\infty$ 或 $t\to-\infty$ 时趋近于闭轨线 C,则称闭轨线 C 是孤立的,并称之为(5.18)的一个**极限环**.

极限环 C 将相平面分成两个区域:**内域**和**外域**.

定义 5.5 当 $t\to+\infty$ $(-\infty)$ 时,如果在极限环 C 的内域的靠近 C 的轨线盘旋地趋近于 C(图 5-19),则称 C 是**内稳定的**(**内不稳定的**);如果在极限环 C 的外域的靠近 C 的轨线盘旋地趋近于 C(图 5-20),则称 C 是**外稳定的**(**外不稳定的**);如果 C 的内域及外域靠近 C 的轨线都盘旋地趋近于 C,则称 C 是**稳定的**(**不稳定的**)(如图 5-21(a)),如果 C 的内外域的稳定性相反,则称 C 是**半稳定的**(图 5-21(b)).

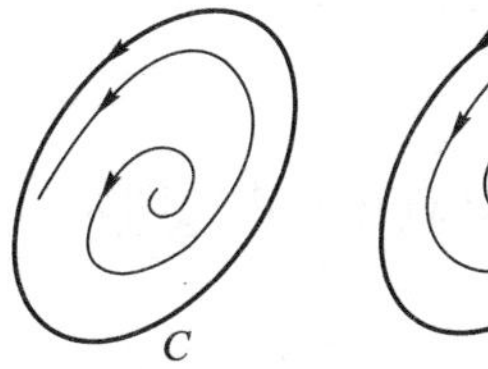

图 5-19

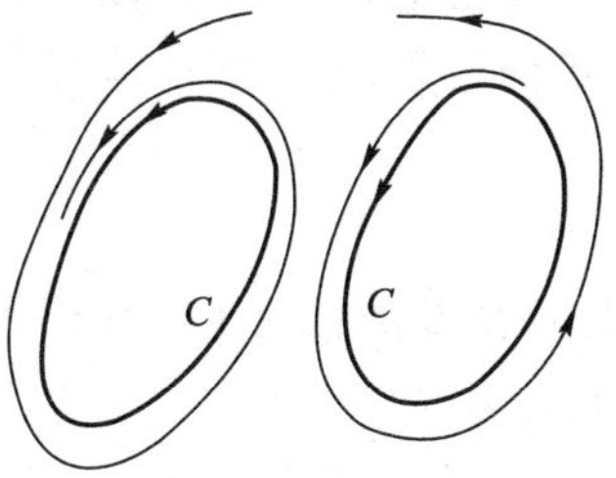

图 5-20

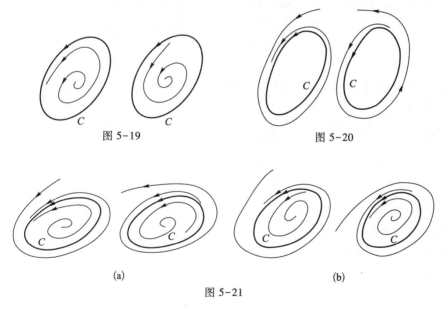

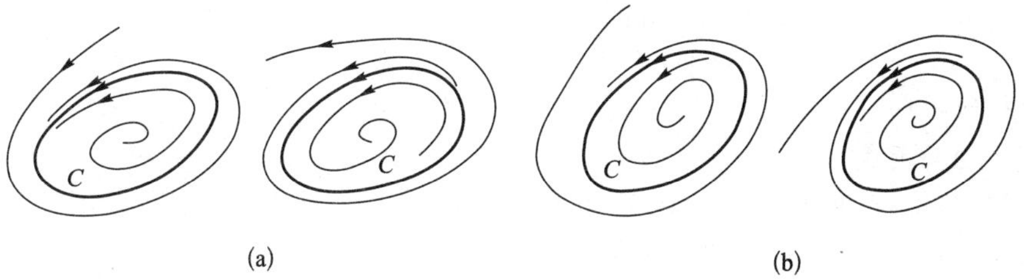

图 5-21

易于看出,例 1 中的轨线 $x^2+y^2=1$ 是稳定的极限环.

5.4.4 极限环的存在性和不存在性

稳定的极限环表示了运动的一种稳定的周期态,它在非线性振动问题中有重要意义.一般说来,一个系统的极限环并不能像例 1 那样容易算出来.关于判断极限环存在性或不存在性的方法,我们不加证明地叙述下面有关定理,其证明可参阅专著[4].

定理 5.5(庞加莱-本迪克松(Bendixson)环域定理) 设区域 D 是由两条简单闭曲线 L_1 和 L_2 所围成的环域,并且在 $\overline{D}=L_1\cup D\cup L_2$ 上系统(5.18)无奇点;从 L_1 和 L_2 上出发

的轨线都不能离开（或都不能进入）$\overline{D}$.设 L_1 和 L_2 均不是闭轨线，则系统(5.18)在 D 内至少存在一条闭轨线 Γ，它与 L_1 和 L_2 的相对位置如图 5-22 所示，即 Γ 在 D 内不能收缩到一点.

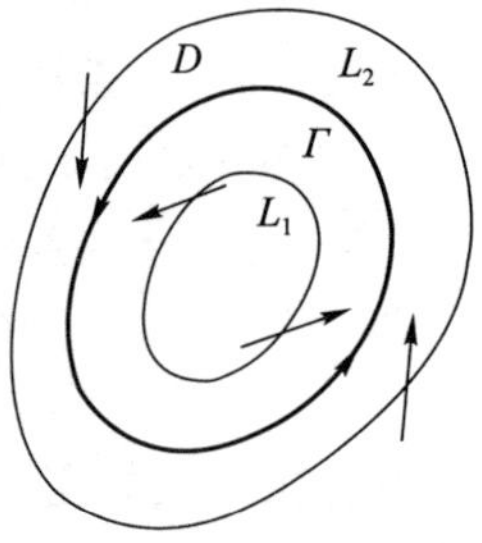

图 5-22

如果把系统(5.18)看成一平面流体的运动方程，那么上述环域定理表明：如果流体从环域 D 的边界流入 D，而在 D 内又没有渊和源，那么流体在 D 内有环流存在.这个力学意义是比较容易想象的.

判定平面系统(5.18)不存在极限环的常用准则是下面的定理.

定理 5.6（本迪克松判断准则）　设在单连通区域 G 内，系统(5.18)的向量场 (P,Q) 有连续偏导数.若该向量场的散度

$$\operatorname{div}(P,Q)=\frac{\partial P}{\partial x}+\frac{\partial Q}{\partial y}$$

保持常号，且不在 G 的任何子域内恒等于零，则系统(5.18)在 G 内无闭轨.

定理 5.7（迪拉克(Dulac)判断准则）　设在单连通区域 G 内，系统(5.18)的向量场 (P,Q) 有连续偏导数，并存在连续可微函数 $B(x,y)$ 使得

$$\frac{\partial(BP)}{\partial x}+\frac{\partial(BQ)}{\partial y}$$

保持常号，且不在 G 的任何子区域内恒为零，则系统(5.18)在 G 内无闭轨.

例 2　讨论系统

$$\begin{cases}\dfrac{\mathrm{d}x}{\mathrm{d}t}=y,\\ \dfrac{\mathrm{d}y}{\mathrm{d}t}=-x-y+x^2-y^2\end{cases}\tag{5.38}$$

的奇点和极限环.

解　(1) 奇点

系统(5.38)有两个奇点 $O(0,0)$ 和 $E(1,0)$.

对于奇点 $O(0,0)$，其线性近似系统的系数矩阵是

$$\begin{pmatrix}P'_x & P'_y\\ Q'_x & Q'_y\end{pmatrix}_{(0,0)}=\begin{pmatrix}0 & 1\\ -1 & -1\end{pmatrix},$$

它的特征根是 $\lambda_{1,2}=\frac{1}{2}(-1\pm\mathrm{i}\sqrt{3})$，显然 $O(0,0)$ 是稳定焦点.

对于奇点 $E(1,0)$，其线性近似系统的系数矩阵是

$$\begin{pmatrix}P'_x & P'_y\\ Q'_x & Q'_y\end{pmatrix}_{(1,0)}=\begin{pmatrix}0 & 1\\ 1 & -1\end{pmatrix},$$

它的特征根是 $\lambda_{1,2}=\frac{1}{2}(-1\pm\sqrt{5})$，显然 $E(1,0)$ 是鞍点.

（2）闭轨线

取函数 $B(x,y)=\mathrm{e}^{2x}$，有

$$\frac{\partial(BP)}{\partial x}+\frac{\partial(BQ)}{\partial y}=-\mathrm{e}^{2x}<0.$$

由定理 5.7 知系统(5.38)在 xOy 平面上无闭轨，因而没有极限环.（图 5-23）

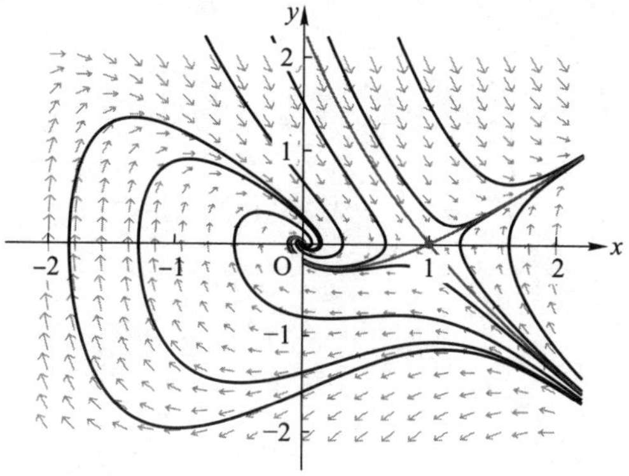

图 5-23

习 题 5.4

1. 确定下列各方程的奇点类型、轨线分布以及稳定性：

（1）$\begin{cases}\dfrac{\mathrm{d}x}{\mathrm{d}t}=x-3y,\\ \dfrac{\mathrm{d}y}{\mathrm{d}t}=3x-4y;\end{cases}$　（2）$\begin{cases}\dfrac{\mathrm{d}x}{\mathrm{d}t}=2x-y,\\ \dfrac{\mathrm{d}y}{\mathrm{d}t}=4x-y;\end{cases}$

（3）$\begin{cases}\dfrac{\mathrm{d}x}{\mathrm{d}t}=2x+y,\\ \dfrac{\mathrm{d}y}{\mathrm{d}t}=3x-2y;\end{cases}$　（4）$\begin{cases}\dfrac{\mathrm{d}x}{\mathrm{d}t}=x+2y,\\ \dfrac{\mathrm{d}y}{\mathrm{d}t}=-y;\end{cases}$

（5）$\begin{cases}\dfrac{\mathrm{d}x}{\mathrm{d}t}=-y,\\ \dfrac{\mathrm{d}y}{\mathrm{d}t}=x(a^2-x^2)+by,\end{cases}$ $a,b\neq 0$ 且 $b^2-4a^2\neq 0$；

（6）$\begin{cases}\dfrac{\mathrm{d}x}{\mathrm{d}t}=y,\\ \dfrac{\mathrm{d}y}{\mathrm{d}t}=-ay+b\sin x,\end{cases}$ $b>0$.

2. 确定方程组

$$\begin{cases}\dfrac{\mathrm{d}x}{\mathrm{d}t}=y+\dfrac{x}{\sqrt{x^2+y^2}}[1-(x^2+y^2)],\\ \dfrac{\mathrm{d}y}{\mathrm{d}t}=-x+\dfrac{y}{\sqrt{x^2+y^2}}[1-(x^2+y^2)]\end{cases}$$

的极限环及其稳定性.

3. 确定方程组

$$\begin{cases}\dfrac{dx}{dt}=-y+x(x^2+y^2-1),\\ \dfrac{dy}{dt}=x+y(x^2+y^2-1)\end{cases}$$

的极限环及其稳定性.

4. 确定方程组

$$\begin{cases}\dfrac{dx}{dt}=x(x^2+y^2)^{\frac{1}{2}}(x^2+y^2-1)^2+y,\\ \dfrac{dy}{dt}=y(x^2+y^2)^{\frac{1}{2}}(x^2+y^2-1)^2-x\end{cases}$$

的极限环及其稳定性.

本章小结

第六章
一阶偏微分方程初步

6.1 基本概念

到目前为止,我们都仅限于研究常微分方程.这一章,我们要对偏微分方程的某些问题作一点初步的介绍.在 1.1 中已经提到偏微分方程中的未知函数是多元函数.一个偏微分方程就是联系着多个自变量、未知函数及其某些偏导数的等式.

例如,方程

$$\frac{\partial u}{\partial x}=y \quad (u=u(x,y)), \tag{6.1}$$

$$\frac{\partial u}{\partial x}+\frac{\partial u}{\partial y}=0, \tag{6.2}$$

$$\frac{\partial^2 z}{\partial x \partial y}=0 \quad (z=z(x,y)) \tag{6.3}$$

都是偏微分方程.

偏微分方程的解是这样的已知函数,把它及其偏导数代入方程中的相应变元时,能使得方程对自变量成为恒等式.我们来求解上面三个偏微分方程.

将(6.1)两端对 x 积分,得到

$$u(x,y)=xy+f(y),$$

其中 $f(y)$ 是 y 的任意函数.

对(6.2)容易看出,$u=x-y$ 是方程的解,而且对于任意可微函数 $f(z)$,函数 $u=f(x-y)$ 也是方程(6.2)的解.

对于(6.3),先对 x 积分得 $\frac{\partial z}{\partial y}=f(y)$,此处 $f(y)$ 是 y 的任意函数.设其为连续函数,将上式对 y 再积分,得

$$z=\int f(y)\,\mathrm{d}y+g(x)=h(y)+g(x).$$

此处,$g(x)$ 和 $h(y)$ 都是任意可微函数.

和常微分方程一样,我们把偏微分方程中出现的未知函数的偏导数的最高阶数称为该偏微分方程的阶.于是,(6.1)和(6.2)是一阶方程,而(6.3)是二阶方程.

从(6.1)—(6.3)的求解过程以及解的表达式中,我们看到,偏微分方程的通解中

含有任意函数,而且任意函数的个数与偏微分方程的阶数相同.这与常微分方程的通解含有与方程阶数相等个数的任意常数类似.

偏微分方程有着鲜明的实际背景,很多有重大意义的自然科学与工程技术问题可以化成偏微分方程.偏微分方程的解法和理论是极为丰富的.本章只扼要地介绍两类与常微分方程关系密切的一阶偏微分方程的解法.

一阶偏微分方程的一般形式为

$$F\left(x_1,x_2,\cdots,x_n,u,\frac{\partial u}{\partial x_1},\frac{\partial u}{\partial x_2},\cdots,\frac{\partial u}{\partial x_n}\right)=0, \tag{6.4}$$

其中,$x_1,x_2,\cdots,x_n$为自变量,u 是未知函数.和常微分方程一样,(6.4)也有初值问题即柯西问题,但提法不同.(6.4)的初值问题是求(6.4)的满足

$$u\big|_{u_i=x_i^0}=f(x_1,x_2,\cdots,x_{i-1},x_{i+1},\cdots,x_n)$$

的解,其中 i 是 $1,2,\cdots,n$ 中的某一数,而 $f(x_1,x_2,\cdots,x_{i-1},x_{i+1},\cdots,x_n)$ 为某一给定函数.

例 1　求解初值问题

$$\begin{cases}\dfrac{\partial u}{\partial x}+\dfrac{\partial u}{\partial y}=0,\\ u(0,y)=y^2.\end{cases}$$

解　前面已知方程的通解为

$$u=f(x-y),$$

其中 $f(v)$ 为 v 的任意可微函数.根据初值条件 $u(0,y)=y^2$,应有

$$f(-y)=y^2,$$

所以 $f(v)=v^2$,于是初值问题的解为 $u=(x-y)^2$.

我们在这一章里将讨论如下两类方程:

$$X_1(x_1,\cdots,x_n)\frac{\partial u}{\partial x_1}+\cdots+X_n(x_1,\cdots,x_n)\frac{\partial u}{\partial x_n}=0 \tag{6.5}$$

与

$$X_1(x_1,\cdots,x_n,u)\frac{\partial u}{\partial x_1}+\cdots+X_n(x_1,\cdots,x_n,u)\frac{\partial u}{\partial x_n}=R(x_1,\cdots,x_n,u), \tag{6.6}$$

称(6.5)为**一阶线性齐次偏微分方程**,称(6.6)为**一阶拟线性非齐次偏微分方程**.

以后我们总假定:

对于(6.5),$X_i(i=1,2,\cdots,n)$在$(x_1,\cdots,x_n)$空间中的某个区域 D 内连续,对各个自变量 $x_1,\cdots,x_n$的偏导数有界,且 X_i在 D 内不同时为零;

对于(6.6),$X_i(i=1,2,\cdots,n)$和 R 在$(x_1,\cdots,x_n,u)$空间中的某个区域 D_1内连续且不同时为零,对各个自变量的偏导数有界.

方程(6.5)和(6.6)在几何学及力学中有着很实际的背景.现以几何为例予以说明.

设有一个(x,y,z)空间中的方向场

$$\boldsymbol{F}=P(x,y,z)\boldsymbol{i}+Q(x,y,z)\boldsymbol{j}+R(x,y,z)\boldsymbol{k},$$

其中 $\boldsymbol{i},\boldsymbol{j},\boldsymbol{k}$ 是沿坐标轴方向的单位向量.试在方向场中求这样的曲面,在它的每一点

上,曲面的法线均与方向场在该点的方向正交.这样的曲面称为方向场 $\boldsymbol{F}$ 的积分曲面(图 6-1).

设所求曲面的方程为

$$u(x,y,z)=C, \tag{6.7}$$

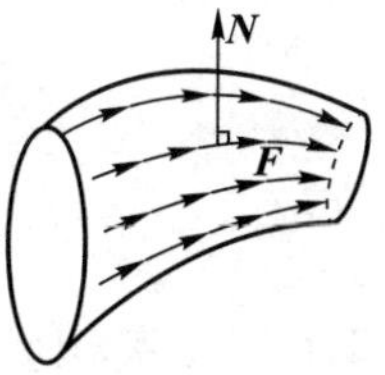

图 6-1

则曲面的法向量为

$$\boldsymbol{N}=\frac{\partial u(x,y,z)}{\partial x}\boldsymbol{i}+\frac{\partial u(x,y,z)}{\partial y}\boldsymbol{j}+\frac{\partial u(x,y,z)}{\partial z}\boldsymbol{k}.$$

于是有关系

$$\boldsymbol{N}\cdot\boldsymbol{F}=P(x,y,z)\frac{\partial u}{\partial x}+Q(x,y,z)\frac{\partial u}{\partial y}+R(x,y,z)\frac{\partial u}{\partial z}=0, \tag{6.8}$$

即函数 $u(x,y,z)$ 应是线性齐次偏微分方程(6.8)的解.从而,求积分曲面的问题就化为求解偏微分方程(6.8)的问题.

又如果能将积分曲面表示为显函数 $z=z(x,y)$,则它的法向量为

$$\boldsymbol{N}=\frac{\partial z}{\partial x}\boldsymbol{i}+\frac{\partial z}{\partial y}\boldsymbol{j}+(-1)\boldsymbol{k}.$$

于是有关系

$$P(x,y,z)\frac{\partial z}{\partial x}+Q(x,y,z)\frac{\partial z}{\partial y}=R(x,y,z), \tag{6.9}$$

从而,求积分曲面的问题就化为求解偏微分方程(6.9).

这样,正如我们把求解常微分方程

$$\frac{\mathrm{d}y}{\mathrm{d}x}=f(x,y)$$

的问题看成是求方向场中的积分曲线的问题一样,我们又把求解偏微分方程(6.8),(6.9)的问题,看成是求方向场中的积分曲面的问题.在常微分方程中,初值问题

$$\begin{cases}\dfrac{\mathrm{d}y}{\mathrm{d}x}=f(x,y),\\ y(x_0)=y_0\end{cases}$$

就是求过点(x_0,y_0)的积分曲线.那么求(6.8)的满足初值条件

$$u(x_0,y,z)=f(y,z)$$

的解 $u(x,y,z)$ 的问题,就是求经过曲线

$$x=x_0,f(y,z)=0$$

的积分曲面 $u(x,y,z)=0$.

这一章主要是讨论方程(6.5)和(6.6)的求解问题.但是作为准备知识,我们首先要补充一点一阶常微分方程组的解法.

6.2 一阶常微分方程组的首次积分

6.2.1 首次积分

在第三章,我们相当详尽地研究了一阶线性常微分方程组解的结构和一阶线性常系数微分方程组的解法.在这一节,我们将要补充一点关于一般的一阶常微分方程组

$$\begin{cases}\dfrac{\mathrm{d}y_1}{\mathrm{d}x}=f_1(x,y_1,y_2,\cdots,y_n),\\ \dfrac{\mathrm{d}y_2}{\mathrm{d}x}=f_2(x,y_1,y_2,\cdots,y_n),\\ \cdots\cdots\cdots\cdots\\ \dfrac{\mathrm{d}y_n}{\mathrm{d}x}=f_n(x,y_1,y_2,\cdots,y_n)\end{cases}\tag{6.10}$$

的解法.

我们先看下面的例子.

例 1 求解

$$\begin{cases}\dfrac{\mathrm{d}x}{\mathrm{d}t}=y,\\ \dfrac{\mathrm{d}y}{\mathrm{d}t}=-x.\end{cases}$$

解 先将第一式两端同乘 x,第二式两端同乘 y,然后相加得到

$$x\frac{\mathrm{d}x}{\mathrm{d}t}+y\frac{\mathrm{d}y}{\mathrm{d}t}=0,$$

或

$$\frac{\mathrm{d}}{\mathrm{d}t}(x^2+y^2)=0,$$

这个式子是可积的.积分后得到 x 和 y 的一个关系式

$$x^2+y^2=C_1.$$

为了解出 x 和 y 来,最好还能求得 x 和 y 的另一个关系式.经过观察分析,可以用如下方法.

将第一式两端同乘 y,第二式两端同乘 x,然后相减,得

$$y\frac{\mathrm{d}x}{\mathrm{d}t}-x\frac{\mathrm{d}y}{\mathrm{d}t}=x^2+y^2,$$

即

$$\frac{y\dfrac{\mathrm{d}x}{\mathrm{d}t}-x\dfrac{\mathrm{d}y}{\mathrm{d}t}}{x^2+y^2}=1,$$

或

$$\frac{\mathrm{d}}{\mathrm{d}t}\arctan\frac{x}{y}=1,$$

$$\arctan\frac{x}{y}-t=C_2.$$

于是,得到方程组的解 $x(t)$ 和 $y(t)$ 所满足的方程组

$$\begin{cases}x^2+y^2=C_1,\\ \arctan\dfrac{x}{y}-t=C_2.\end{cases}\tag{6.11}$$

(6.11)即为原方程组的通积分.

我们在上例中使用的方法属于“可积组合法”,就是将所给方程组,经过有限次运算之后,得到某些可以积分的方程的方法.这种方法没有一定的规则,技巧性较高.

我们主要想从上例中引出一个重要的概念,即首次积分.请注意(6.11)左端的两个函数

$$\Phi_1(t,x,y)=x^2+y^2,\quad \Phi_2(t,x,y)=\arctan\frac{x}{y}-t.$$

由于(6.11)是原方程组的通积分,所以将方程组的任意一个解 $x(t)$, $y(t)$ 代入到(6.11)中,它的两个式子都将成为恒等式.从而应有

$$\Phi_1(t,x(t),y(t))=x^2(t)+y^2(t)\equiv C_1,$$

$$\Phi_2(t,x(t),y(t))=\arctan\frac{x(t)}{y(t)}-t\equiv C_2.$$

即 $\Phi_1(t,x(t),y(t))$ 和 $\Phi_2(t,x(t),y(t))$ 将分别恒等于某些常数.

把这个事实推广到一般的一阶方程组(6.10),我们有如下定义.

定义 6.1 如果以(6.10)的任何一个解 $y_1(x),y_2(x),\cdots,y_n(x)$ 代入连续可微函数 $\Phi(x,y_1,y_2,\cdots,y_n)$,使函数 $\Phi(x,y_1(x),y_2(x),\cdots,y_n(x))$ 恒等于某一常数(此常数与所取的解有关),则称函数 $\Phi(x,y_1,y_2,\cdots,y_n)$ 为方程组(6.10)的一个**首次积分**.

从这个定义出发,可以得到一个求首次积分的一般方法.即,如果我们能够通过有限次“组合”,从(6.1)导出某个方程

$$\frac{\mathrm{d}}{\mathrm{d}x}\Phi(x,y_1,y_2,\cdots,y_n)=0,$$

或者理解为,存在函数 $\Phi(x,y_1,y_2,\cdots,y_n)$ 使得上式成立,其中 $\frac{\mathrm{d}y_1}{\mathrm{d}x},\frac{\mathrm{d}y_2}{\mathrm{d}x},\cdots,\frac{\mathrm{d}y_n}{\mathrm{d}x}$ 分别应以(6.10)中的对应右端函数 $f_1,f_2,\cdots,f_n$ 代入,则函数 $\Phi(x,y_1,y_2,\cdots,y_n)$ 就是(6.10)的一个首次积分.

例 1 中的 Φ_1 和 Φ_2 事实上都是按这个方法求得的.

如果已经求得(6.10)的一个首次积分 $\Phi(x,y_1,y_2,\cdots,y_n)$,我们就知道了自变量和未知函数 $y_1,y_2,\cdots,y_n$ 之间的一个关系式

$$\Phi(x,y_1,y_2,\cdots,y_n)=C,$$

其中 C 为任意常数.下面利用首次积分来求解(6.10).

定义 6.2　设 $\Phi_i(x,y_1,y_2,\cdots,y_n)$, $i=1,2,\cdots,k$, $k\leqslant n$,是方程组(6.10)的 k 个首次积分.如果矩阵

$$\begin{pmatrix} \dfrac{\partial \Phi_1}{\partial y_1} & \dfrac{\partial \Phi_1}{\partial y_2} & \cdots & \dfrac{\partial \Phi_1}{\partial y_n} \\ \dfrac{\partial \Phi_2}{\partial y_1} & \dfrac{\partial \Phi_2}{\partial y_2} & \cdots & \dfrac{\partial \Phi_2}{\partial y_n} \\ \vdots & \vdots & & \vdots \\ \dfrac{\partial \Phi_k}{\partial y_1} & \dfrac{\partial \Phi_k}{\partial y_2} & \cdots & \dfrac{\partial \Phi_k}{\partial y_n} \end{pmatrix}$$

中的某个 k 阶子式不为零,则称 $\Phi_i(x,y_1,y_2,\cdots,y_n)$, $i=1,2,\cdots,k$, $k\leqslant n$ 是(6.10)的 k 个**独立的首次积分**.

我们指出,如果能求得(6.10)的 k 个独立的首次积分,就可以在方程组(6.10)中消去 k 个未知函数.事实上,如果方程组

$$\begin{cases} \Phi_1(x,y_1,y_2,\cdots,y_n)=C_1, \\ \Phi_2(x,y_1,y_2,\cdots,y_n)=C_2, \\ \cdots\cdots\cdots\cdots \\ \Phi_k(x,y_1,y_2,\cdots,y_n)=C_k \end{cases}$$

左端为 k 个独立的首次积分,且不妨设

$$\frac{\partial(\Phi_1,\Phi_2,\cdots,\Phi_k)}{\partial(y_1,y_2,\cdots,y_k)}\neq 0,$$

则由隐函数定理,可由上述方程组中解出 $y_1,y_2,\cdots,y_k$,即

$$\begin{cases} y_1=g_1(x,y_{k+1},\cdots,y_n,C_1,\cdots,C_k), \\ y_2=g_2(x,y_{k+1},\cdots,y_n,C_1,\cdots,C_k), \\ \cdots\cdots\cdots\cdots \\ y_k=g_k(x,y_{k+1},\cdots,y_n,C_1,\cdots,C_k). \end{cases}$$

代入方程组(6.10)的后 $n-k$ 个方程式中,就得到只含有 $y_{k+1},y_{k+2},\cdots,y_n$ 等 $n-k$ 个未知函数的微分方程组了.

例 2　求解

$$\frac{\mathrm{d}x}{\mathrm{d}t}=y-z,\quad \frac{\mathrm{d}y}{\mathrm{d}t}=z-x,\quad \frac{\mathrm{d}z}{\mathrm{d}t}=x-y.$$

解　仍采用可积组合的方法.将三个方程的两端分别相加有

$$\frac{\mathrm{d}}{\mathrm{d}t}(x+y+z)=0,$$

将上式积分得到

$$x+y+z=C_1.$$

于是得到首次积分

$$\Phi=x+y+z.$$

其次用 x,y,z 分别乘第一，二，三个方程两端然后相加，得

$$x\frac{\mathrm{d}x}{\mathrm{d}t}+y\frac{\mathrm{d}y}{\mathrm{d}t}+z\frac{\mathrm{d}z}{\mathrm{d}t}=0,$$

将上式积分可得

$$x^2+y^2+z^2=C_2.$$

于是得到第二个首次积分

$$\Psi=x^2+y^2+z^2.$$

在直线 $x=y=z$ 之外，矩阵

$$\begin{pmatrix}\Phi'_x & \Phi'_y & \Phi'_z\\ \Psi'_x & \Psi'_y & \Psi'_z\end{pmatrix}=\begin{pmatrix}1 & 1 & 1\\ 2x & 2y & 2z\end{pmatrix}$$

的每个二阶方阵的行列式均不为零，故 Φ 与 Ψ 是两个独立的首次积分.从而由方程组

$$\begin{cases}\Phi=x+y+z=C_1,\\ \Psi=x^2+y^2+z^2=C_2\end{cases}$$

可以将 x,y,z 三个变量中的两个用第三个变量表示出来.例如，我们有

$$x+y=C_1-z,x^2+y^2=C_2-z^2,$$

由此可解得

$$x-y=\pm\sqrt{2C_2-2z^2-(C_1-z)^2}.$$

代入原方程第三式，就得到只含 z 的微分方程了.如果求得 z，可再从上述诸关系中求得 x 和 y.

假如我们能够求得方程组(6.10)的 n 个独立的首次积分

$\Phi_i(x,y_1,y_2,\cdots,y_n)$，$i=1,2,\cdots,n$，即雅可比行列式

$$\frac{\partial(\Phi_1,\Phi_2,\cdots,\Phi_n)}{\partial(y_1,y_2,\cdots,y_n)}\neq 0. \tag{6.12}$$

容易知道方程组(6.10)的通积分就是

$$\begin{cases}\Phi_1(x,y_1,y_2,\cdots,y_n)=C_1,\\ \Phi_2(x,y_1,y_2,\cdots,y_n)=C_2,\\ \quad\cdots\cdots\cdots\cdots\\ \Phi_n(x,y_1,y_2,\cdots,y_n)=C_n,\end{cases} \tag{6.13}$$

其中 $C_1,C_2,\cdots,C_n$ 是 n 个任意常数.

在用可积组合法求首次积分时，常常将微分方程组(6.10)写成对称形式

$$\frac{\mathrm{d}y_1}{f_1}=\frac{\mathrm{d}y_2}{f_2}=\cdots=\frac{\mathrm{d}y_n}{f_n}=\frac{\mathrm{d}x}{1}.$$

经过化简后，又往往写成

$$\frac{\mathrm{d}y_1}{X_1(x,y_1,y_2,\cdots,y_n)}=\frac{\mathrm{d}y_2}{X_2}=\cdots=\frac{\mathrm{d}y_n}{X_n}=\frac{\mathrm{d}x}{X_{n+1}}. \tag{6.14}$$

为了把各个变量看成平等的，并简化符号，我们不妨把(6.14)改记为

$$\frac{\mathrm{d}x_1}{X_1(x_1,x_2,\cdots,x_n)}=\frac{\mathrm{d}x_2}{X_2(x_1,x_2,\cdots,x_n)}=\cdots=\frac{\mathrm{d}x_n}{X_n(x_1,x_2,\cdots,x_n)}. \tag{6.15}$$

对称形式的方程组(6.15)有一个有利条件，在用可积组合法求它的首次积分的时候，可以利用比例的许多性质，如分比定理、合比定理等.

例 3　求解

$$\frac{\mathrm{d}x}{1}=\frac{\mathrm{d}y}{1+\sqrt{z-x-y}}=\frac{\mathrm{d}z}{2}.$$

解　首先，我们有

$$\frac{\mathrm{d}x}{1}=\frac{\mathrm{d}z}{2}\quad 即\quad 2\mathrm{d}x=\mathrm{d}z,$$

积分后得 $2x-z=C_1$，从而求得一个首次积分

$$\Phi=2x-z.$$

其次，由合比定理有

$$\frac{\mathrm{d}x}{1}=\frac{\mathrm{d}z-\mathrm{d}x-\mathrm{d}y}{-\sqrt{z-x-y}},$$

积分后得 $x+2\sqrt{z-x-y}=C_2$，从而得到第二个首次积分

$$\Psi=x+2\sqrt{z-x-y}.$$

于是，微分方程组的通积分为

$$\begin{cases}2x-z=C_1,\\ x+2\sqrt{z-x-y}=C_2.\end{cases}$$

例 4　求解

$$\frac{\mathrm{d}x}{x^2-y^2-z^2}=\frac{\mathrm{d}y}{2xy}=\frac{\mathrm{d}z}{2xz}.$$

解　由后一等式有

$$\frac{\mathrm{d}y}{y}=\frac{\mathrm{d}z}{z},$$

从而有 $\frac{y}{z}=C_1$，于是得到一个首次积分

$$\Phi_1(x,y,z)=\frac{y}{z}.$$

再利用合比定理有

$$\frac{x\mathrm{d}x+y\mathrm{d}y+z\mathrm{d}z}{x(x^2+y^2+z^2)}=\frac{\mathrm{d}y}{2xy},$$

积分后得

$$x^2+y^2+z^2=C_2y \quad 或 \quad \frac{x^2+y^2+z^2}{y}=C_2,$$

于是又得到一个首次积分

$$\Phi_2(x,y,z)=\frac{x^2+y^2+z^2}{y}.$$

从而原方程组的通积分为

$$\begin{cases}\dfrac{y}{z}=C_1,\\[2mm] \dfrac{x^2+y^2+z^2}{y}=C_2.\end{cases}$$

6.2.2 人造地球卫星运行轨道

作为上述常微分方程解法的一个应用,我们来介绍一下人造地球卫星运行轨道的计算方法.

在讨论中,我们忽略其他星球对地球和卫星的影响,因此,可以认为地球是静止的,卫星绕地球运动.

从地球表面上的一点 P 处,以初速度 v_0射出一个质量为 m 的物体.发射方向与水平方向的夹角为 α(并设 $\alpha\neq\dfrac{\pi}{2}$),求该物体运动的轨道.

建立运动方程.以通过发射点和地心的直线为 y 轴,地心作为原点,x 轴取在与发射方向同一平面内,取其正向使发射方向在第一象限内,如图 6-2 所示.

令 t 表示时间,并设在 t 时刻物体运动所在位置的坐标为 (x,y).由万有引力定律知道,有一大小为$\dfrac{-fmM}{x^2+y^2}$的力把物体拉向地心.该力在 x 方向和 y 方向上的分力分别为

$$\frac{-fmM}{x^2+y^2}\cdot\frac{x}{\sqrt{x^2+y^2}}和\frac{-fmM}{x^2+y^2}\cdot\frac{y}{\sqrt{x^2+y^2}},$$

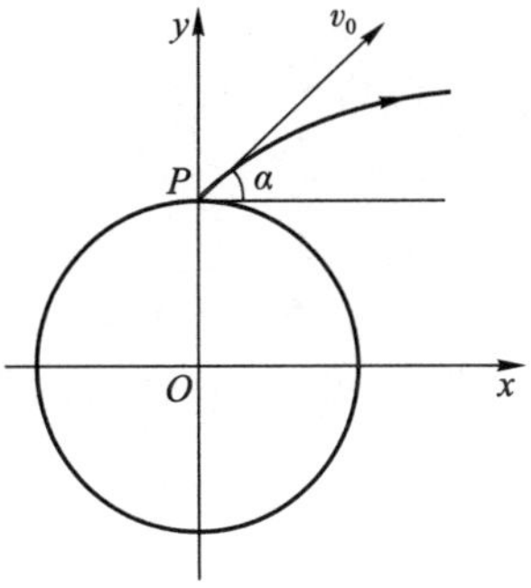

图 6-2

其中地球质量 $M=5.965\times10^{24}$ kg,而引力常量 $f=6.67\times10^{-11}\ \mathrm{N\cdot m^2/kg^2}$.因此,由牛顿运动第二定律得到物体的运动方程为

$$\begin{cases}m\dfrac{\mathrm{d}^2x}{\mathrm{d}t^2}=-\dfrac{fmMx}{(x^2+y^2)^{3/2}},\\[2mm] m\dfrac{\mathrm{d}^2y}{\mathrm{d}t^2}=-\dfrac{fmMy}{(x^2+y^2)^{3/2}},\end{cases}\tag{6.16}$$

这就是人造地球卫星运动所遵循的微分方程.

令 $\dot{x}=u,\dot{y}=v$,上述方程组(6.16)可化为一阶方程组

$$\begin{cases}\dot{x}=u, \\ \dot{u}=-\dfrac{fMx}{(x^2+y^2)^{3/2}}, \\ \dot{y}=v, \\ \dot{v}=-\dfrac{fMy}{(x^2+y^2)^{3/2}}.\end{cases} \tag{6.17}$$

容易看出,我们有 $x\dot{v}-y\dot{u}=0$,或

$$\frac{\mathrm{d}}{\mathrm{d}t}(xv-yu)=0,$$

于是得到一个首次积分

$$\Phi=xv-yu. \tag{6.18}$$

其次,还有

$$u\dot{u}+v\dot{v}=-\frac{fM}{(x^2+y^2)^{3/2}}(x\dot{x}+y\dot{y}),$$

即

$$\frac{\mathrm{d}}{\mathrm{d}t}(u^2+v^2)=-\frac{fM}{(x^2+y^2)^{3/2}}\frac{\mathrm{d}}{\mathrm{d}t}(x^2+y^2),$$

积分后得

$$u^2+v^2=\frac{2fM}{(x^2+y^2)^{1/2}}+C_2,$$

于是又得到一个首次积分

$$\Psi=u^2+v^2-\frac{2fM}{(x^2+y^2)^{1/2}}. \tag{6.19}$$

由首次积分(6.18),(6.19)可以使(6.17)消去两个未知函数.但是,采用极坐标计算比较简单.为此,将(6.18),(6.19)分别等于常量 C_1,C_2,并还原为

$$x\frac{\mathrm{d}y}{\mathrm{d}t}-y\frac{\mathrm{d}x}{\mathrm{d}t}=C_1, \tag{6.20}$$

$$\left(\frac{\mathrm{d}x}{\mathrm{d}t}\right)^2+\left(\frac{\mathrm{d}y}{\mathrm{d}t}\right)^2=\frac{2fM}{\sqrt{x^2+y^2}}+C_2. \tag{6.21}$$

令 $x=r\cos\theta, y=r\sin\theta$,于是有

$$\mathrm{d}x=\cos\theta\mathrm{d}r-r\sin\theta\mathrm{d}\theta,\quad \mathrm{d}y=\sin\theta\mathrm{d}r+r\cos\theta\mathrm{d}\theta.$$

将以上各式代入到方程组的(6.20)和(6.21)中,得

$$\begin{cases}r^2\dfrac{\mathrm{d}\theta}{\mathrm{d}t}=C_1, & (6.22)\\ \left(\dfrac{\mathrm{d}r}{\mathrm{d}t}\right)^2+r^2\left(\dfrac{\mathrm{d}\theta}{\mathrm{d}t}\right)^2=\dfrac{2fM}{r}+C_2. & (6.23)\end{cases}$$

从(6.22)和(6.23)中消去$\dfrac{\mathrm{d}\theta}{\mathrm{d}t}$,得

$$\left(\frac{\mathrm{d}r}{\mathrm{d}t}\right)^2=C_2+\frac{2fM}{r}-\frac{C_1^2}{r^2}. \tag{6.24}$$

由于在开始发射时,距离随时间而增加,所以有

$$\frac{\mathrm{d}r}{\mathrm{d}t}=\sqrt{C_2+\frac{2fM}{r}-\frac{C_1^2}{r^2}}. \tag{6.25}$$

由(6.25)和(6.22),可以解出极坐标形式的轨道方程.为此,引入新变量 u,$r=\frac{1}{u}$,这时(6.25)化为

$$-\frac{1}{u^2}\frac{\mathrm{d}u}{\mathrm{d}\theta}=\frac{1}{u^2C_1}\sqrt{C_2+2fMu-C_1^2u^2}.$$

对上式分离变量,整理可得

$$\mathrm{d}\theta=\frac{-C_1\mathrm{d}u}{\sqrt{C_2+2fMu-C_1^2u^2}}=\frac{-\mathrm{d}u}{\sqrt{\frac{C_2}{C_1^2}+\left(\frac{fM}{C_1^2}\right)^2-\left(u-\frac{fM}{C_1^2}\right)^2}}.$$

当$\frac{C_2}{C_1^2}+\left(\frac{fM}{C_1^2}\right)^2>0$ 时,积分后可得

$$\theta=\arccos\left[\left(u-\frac{fM}{C_1^2}\right)\Bigg/\sqrt{\frac{C_2}{C_1^2}+\left(\frac{fM}{C_1^2}\right)^2}\right]+C,$$

$$\frac{1}{r}=u=\frac{fM}{C_1^2}+\sqrt{\frac{C_2}{C_1^2}+\left(\frac{fM}{C_1^2}\right)^2}\cos(\theta-C). \tag{6.26}$$

不难验证,当$\frac{C_2}{C_1^2}+\left(\frac{fM}{C_1^2}\right)^2=0$ 时,$\frac{1}{r}=u=\frac{fM}{C_1^2}$是(6.25)的解.由(6.26)也可求得$\frac{1}{r}=u=\frac{fM}{C_1^2}$,故(6.26)对于$\frac{C_2}{C_1^2}+\left(\frac{fM}{C_1^2}\right)^2\geqslant 0$ 均适用.

令

$$p=\frac{C_1^2}{fM}\quad(\text{轨道参数}), \tag{6.27}$$

$$e=\sqrt{1+\frac{C_2C_1^2}{(fM)^2}}\quad(\text{离心率}), \tag{6.28}$$

由(6.26)可解出轨道方程

$$r=\frac{p}{1+e\cos(\theta-C)}\qquad(e\geqslant 0). \tag{6.29}$$

上述方程是二次曲线(椭圆、双曲线、抛物线等)的极坐标统一形式的方程.

常数 C_1,C_2取决于发射的初值条件,如初速度及发射角.对于不同的初值条件,轨道可能是上述三种二次曲线之一.

既然人们希望人造卫星能围绕地球运动,就应当要求卫星的运动轨道为椭圆.而

且，根据不同的需要，还可以要求这个椭圆满足某些参数，例如近地点，远地点以及长短轴长度等.于是，人们可以根据这些要求来设计发射角度 α 和发射初速 v_0 的大小.

习　题 6.2

求下列方程组的首次积分即通积分：

(1) $\begin{cases} \dfrac{dy}{dx}=\dfrac{z^2}{y}, \\ \dfrac{dz}{dx}=\dfrac{y^2}{z}; \end{cases}$　　(2) $\begin{cases} \dfrac{dx}{dt}=\dfrac{y}{x-y}, \\ \dfrac{dy}{dt}=\dfrac{x}{x-y}; \end{cases}$

(3) $\dfrac{dx}{yz}=\dfrac{dy}{xz}=\dfrac{dz}{xy}$;　　(4) $\dfrac{dx}{z-y}=\dfrac{dy}{x-z}=\dfrac{dz}{y-x}$;

(5) $\dfrac{dx}{x+y}=\dfrac{dy}{x-y}=\dfrac{zdz}{y^2-2xy-x^2}$.

6.3　一阶线性齐次偏微分方程

在上一节关于常微分方程组(6.10)的解法的基础上，这一节讨论一阶线性齐次偏微分方程

$$X_1(x_1,x_2,\cdots,x_n)\frac{\partial u}{\partial x_1}+X_2(x_1,x_2,\cdots,x_n)\frac{\partial u}{\partial x_2}+\cdots+X_n(x_1,x_2,\cdots,x_n)\frac{\partial u}{\partial x_n}=0, \tag{6.5}$$

或简记为

$$\sum_{i=1}^{n} X_i(x_1,x_2,\cdots,x_n)\frac{\partial u}{\partial x_i}=0 \qquad (6.5)'$$

的求解方法.

1. 为了找出(6.5)的一般的解法，我们先从直观的几何问题入手，再分析一下 6.1 节所提到过的，求方向场

$$\boldsymbol{F}=P(x,y,z)\boldsymbol{i}+Q(x,y,z)\boldsymbol{j}+R(x,y,z)\boldsymbol{k}$$

的积分曲面的问题.

为此，我们先来求这样的曲线族，其中每一条曲线都处处与方向场 $\boldsymbol{F}$ 的方向相切.这样的曲线称为 $\boldsymbol{F}$ 的**特征曲线**.

设特征曲线的参数方程为 $(x(t),y(t),z(t))$，则特征曲线在时刻 t 的切向量为 $\left(\dfrac{dx(t)}{dt},\dfrac{dy(t)}{dt},\dfrac{dz(t)}{dt}\right)$.根据要求，这个方向应该和 $\boldsymbol{F}$ 在该点的场方向一致.所以特征曲线的微分方程为

$$\frac{dx}{P(x,y,z)}=\frac{dy}{Q(x,y,z)}=\frac{dz}{R(x,y,z)}. \tag{6.30}$$

在求出特征曲线族之后,由于它们处处与 $\boldsymbol{F}$ 相切,于是,由它们"编织"的曲面,就应当是积分曲面了(图 6-1).求特征曲线就是求解常微分方程组(6.30).我们将(6.30)称为方向场 $\boldsymbol{F}$ 的特征方程组.

不妨设 $P(x,y,z)\neq 0$,(6.30)可化为方程组

$$\begin{cases}\dfrac{\mathrm{d}y}{\mathrm{d}x}=\dfrac{Q(x,y,z)}{P(x,y,z)},\\ \dfrac{\mathrm{d}z}{\mathrm{d}x}=\dfrac{R(x,y,z)}{P(x,y,z)}.\end{cases}\tag{6.31}$$

于是,特征曲线就是(6.30)或(6.31)的解

$$y=y(x),z=z(x).\tag{6.32}$$

设函数 $\varphi(x,y,z)$ 为(6.30)或(6.31)的一个首次积分,由首次积分的定义有

$$\varphi(x,y(x),z(x))=C,$$

其中 C 为某一常数.由此可见,特征曲线整个在曲面

$$S:\varphi(x,y,z)=C$$

上.另外,由常微分方程的存在唯一性定理可知,过曲面 S 上的任意一点都有特征线经过.于是,曲面 S 由特征线"编织"而成.所以 S 是一个积分曲面.

根据 6.1 节的分析,$u=\varphi(x,y,z)$ 就是偏微分方程

$$P(x,y,z)\frac{\partial u}{\partial x}+Q(x,y,z)\frac{\partial u}{\partial y}+R(x,y,z)\frac{\partial u}{\partial z}=0\tag{6.8}$$

的一个解.这样就把求解方程(6.8)的问题,转化为求解常微分方程组(6.30)的问题了.

2. 把上面的讨论一般化.我们把常微分方程组

$$\frac{\mathrm{d}x_1}{X_1(x_1,x_2,\cdots,x_n)}=\frac{\mathrm{d}x_2}{X_2(x_1,x_2,\cdots,x_n)}=\cdots=\frac{\mathrm{d}x_n}{X_n(x_1,x_2,\cdots,x_n)}\tag{6.33}$$

称为偏微分方程(6.5)的特征方程组,并把特征方程组(6.33)的一个解称为(6.5)的特征曲线,或简称特征.

我们假定 $X_i(x_1,x_2,\cdots,x_n),i=1,2,\cdots,n$ 在区域 D 内不同时为零.不妨设 $X_n(x_1,x_2,\cdots,x_n)$ 在区域 D 内不为零.于是,(6.33)可以写成等价方程组

$$\frac{\mathrm{d}x_1}{\mathrm{d}x_n}=\frac{X_1}{X_n},\frac{\mathrm{d}x_2}{\mathrm{d}x_n}=\frac{X_2}{X_n},\cdots,\frac{\mathrm{d}x_{n-1}}{\mathrm{d}x_n}=\frac{X_{n-1}}{X_n},\tag{6.34}$$

而特征曲线有表达式

$$x_1=x_1(x_n),x_2=x_2(x_n),\cdots,x_{n-1}=x_{n-1}(x_n).\tag{6.35}$$

根据前面对 $X_i(i=1,2,\cdots,n)$ 所作的假定,(6.34)在 D 内满足初值解的存在唯一性定理的条件.于是,对于 D 内的任意一点 $P(x_1^0,x_2^0,\cdots,x_n^0)$,(6.34)存在唯一满足初值条件

$$x_1(x_n^0)=x_1^0,x_2(x_n^0)=x_2^0,\cdots,x_{n-1}(x_n^0)=x_{n-1}^0$$

的解.或者说,点 P 有(6.5)的唯一特征曲线经过.

我们有如下定理.

定理 6.1 连续可微函数 $u=\varphi(x_1,x_2,\cdots,x_n)$ 是方程(6.5)的解的充要条件为 $\varphi(x_1,x_2,\cdots,x_n)$ 是特征方程组(6.33)或(6.34)的首次积分.

证明　必要性.因为 $u=\varphi(x_1,x_2,\cdots,x_n)$ 是(6.5)的解,所以有恒等式

$$\sum_{i=1}^{n} X_i(x_1,x_2,\cdots,x_n)\frac{\partial\varphi(x_1,x_2,\cdots,x_n)}{\partial x_i}\equiv 0,$$

从而有

$$\sum_{i=1}^{n}\left[X_i(x_1(x_n),x_2(x_n),\cdots,x_{n-1}(x_n),x_n)\times\frac{\partial\varphi(x_1(x_n),x_2(x_n),\cdots,x_{n-1}(x_n),x_n)}{\partial x_i}\right]\equiv 0,$$

其中 $x_1(x_n),x_2(x_n),\cdots,x_{n-1}(x_n)$ 是方程(6.5)的特征方程组(6.33)或(6.34)的解.

下面证明 $\varphi(x_1(x_n),x_2(x_n),\cdots,x_{n-1}(x_n),x_n)$ 恒等于常数.

因为

$$\begin{aligned}&\mathrm{d}\varphi(x_1(x_n),x_2(x_n),\cdots,x_{n-1}(x_n),x_n)\\&\equiv\sum_{i=1}^{n}\frac{\partial\varphi(x_1(x_n),x_2(x_n),\cdots,x_{n-1}(x_n),x_n)}{\partial x_i}\mathrm{d}x_i(x_n),\end{aligned}$$

而

$$\frac{\mathrm{d}x_i(x_n)}{\mathrm{d}x_n}=\frac{X_i(x_1(x_n),x_2(x_n),\cdots,x_{n-1}(x_n),x_n)}{X_n(x_1(x_n),x_2(x_n),\cdots,x_{n-1}(x_n),x_n)},\tag{6.36}$$

或

$$\mathrm{d}x_i(x_n)=\frac{X_i(x_1(x_n),x_2(x_n),\cdots,x_{n-1}(x_n),x_n)}{X_n(x_1(x_n),x_2(x_n),\cdots,x_{n-1}(x_n),x_n)}\mathrm{d}x_n\quad(i=1,2,\cdots,n),$$

所以

$$\begin{aligned}&\mathrm{d}\varphi(x_1(x_n),x_2(x_n),\cdots,x_{n-1}(x_n),x_n)\\&\equiv\left\{\sum_{i=1}^{n}X_i(x_1(x_n),x_2(x_n),\cdots,x_{n-1}(x_n),x_n)\times\right.\\&\left.\quad\frac{\partial\varphi(x_1(x_n),x_2(x_n),\cdots,x_{n-1}(x_n),x_n)}{\partial x_i}\right\}\times\\&\quad\frac{\mathrm{d}x_n}{X_n(x_1(x_n),x_2(x_n),\cdots,x_{n-1}(x_n),x_n)}\\&\equiv 0,\end{aligned}\tag{6.37}$$

即 $\varphi(x_1(x_n),x_2(x_n),\cdots,x_{n-1}(x_n),x_n)$ 恒等于常数,故 $\varphi(x_1,x_2,\cdots,x_n)$ 是(6.33)的首次积分.

充分性.设 $\varphi(x_1,x_2,\cdots,x_n)$ 是(6.33)的首次积分.现证 $\varphi(x_1,x_2,\cdots,x_n)$ 是(6.5)的解.即要证在 D 上有恒等式

$$\sum_{i=1}^{n} X_i(x_1,x_2,\cdots,x_n)\frac{\partial\varphi(x_1,x_2,\cdots,x_n)}{\partial x_i}\equiv 0.$$

只需证:对任意点 $(x_1^0,x_2^0,\cdots,x_n^0)\in D$,有

$$\sum_{i=1}^{n} X_i(x_1^0,x_2^0,\cdots,x_n^0)\frac{\partial\varphi(x_1^0,x_2^0,\cdots,x_n^0)}{\partial x_i}\equiv 0.\tag{6.38}$$

由存在唯一性定理,(6.34)存在满足初值条件

$$x_1(x_n^0)=x_1^0, x_2(x_n^0)=x_2^0, \cdots, x_{n-1}(x_n^0)=x_{n-1}^0$$

的解

$$x_i=x_i(x_n), i=1,2,\cdots,n-1.$$

代入到 $\varphi(x_1,x_2,\cdots,x_n)$，有

$$\varphi(x_1(x_n),x_2(x_n),\cdots,x_{n-1}(x_n),x_n)\equiv C,$$

即

$$\mathrm{d}\varphi(x_1(x_n),x_2(x_n),\cdots,x_{n-1}(x_n),x_n)\equiv 0.$$

因为 $x_i=x_i(x_n), i=1,2,\cdots,n-1$ 为(6.34)的解，故(6.36)及(6.37)成立.消去$\dfrac{\mathrm{d}x_n}{X_n}$，有

$$\sum_{i=1}^{n} X_i(x_1(x_n),x_2(x_n),\cdots,x_{n-1}(x_n),x_n)\times\frac{\partial\varphi(x_1(x_n),x_2(x_n),\cdots,x_{n-1}(x_n),x_n)}{\partial x_i}\equiv 0,$$

特别是有(6.38)成立.定理得证.

特征方程组(6.33)(或(6.34))有无穷多个首次积分，因此方程(6.5)有无穷多个解.另外容易看出，(6.33)的任意多个首次积分 $\varphi_1,\varphi_2,\cdots,\varphi_k$的任意连续可微函数

$$\Phi(\varphi_1,\varphi_2,\cdots,\varphi_k)$$

仍然是(6.33)的首次积分.因为将(6.33)的解代入到$\Phi(\varphi_1,\varphi_2,\cdots,\varphi_k)$中，由于 φ_1，$\varphi_2,\cdots,\varphi_k$分别恒等于常数，所以$\Phi(\varphi_1,\varphi_2,\cdots,\varphi_k)$也恒等于常数.

特别地，如果

$$\varphi_1(x_1,x_2,\cdots,x_n),\varphi_2(x_1,x_2,\cdots,x_n),\cdots,\varphi_{n-1}(x_1,x_2,\cdots,x_n)$$

是(6.33)的 $n-1$ 个独立的首次积分，则它们的任意连续可微函数

$$u=\Phi(\varphi_1,\varphi_2,\cdots,\varphi_{n-1}) \tag{6.39}$$

仍为(6.33)的首次积分.从而是方程(6.5)的解.而且，我们还有如下的定理.

定理 6.2 如果 $\varphi_i(x_1,x_2,\cdots,x_n), i=1,2,\cdots,n-1$ 是(6.33)的 $n-1$ 个独立的首次积分，则它们的任意的连续可微函数

$$u=\Phi(\varphi_1(x_1,x_2,\cdots,x_n),\cdots,\varphi_{n-1}(x_1,x_2,\cdots,x_n))$$

是方程(6.5)的通解，即包含了(6.5)的所有的解.

证明 设 $u=\psi(x_1,x_2,\cdots,x_n)$是(6.5)的任意一个解.现证存在这样的一个函数$\Phi(u_1,u_2,\cdots,u_{n-1})$，使得

$$\psi=\Phi(\varphi_1,\varphi_2,\cdots,\varphi_{n-1}).$$

因为 $\varphi_i(x_1,x_2,\cdots,x_n), i=1,2,\cdots,n-1$ 是(6.33)的首次积分，所以它们都是(6.5)的解.于是有 n 个恒等式

$$\begin{cases}\displaystyle\sum_{i=1}^{n} X_i(x_1,x_2,\cdots,x_n)\frac{\partial\varphi_j(x_1,x_2,\cdots,x_n)}{\partial x_i}\equiv 0(j=1,2,\cdots,n-1),\\ \displaystyle\sum_{i=1}^{n} X_i(x_1,x_2,\cdots,x_n)\frac{\partial\psi(x_1,x_2,\cdots,x_n)}{\partial x_i}\equiv 0,\end{cases} \tag{6.40}$$

这是关于 $X_i(i=1,2,\cdots,n)$的线性齐次代数方程组.已设 $X_i(i=1,2,\cdots,n)$在 D 内每一点不同时为零，即(6.40)对 D 内每一点均有非零解，从而系数行列式在 D 内处处为零.

$$\begin{vmatrix} \dfrac{\partial \varphi_1}{\partial x_1} & \dfrac{\partial \varphi_1}{\partial x_2} & \cdots & \dfrac{\partial \varphi_1}{\partial x_n} \\ \dfrac{\partial \varphi_2}{\partial x_1} & \dfrac{\partial \varphi_2}{\partial x_2} & \cdots & \dfrac{\partial \varphi_2}{\partial x_n} \\ \vdots & \vdots & & \vdots \\ \dfrac{\partial \varphi_{n-1}}{\partial x_1} & \dfrac{\partial \varphi_{n-1}}{\partial x_2} & \cdots & \dfrac{\partial \varphi_{n-1}}{\partial x_n} \\ \dfrac{\partial \psi}{\partial x_1} & \dfrac{\partial \psi}{\partial x_2} & \cdots & \dfrac{\partial \psi}{\partial x_n} \end{vmatrix} \equiv 0. \tag{6.41}$$

上式左端恰是函数组 $\varphi_1, \varphi_2, \cdots, \varphi_{n-1}, \psi$ 的雅可比行列式.上式表明这些函数之间是相关的,即存在函数关系

$$\Psi(\varphi_1, \varphi_2, \cdots, \varphi_{n-1}, \psi) = 0. \tag{6.42}$$

因为 $\varphi_1, \varphi_2, \cdots, \varphi_{n-1}$ 为独立的,故(6.41)左端行列式存在不为零的 $n-1$ 阶子行列式.因此可以由(6.42)中解出函数

$$\psi = \Phi(\varphi_1, \varphi_2, \cdots, \varphi_{n-1}).$$

定理证毕.

例 1　求方程

$$x\frac{\partial u}{\partial x} - 2y\frac{\partial u}{\partial y} - z\frac{\partial u}{\partial z} = 0 \tag{6.43}$$

的通解.

解　(6.43)的特征方程组为

$$\frac{\mathrm{d}x}{x} = \frac{\mathrm{d}y}{-2y} = \frac{\mathrm{d}z}{-z}. \tag{6.44}$$

由 $\dfrac{\mathrm{d}x}{x} = \dfrac{\mathrm{d}y}{-2y}$ 可求得一个首次积分

$$\varphi_1 = x\sqrt{y}.$$

由 $\dfrac{\mathrm{d}x}{x} = \dfrac{\mathrm{d}z}{-z}$,可求得另一个首次积分

$$\varphi_2 = xz.$$

因为

$$\begin{pmatrix} \dfrac{\partial \varphi_1}{\partial x} & \dfrac{\partial \varphi_1}{\partial y} & \dfrac{\partial \varphi_1}{\partial z} \\ \dfrac{\partial \varphi_2}{\partial x} & \dfrac{\partial \varphi_2}{\partial y} & \dfrac{\partial \varphi_2}{\partial z} \end{pmatrix} = \begin{pmatrix} \sqrt{y} & \dfrac{x}{2\sqrt{y}} & 0 \\ z & 0 & x \end{pmatrix},$$

当 $xyz \neq 0$ 时,存在行列式不为零的二阶方阵,故 φ_1 与 φ_2 是独立的,所以在这些区域上,方程(6.43)的通解为

$$u = \Phi(x\sqrt{y}, xz),$$

其中 Φ 为任意的二元连续可微函数.

例 2 求方程

$$(z-y)\frac{\partial u}{\partial x}+(x-z)\frac{\partial u}{\partial y}+(y-x)\frac{\partial u}{\partial z}=0 \tag{6.45}$$

的通解.

解 特征方程组为

$$\frac{dx}{z-y}=\frac{dy}{x-z}=\frac{dz}{y-x},$$

由合比定理得到

$$\frac{dx}{z-y}=\frac{dy}{x-z}=\frac{dz}{y-x}=\frac{dx+dy+dz}{0},$$

由此可得

$$d(x+y+z)=0,$$

于是得到第一个首次积分

$$\varphi_1=x+y+z.$$

另外我们有

$$\frac{2x\mathrm{d}x}{2x(z-y)}=\frac{2y\mathrm{d}y}{2y(x-z)}=\frac{2z\mathrm{d}z}{2z(y-x)}=\frac{\mathrm{d}(x^2+y^2+z^2)}{0},$$

于是得到另一个首次积分

$$\varphi_2=x^2+y^2+z^2.$$

容易验证 φ_1 与 φ_2 是独立的.所以(6.45)的通解为

$$u=\Phi(x+y+z,x^2+y^2+z^2),$$

其中 Φ 为任意的二元连续可微函数.

3. 下面我们再来研究方程(6.5)的柯西问题的解法.就是求方程(6.5)的满足初值条件

$$u(x_1,x_2,\cdots,x_n)\big|_{x_i=x_i^0}=\varphi(x_1,\cdots,x_{i-1},x_{i+1}\cdots,x_n)$$

的解,其中 i 为某个确定的下标,而 φ 为事先给定的函数.为了方便,以后总把上述条件记为

$$u\big|_{x_n=x_n^0}=\varphi(x_1,x_2,\cdots,x_{n-1}). \tag{6.46}$$

由于已知(6.5)的通解为

$$u=\Phi(\varphi_1(x_1,x_2,\cdots,x_n),\cdots,\varphi_{n-1}(x_1,x_2,\cdots,x_n)),$$

所以柯西问题就归结为求这样的函数 Φ,使得

$$\Phi(\varphi_1,\varphi_2,\cdots,\varphi_{n-1})\big|_{x_n=x_n^0}=\varphi(x_1,x_2,\cdots,x_{n-1}). \tag{6.47}$$

问题也可以看成,如果我们能够找到 $n-1$ 个这样的函数

$$\omega_i(\varphi_1,\varphi_2,\cdots,\varphi_{n-1}),i=1,2,\cdots,n-1,$$

使得

$$\begin{cases}x_1=\omega_1(\varphi_1(x_1,x_2,\cdots,x_{n-1},x_n^0),\cdots,\varphi_{n-1}(x_1,x_2,\cdots,x_{n-1},x_n^0)),\\x_2=\omega_2(\varphi_1(x_1,x_2,\cdots,x_{n-1},x_n^0),\cdots,\varphi_{n-1}(x_1,x_2,\cdots,x_{n-1},x_n^0)),\\\quad\cdots\cdots\cdots\cdots\\x_{n-1}=\omega_{n-1}(\varphi_1(x_1,x_2,\cdots,x_{n-1},x_n^0),\cdots,\varphi_{n-1}(x_1,x_2,\cdots,x_{n-1},x_n^0)),\end{cases}\tag{6.48}$$

则函数

$$\varPhi=\varphi(\omega_1(\varphi_1,\varphi_2,\cdots,\varphi_{n-1}),\cdots,\omega_{n-1}(\varphi_1,\varphi_2,\cdots,\varphi_{n-1}))$$

就能满足(6.47)的要求.这只要把 $x_n=x_n^0$代入上式就可以看出来.

下面就来求 ω_i.为此,我们记

$$\begin{cases}\varphi_1(x_1,x_2,\cdots,x_{n-1},x_n^0)=\overline{\varphi}_1,\\\varphi_2(x_1,x_2,\cdots,x_{n-1},x_n^0)=\overline{\varphi}_2,\\\quad\cdots\cdots\cdots\cdots\\\varphi_{n-1}(x_1,x_2,\cdots,x_{n-1},x_n^0)=\overline{\varphi}_{n-1}.\end{cases}\tag{6.49}$$

因为前已假设 X_n在 D 内不为零,特征方程组(6.33)可化为(6.34)的形式,所以可以从(6.49)中解出

$$\begin{cases}x_1=\omega_1(\overline{\varphi}_1,\overline{\varphi}_2,\cdots,\overline{\varphi}_{n-1}),\\x_2=\omega_2(\overline{\varphi}_1,\overline{\varphi}_2,\cdots,\overline{\varphi}_{n-1}),\\\quad\cdots\cdots\cdots\cdots\\x_{n-1}=\omega_{n-1}(\overline{\varphi}_1,\overline{\varphi}_2,\cdots,\overline{\varphi}_{n-1}).\end{cases}$$

于是这些 ω_i正是满足(6.48)的函数.从而初值问题的解就是

$$\begin{aligned}u=\varphi(&\omega_1(\varphi_1(x_1,x_2,\cdots,x_n),\cdots,\varphi_{n-1}(x_1,x_2,\cdots,x_n)),\\&\omega_2(\varphi_1(x_1,x_2,\cdots,x_n),\cdots,\varphi_{n-1}(x_1,x_2,\cdots,x_n)),\cdots,\\&\omega_{n-1}(\varphi_1(x_1,x_2,\cdots,x_n),\cdots,\varphi_{n-1}(x_1,x_2,\cdots,x_n))).\end{aligned}\tag{6.50}$$

例 3 求方程

$$y\frac{\partial u}{\partial x}-x\frac{\partial u}{\partial y}=0\tag{6.51}$$

满足初值条件 $z\big|_{x=0}=\psi(y)$的解.

解 特征方程为

$$\frac{\mathrm{d}x}{y}=\frac{\mathrm{d}y}{-x},$$

积分后得到首次积分 $\varphi=x^2+y^2$.此时(6.49)形如 $y^2=\overline{\varphi}$,解出

$$y=\pm\sqrt{\overline{\varphi}}.$$

于是所求解为

$$z=\psi(\pm\sqrt{\varphi})=\psi(\pm\sqrt{x^2+y^2}).\tag{6.52}$$

这个例题就是在方向场

$$\boldsymbol{F}=y\boldsymbol{i}-x\boldsymbol{j}+0\cdot\boldsymbol{k}$$

中求曲面 $z=z(x,y)$，它的法向量

$$N=\frac{\partial z}{\partial x}\boldsymbol{i}+\frac{\partial z}{\partial y}\boldsymbol{j}-\boldsymbol{k}$$

与 $\boldsymbol{F}$ 正交，且经过曲线(图 6-3)

$$x=0, z=\psi(y).$$

曲面 $z=z(x,y)$ 也就是 $\boldsymbol{F}$ 的积分曲面，由(6.52)知它是旋转曲面.

特别地，取 $\psi(y)=y$，积分曲面就是一个圆锥面(图 6-4)；当 $\psi(y)=y^2$ 时，积分曲面为一旋转抛物面(图 6-5)；当 $\psi(y)=\sqrt{R^2-y^2}$ 时，积分曲面就是一个球面(图 6-6).

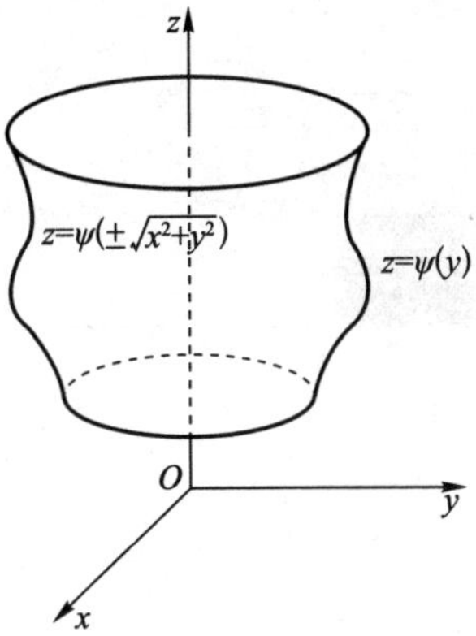

图 6-3

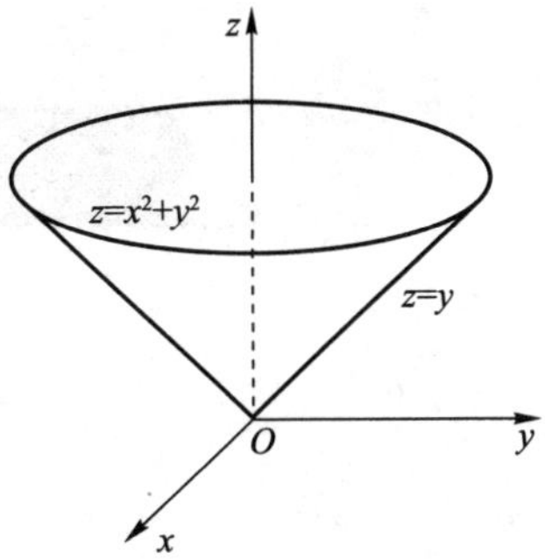

图 6-4

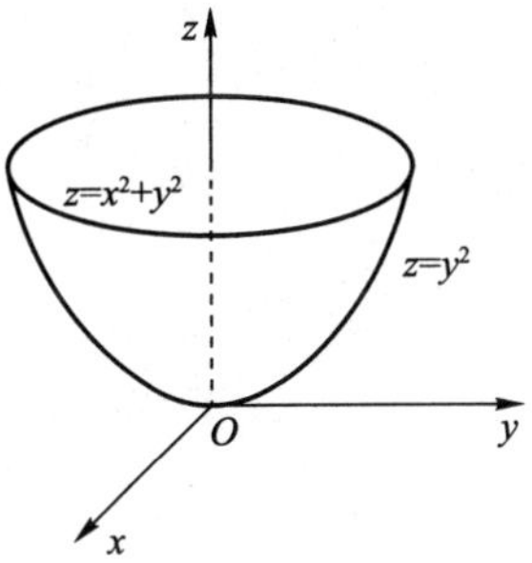

图 6-5

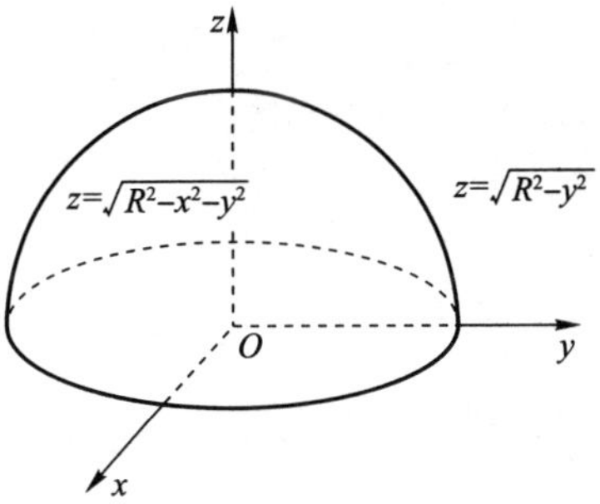

图 6-6

例 4 求方程

$$xy\frac{\partial u}{\partial z}+xz\frac{\partial u}{\partial y}+yz\frac{\partial u}{\partial x}=0$$

满足初值条件 $u\big|_{y=y_0}=\psi(x,z)$ 的解.

解 由特征方程组

$$\frac{\mathrm{d}z}{xy}=\frac{\mathrm{d}y}{xz}=\frac{\mathrm{d}x}{yz},$$

容易求出两个独立的首次积分

$$\varphi_1=z^2-y^2,\varphi_2=x^2-y^2.$$

令

$$\begin{cases}z^2-y_0^2=\overline{\varphi}_1,\\ x^2-y_0^2=\overline{\varphi}_2,\end{cases}$$

解得

$$z=\pm\sqrt{\overline{\varphi}_1+y_0^2},\quad x=\pm\sqrt{\overline{\varphi}_2+y_0^2}.$$

于是所求解为

$$u=\psi(\pm\sqrt{\varphi_2+y_0^2},\pm\sqrt{\varphi_1+y_0^2}),$$

即

$$u=\psi(\pm\sqrt{x^2-y^2+y_0^2},\pm\sqrt{z^2-y^2+y_0^2}).$$

习　题　6.3

1. 求下列方程的通解：

(1) $y\dfrac{\partial z}{\partial x}-x\dfrac{\partial z}{\partial y}=0$;　　(2) $\dfrac{\partial u}{\partial x}+\dfrac{\partial u}{\partial y}+\dfrac{\partial u}{\partial z}=0$;

(3) $(mz-ny)\dfrac{\partial u}{\partial x}+(nx-lz)\dfrac{\partial u}{\partial y}+(ly-mx)\dfrac{\partial u}{\partial z}=0.$

2. 叙述求方程

$$X(x,y)\frac{\partial z}{\partial x}+Y(x,y)\frac{\partial z}{\partial y}=0$$

通解的方法.

3. 求下列方程柯西问题的解：

(1) $y\dfrac{\partial z}{\partial x}+x\dfrac{\partial z}{\partial y}=0,z\big|_{x=0}=2y$;

(2) $\dfrac{\partial z}{\partial x}-2x\dfrac{\partial z}{\partial y}=0,z\big|_{x=1}=y^2$;

(3) $xy\dfrac{\partial u}{\partial z}+xz\dfrac{\partial u}{\partial y}+yz\dfrac{\partial u}{\partial x}=0,u\big|_{y=y_0}=\varphi(x,z).$

6.4　一阶拟线性非齐次偏微分方程

这一节讨论一阶拟线性非齐次偏微分方程

应用实例
人口发展的数学模型

$$X_1(x_1,x_2,\cdots,x_n,u)\frac{\partial u}{\partial x_1}+X_2(x_1,x_2,\cdots,x_n,u)\frac{\partial u}{\partial x_2}+\cdots+$$

$$X_n(x_1,x_2,\cdots,x_n,u)\frac{\partial u}{\partial x_n}=R(x_1,x_2,\cdots,x_n,u)\tag{6.6}$$

的求解方法.所谓“拟线性”是指各个系数 $X_i, i=1,2,\cdots,n$ 中可能含有未知函数 u,而“非齐次”指的是存在不含未知函数的偏导数的自由项 R.(6.6)比前节讨论的线性齐次方程(6.5)广泛一些.但是,(6.6)的求解问题可以归结为相应的一阶线性齐次方程的求解.

1. 首先,我们把求解(6.6)的问题,化为求解线性齐次方程的问题.设

$$V(x_1,x_2,\cdots,x_n,u)=C \tag{6.53}$$

是(6.6)的隐函数形式的解,且 $\dfrac{\partial V}{\partial u}\neq 0$,则根据隐函数微分法有

$$\frac{\partial u}{\partial x_i}=-\frac{\dfrac{\partial V}{\partial x_i}}{\dfrac{\partial V}{\partial u}}\quad (i=1,2,\cdots,n). \tag{6.54}$$

将(6.54)代入到(6.6)中经整理后可得

$$X_1(x_1,\cdots,x_n,u)\frac{\partial V}{\partial x_1}+X_2(x_1,\cdots,x_n,u)\frac{\partial V}{\partial x_2}+\cdots+$$
$$X_n(x_1,\cdots,x_n,u)\frac{\partial V}{\partial x_n}+R(x_1,\cdots,x_n,u)\frac{\partial V}{\partial u}=0, \tag{6.55}$$

这是关于自变量 $x_1,\cdots,x_n,u$ 的未知函数 V 的一阶线性齐次偏微分方程.于是函数 $V(x_1,x_2,\cdots,x_n,u)$ 应是(6.55)的解.

反之,假定 $V(x_1,x_2,\cdots,x_n,u)$ 是(6.55)的解且 $\dfrac{\partial V}{\partial u}\neq 0$,则由(6.55)和(6.54)容易证明,由

$$V(x_1,x_2,\cdots,x_n,u)=0$$

所确定的隐函数 $u=u(x_1,x_2,\cdots,x_n)$ 是(6.6)的解.

这样,求解(6.6)的问题就化为求解(6.55)的问题了.于是,求解(6.6)的具体步骤是,先列出(6.55)的特征方程组

$$\frac{\mathrm{d}x_1}{X_1}=\frac{\mathrm{d}x_2}{X_2}=\cdots=\frac{\mathrm{d}x_n}{X_n}=\frac{\mathrm{d}u}{R}, \tag{6.56}$$

求出它的 n 个独立的首次积分

$$\varphi_i(x_1,x_2,\cdots,x_n,u),\, i=1,2,\cdots,n,$$

就得到(6.55)的通解

$$V=\Phi(\varphi_1,\varphi_2,\cdots,\varphi_n),$$

其中 Φ 是各变元的连续可微函数.于是(6.6)的隐函数形式的通解就是

$$\Phi(\varphi_1(x_1,x_2,\cdots,x_n,u),\cdots,\varphi_n(x_1,x_2,\cdots,x_n,u))=0. \tag{6.57}$$

我们把(6.56)也称作(6.6)的特征方程组.

例 1 求解

$$(1+\sqrt{z-x-y})\frac{\partial z}{\partial x}+\frac{\partial z}{\partial y}=2.$$

解　列出特征方程组

$$\frac{\mathrm{d}x}{1+\sqrt{z-x-y}}=\frac{\mathrm{d}y}{1}=\frac{\mathrm{d}z}{2}.$$

由

$$\frac{\mathrm{d}y}{1}=\frac{\mathrm{d}z}{2},$$

得到首次积分

$$\varphi_1=z-2y.$$

再利用合比定理,有

$$\frac{\mathrm{d}(z-x-y)}{-\sqrt{z-x-y}}=\frac{\mathrm{d}y}{1},$$

又得到一个首次积分

$$\varphi_2=2\sqrt{z-x-y}+y.$$

已知 φ_1 与 φ_2 是独立的,所以原方程的隐式通解为

$$\Phi(z-2y,2\sqrt{z-x-y}+y)=0.$$

上述求解(6.6)的方法,从求方向场

$$\boldsymbol{F}=P\boldsymbol{i}+Q\boldsymbol{j}+R\boldsymbol{k}$$

的积分曲面的观点看,是很清楚的.正如 6.1 节所指出的,如果积分曲面的表达式为 $z=z(x,y)$,它的方程满足

$$P\frac{\partial z}{\partial x}+Q\frac{\partial z}{\partial y}=R.$$

但如果将曲面用隐式表达为

$$\varphi(x,y,z)=0,$$

曲面的微分方程就成为

$$P\frac{\partial\varphi}{\partial x}+Q\frac{\partial\varphi}{\partial y}+R\frac{\partial\varphi}{\partial z}=0.$$

这就是把拟线性非齐次方程化成线性齐次方程求解的直观背景.

例 2　求解方程

$$x_1\frac{\partial u}{\partial x_1}+x_2\frac{\partial u}{\partial x_2}+\cdots+x_n\frac{\partial u}{\partial x_n}=mu\ (m\neq 0).$$

解　列出特征方程组

$$\frac{\mathrm{d}x_1}{x_1}=\frac{\mathrm{d}x_2}{x_2}=\cdots=\frac{\mathrm{d}x_n}{x_n}=\frac{\mathrm{d}u}{mu},$$

不难求得 n 个独立的首次积分

$$\varphi_1=\frac{x_2}{x_1},\varphi_2=\frac{x_3}{x_1},\cdots,\varphi_{n-1}=\frac{x_n}{x_1},\varphi_n=\frac{u}{x_1^m}.$$

于是原方程的隐式通解为

$$\Phi\left(\frac{x_2}{x_1},\frac{x_3}{x_1},\cdots,\frac{x_n}{x_1},\frac{u}{x_1^m}\right)=0,$$

其中 Φ 是各变元的连续可微函数.

2. 再讨论求解(6.6)的柯西问题的方法.

设(6.6)的初值条件为

$$u\big|_{x_n=x_n^0}=\psi(x_1,x_2,\cdots,x_{n-1}).\tag{6.58}$$

由于把(6.6)的求解问题化为求解(6.55)的未知函数 V,所以初值条件(6.58)应化为(6.46),即

$$V\big|_{x_n=x_n^0}=u-\psi(x_1,x_2,\cdots,x_{n-1}).\tag{6.59}$$

如果求得特征方程组(6.56)的 n 个独立的首次积分

$$\varphi_i(x_1,x_2,\cdots,x_n,u),\quad i=1,2,\cdots,n.$$

由

$$\begin{cases}\varphi_1(x_1,x_2,\cdots,x_{n-1},x_n^0,u)=\overline{\varphi}_1,\\ \varphi_2(x_1,x_2,\cdots,x_{n-1},x_n^0,u)=\overline{\varphi}_2,\\ \cdots\cdots\cdots\cdots\\ \varphi_n(x_1,x_2,\cdots,x_{n-1},x_n^0,u)=\overline{\varphi}_n,\end{cases}$$

解出

$$\begin{cases}x_1=\omega_1(\overline{\varphi}_1,\overline{\varphi}_2,\cdots,\overline{\varphi}_n),\\ x_2=\omega_2(\overline{\varphi}_1,\overline{\varphi}_2,\cdots,\overline{\varphi}_n),\\ \cdots\cdots\cdots\cdots\\ x_{n-1}=\omega_{n-1}(\overline{\varphi}_1,\overline{\varphi}_2,\cdots,\overline{\varphi}_n),\\ u=\omega_n(\overline{\varphi}_1,\overline{\varphi}_2,\cdots,\overline{\varphi}_n).\end{cases}$$

于是(6.6)满足初值条件(6.58)的解便是

$$\begin{aligned}u&=\Phi(\varphi_1,\varphi_2,\cdots,\varphi_n)\\&=\omega_n(\varphi_1,\varphi_2,\cdots,\varphi_n)-\psi(\omega_1(\varphi_1,\varphi_2,\cdots,\varphi_n),\cdots,\omega_{n-1}(\varphi_1,\varphi_2,\cdots,\varphi_n)).\end{aligned}$$

例 3 求方向场 $\boldsymbol{F}=\boldsymbol{i}+\boldsymbol{j}+\boldsymbol{k}$ 中过直线 $x=0,y+z=1$ 的积分曲面.

解 设曲面方程为 $z=z(x,y)$,$z=z(x,y)$ 应满足方程

$$\frac{\partial z}{\partial x}+\frac{\partial z}{\partial y}=1,$$

及初值条件

$$z\big|_{x=0}=1-y.$$

特征方程组为

$$\frac{\mathrm{d}x}{1}=\frac{\mathrm{d}y}{1}=\frac{\mathrm{d}z}{1},$$

所以有两个独立的首次积分

$$\begin{cases}\varphi_1=x-y,\\ \varphi_2=x-z.\end{cases}$$

令$\overline{\varphi}_1=-y,\overline{\varphi}_2=-z$,解出 $y=-\overline{\varphi}_1,z=-\overline{\varphi}_2$.此时应有

$$V\big|_{x=0}=z+y-1,$$

将 $y=-\varphi_1,z=-\varphi_2$代入,得到$-2x+y+z-1=0$.这就是所求积分曲面的方程.

习　题　6.4

1. 求下列方程的通解:

(1) $y\dfrac{\partial z}{\partial x}=z$;　　(2) $\dfrac{\partial z}{\partial x}+\dfrac{\partial z}{\partial y}=2z$;

(3) $(y^2+z^2-x^2)\dfrac{\partial z}{\partial x}-2xy\dfrac{\partial z}{\partial y}+2xz=0$.

2. 叙述求方程

$$X(x,y,z)\frac{\partial z}{\partial x}+Y(x,y,z)\frac{\partial z}{\partial y}=R(x,y,z)$$

通解的方法.

3. 求下列方程柯西问题的解:

(1) $x\dfrac{\partial z}{\partial x}+y\dfrac{\partial z}{\partial y}=2z,z\big|_{x=1}=y$;

(2) $x\dfrac{\partial z}{\partial x}+(y+x^2)\dfrac{\partial z}{\partial y}=z,z\big|_{x=2}=y-4$;

(3) $x\dfrac{\partial u}{\partial x}+y\dfrac{\partial u}{\partial y}+z\dfrac{\partial u}{\partial z}=u,u\big|_{x=2}=\dfrac{1}{2}(y+z)$.

4. 叙述求方程

$$X(x,y,z)\frac{\partial z}{\partial x}+Y(x,y,z)\frac{\partial z}{\partial y}=R(x,y,z)$$

满足初值条件 $z\big|_{x=x_0}=\psi(y)$的解的方法.

本章小结

参考文献

[1] HALE J K. Ordinary Differential Equations.New York: Wiley,1969.
[2] 金福临,李训经.常微分方程.上海: 上海科技出版社,1984.
[3] 丁同仁,李承治.常微分方程教程.2 版.北京: 人民教育出版社,2004.
[4] 王柔怀,伍卓群.常微分方程讲义.北京: 人民教育出版社,1963.
[5] 张锦炎.常微分方程几何理论与分支问题(第二次修订本).北京: 北京大学出版社,2000.
[6] 潘家齐.常微分方程.北京: 中央广播电视大学出版社,2002.
[7] 任永泰,史希福.常微分方程.沈阳: 辽宁人民出版社,1984.
[8] AGARWAL R P, LAKSHMIKANTHAM V. Uniqueness and Nonuniqueness Criteria for Ordinary Differential Equations. Singapore: World Scientific Publishers, 1993.
[9] Wang Ke, Fan Meng. Necessary and sufficient criteria for the uniqueness of solutions to the IVPs of scalar autonomous ODEs, Nonlinear Analysis: Theory, Methods & Applications, 2004, 59(6): 917-929.
[10] 张芷芬,丁同仁,黄文灶,董镇喜.微分方程定性理论.北京:科学出版社,2003.

郑重声明

高等教育出版社依法对本书享有专有出版权。任何未经许可的复制、销售行为均违反《中华人民共和国著作权法》，其行为人将承担相应的民事责任和行政责任；构成犯罪的，将被依法追究刑事责任。为了维护市场秩序，保护读者的合法权益，避免读者误用盗版书造成不良后果，我社将配合行政执法部门和司法机关对违法犯罪的单位和个人进行严厉打击。社会各界人士如发现上述侵权行为，希望及时举报，我社将奖励举报有功人员。

反盗版举报电话　(010) 58581999　58582371

反盗版举报邮箱　dd@hep.com.cn

通信地址　北京市西城区德外大街4号　高等教育出版社法律事务部

邮政编码　100120

读者意见反馈

为收集对教材的意见建议，进一步完善教材编写并做好服务工作，读者可将对本教材的意见建议通过如下渠道反馈至我社。

咨询电话　400-810-0598

反馈邮箱　hepsci@pub.hep.cn

通信地址　北京市朝阳区惠新东街4号富盛大厦1座
　　　　　高等教育出版社理科事业部

邮政编码　100029

防伪查询说明

用户购书后刮开封底防伪涂层，使用手机微信等软件扫描二维码，会跳转至防伪查询网页，获得所购图书详细信息。

防伪客服电话　(010) 58582300